信息技术二类　对口职教师资与对口招生考试

MCS-51单片机原理与实训

主　编／樊元刚
参委人员／彭真火　董爱华　卓必萍
李德生　刘贤切　李洪涛

电子科技大学出版社
University of Electronic Science and Technology of China Press
·成都·

图书在版编目（CIP）数据

MCS-51 单片机原理与实训 / 樊元刚主编. — 成都 ：电子科技大学出版社，2021.7（2024.8 重印）
ISBN 978-7-5647-9021-9

Ⅰ. ①M… Ⅱ. ①樊… Ⅲ. ①单片微型计算机－中等专业学校－教材 Ⅳ. ①TP368.1

中国版本图书馆 CIP 数据核字(2021)第 135451 号

MCS-51 单片机原理与实训
MCS-51 DANPIANJI YUANLI YU SHIXUN
樊元刚　主编

策划编辑　谢晓辉　兰　凯
责任编辑　魏　彬
责任印制　梁　硕

出版发行　电子科技大学出版社
成都市一环路东一段 159 号电子信息产业大厦九楼　邮编 610051
主　　页　www.uestcp.com.cn
服务电话　028-83203399
邮购电话　028-83201495

印　　刷　四川煤田地质制图印务有限责任公司
成品尺寸　185mm×260mm
印　　张　22.5
字　　数　550 千字
版　　次　2021 年 7 月第 1 版
印　　次　2024 年 8 月第 2 次印刷
书　　号　ISBN 978-7-5647-9021-9
定　　价　68.00 元

主 编 寄 语

作者深耕于单片机教学与产品开发领域，在长期担任中等职业技术学校单片机原理与实训教学工作中深深体会到中等职业技术学校教师与学生的无奈。在职业教育蓬勃发展的今天，各种教学指导用书如雨后春笋般涌现，然而绝大多数书籍也仅仅只是将高校的书籍简单整理而已，并不适用于当代中职师生。

2019 年随着四川省职业教育升学考试方案的调整，无论是单独招生考试还是对口升学考试，无独有偶地逐年提升专业技能分值比例。在此背景下，众多中等职业技术学校的教师与学生更需要一本理实一体化的“教”“学”指导用书。

本书编写历时三年，书中的每一道例题、每一个实训都是依据考纲及知识点而设计，且调试通过。本书整体分为三个部分：

第一部分　理论知识与例题（含各章节思考与练习题）

理论知识与例题部分根据升学考纲要求并结合中职学生的认知特点，力争不遗漏每个知识点，力争让每位同学学懂、学透每个知识点；各章节思考与练习题部分，是依据最新考纲针对每个章节、每个知识考点编写的试题库，助你突破高分。

第二部分　操作实例（共 40 个任务）

每个任务包含多个知识要点，循序渐进助你理论支撑实训，实训巩固理论。同时，给出了参考程序让你不至于无从下手。

第三部分　操作模拟试题及参考答案（共 15 套）

每套模拟试题均紧扣高频考点，让你在理实一体化模拟考试中清楚地了解自己的学习情况。

特别说明：本书中第二部分与第三部分需要配合专用“单片机实训开发板”方能学习，如需购买请联系作者，电话 18108195335（微信同号）。

目　　录

第一部分　理论知识与例题

第二部分　操　作　实　例

第一部分　理论知识与例题

第一章　计算机基础

学习目标

（1）了解单片机的发展史及应用领域。
（2）掌握常用进制的运算与相互转换。
（3）掌握存储空间的大小、结构及单位
（4）掌握不同类型、不同大小的数存入存储空间的结果。
（5）掌握字符存入存储空间的结果。

重点内容

（1）不同进制之间的相互转换与运算。
（2）信息在计算机中的表现形式。

第一节　单片机发展史

一、单片机概述

单片机微型计算机，简称“单片机”，也叫“MCU”（Micro Controller Unit，微控制器）。它是采用超大规模集成电路把中央处理器 CPU（Central Processing Unit）、随机（数据）存储器 RAM（Random Access Memory）、只读（程序）存储器 ROM（Read Only Memory）、中断系统、定时器/计数器、AD/DA（Analog、Digital）转换器、通信接口（USART/UART、IIC、SPI）和普通 I/O（Input/Output）口等集成到一块硅片上，构成的一个微型的、完整的计算机硬件系统。

二、单片机的发展史

1. 单片机的初级阶段

1976 年，Intel 公司推出了 8 位的 MCS-48 系列单片机，以其体积小、重量轻、控制功能齐全和价格低的特点，得到了广泛的应用，为单片机的发展奠定了坚实的基础。

2. 单片机的发展阶段

20 世纪 80 年代初 ,Intel 公司推出了 8 位的 MCS-51 系列单片机。

3. 高性能单片机发展阶段

随着控制领域对单片机性能要求的增加，出现了 16 位、32 位、64 位的单片机，而且芯片内部也增加了其他的功能模块。如 Intel 的 MCS-96 系列单片机，在单片机内部集成了 A/D 转换器、PWM 输出。

2005 年，宏晶科技（STC）推出了 STC89C52 系列单片机，它是一种低功耗、高性能 CMOS、8 位微控制器，具有 8K 字节系统可编程 Flash 存储器。STC89C52 使用经典的 MCS-51 内核，但是做了很多的改进使得芯片具有传统的 51 单片机不具备的功能。在单芯片上，拥有灵巧的 8 位 CPU 和在系统可编程 Flash，使得 STC89C52 为众多嵌入式控制应用系统提供高灵活、超有效的解决方案。它的资源有：8K 字节 Flash、512 字节 RAM、 32 位 I/O 口线、“看门狗”定时器、内置 4KB EEPROM、MAX810 复位电路、3 个 16 位定时器/计数器、4 个外部中断、一个 7 向量 4 级中断结构（兼容传统 51 的 5 向量 2 级中断结构）、全双工串行口。

2007 年 6 月 11 日，意法半导体（ST）推出第一颗 STM32 MCU，截至目前市场上的 STM32 系列单片机按照内核架构不同分为：主流产品（STM32F0、STM32F1、STM32F3）、超低功耗产品（STM32L0、STM32L1、STM32L4、STM32L4+）、高性能产品（STM32F2、STM32F4、STM32F7、STM32H7），其中高性能的 F7 资源有：CPU 高主频 216MHz、1MB 闪存 Flash、320KB SRAM、3 个 12 位精度 ADC 控制器（共有 24 通道）、2 个 12 位 DA 控制器、18 个定时器（2 个先进控制定时器+1 个低功耗定时器+12 个通用定时器+2 个“看门狗”定时器+SysTick 滴答定时器）、3 个 DMA 控制器、支持 SWD/JTAG 工具调试、支持 168 个 I/O 口（其中 164 个 I/O 口的翻转速率高达 108MHz，166 个 I/O 口兼容 5V 器件端口）、4 路 I^2C 接口（SMB/PMB）、4 路 USART、4 路 UART、6 路 SPI、3 路 I^2S、2 路 SAI、2 路 CAN2.0、SDMMC、SPDIFRX、HDMI-CEC、USB OTG HS、USB OTG FS、以太网口、Camera 摄像头接口、LCD-TFT 接口。

三、单片机的特点

单片机具有集成度高、体积小、功耗低、系列齐全、功能扩展容易、使用灵活方便、抗干扰能力强、性能可靠、价格低廉等特点。

其中：8 位 MCU“STC89C52RC”的售价约为 4 元/片；16 位 MCU“MSP430F449IPZR”的售价约为 13 元/片；32 位 MCU “STM32F769BIT6” 的售价约为 95 元/片。

四、单片机的应用领域

单片机广泛应用于仪器仪表、家用电器、医用设备、航空航天、专用设备的智能化管理及过程控制等领域。因此称作“微控制器”更贴近单片机的用途。

思考及练习

一、填空题

1. MCS-51 单片机是______位的单片机。
2. 中央处理器的英文缩写是：______。
3. 数据存储器的英文缩写是：______。
4. 程序存储器的英文缩写是：______。

二、判断题

1. （　　）单片微型计算机，简称“单片机”，又叫微控制器。
2. （　　）STC89C52 的内核为 MCS-51 经典内核。
3. （　　）单片机的实质是一块超大规模的集成电路。
4. （　　）只读存储器又叫 RAM，随机存储器又叫 ROM。

三、选择题

1. 以下关于单片机的描述错误的是（　　）。

A. 主要应用于控制领域　　B. 包含一台台式计算机的所有部分
C. 全称“单片微型计算机”　　D. 是一块集成芯片

2. 以下不是单片机组成部分的是（　　）。

A. 存储器　　B. CPU　　C. 输入/输出接口　　D. 显示器

3. 以下常用设备中没有使用单片机的是（　　）。

A. 鼠标　　B. 锂电池　　C. 数字万用表　　D. 扫地机器人

4. 以下型号的单片机中，采用 51 内核的是（　　）。

A. STM32F103ZET6　　B. MSP430F449IPZR
C. STC89C52RC　　D. ATMEGE16

四、综合题

1. 请列出单片机的优点。
2. 请根据单片机的特点，列出生活中可能使用到单片机的电子产品，并描述它的控制原理。

第二节 常用进制及进制间的转换

一、三种常用进制数及运算

1. 十进制

单位：D/无字母。
基数：0～9，共 10 个。
进/借规则：逢 10 进 1，借 1 当 10。

例：27+45D= 72 D

```
   27
+  45
-----
   72
```

45-27D= 18 D

```
   45
-  27
-----
   18
```

27×45D= 1215 D

```
    27
×   45
------
   135
+ 108
------
  1215
```

45÷27D 商= 18 D，余= 1 D

```
     1
27/45
 - 27
-----
    18
```

2. 二进制

单位：B。
基数：0 和 1，共 2 个。
进/借规则：逢 2 进 1，借 1 当 2。

例：1101B+10111B= 100100 B

```
    1101B
+  10111B
---------
  100100B
```

10111B-1101B= 1010 B

```
  10111B
-  1101B
--------
   1010B
```

1101B×10111B= 100101011 B

```
      1101B
×    10111B
-----------
       1101
      1101
+    1101
    0000
   1101
-----------
 100101011B
```

10111B÷1101B 商= 1 B，余= 1010 B

```
             1B
1101B/10111B
      - 1101B
-------------
        1010B
```

3. 十六进制

单位：H。
基数：0～9、A～F 共 16 个。
进/借规则：逢 16 进 1，借 1 当 16。

例：95H+7CH= 111 H　　　　95H-7CH= 19 H

```
   95H
+  7CH
------
  111H
```

```
   95H
-  7CH
------
   19H
```

95H×7CH= 482C H　　　　95H÷7CH 商= 1 H，余= 19 H

```
   95H
×  7CH
------
   6FC
+ 413
------
 482CH
```

```
       1H
7CH / 95H
    - 7CH
    -----
      19H
```

二、三种常用进制数之间的转换

1. 十进制转二进制

方法：除二取余倒记法。

例：58D= 111010 B

```
2 | 58  0  ↑
2 | 29  1  |
2 | 14  0  |
2 |  7  1  |
2 |  3  1  |
2 |  1  1  |
2    0
```

2. 十进制转十六进制

方法：除十六取余倒记法。

例：58D= 3A H

```
16 | 58  A  ↑
16 |  3  3  |
16    0
```

3. 二进制转十进制

方法：位权展开相加法。

例：110101B= 35 D

$1\times2^5+1\times2^4+0\times2^3+1\times2^2+0\times2^1+1\times2^0=35$

4. 十六进制转十进制

方法：位权展开相加法。

例：3BH= 59 D

$3\times16^1+11\times16^0=59$

5. 二进制转十六进制

方法：四合一（8421 原则）。

例：101100B= 2C H

		1	0	1	1	0	0
8	4	2	1	8	4	2	1
2				C			

6. 十六进制转二进制

方法：一拆四（8421 原则）。

例：C9H=__11001001__B

C				9			
8	4	2	1	8	4	2	1
1	1	0	0	1	0	0	1

三、二进制的逻辑运算

1. 逻辑“与”

运算符：∧

运算规则：有 0 出 0，全 1 出 1。

例：10011011B∧11111010B=__________B

$$\begin{array}{r} 10011011B \\ \wedge\ 11111010B \\ \hline 10011010B \end{array}$$

2. 逻辑“或”

运算符：∨

运算规则：有 1 出 1，全 0 出 0。

例：10011011B∨11111010B=__________B

$$\begin{array}{r} 10011011B \\ \vee\ 11111010B \\ \hline 11111011B \end{array}$$

3. 逻辑“异或”

运算符：⊕

运算规则：相同出 0，相异出 1。

例：10011011B⊕11111010B=__________B

$$\begin{array}{r} 10011011B \\ \oplus\ 11111010B \\ \hline 01100001B \end{array}$$

4. 逻辑“非”

运算符：¯

运算规则：1 出 0，0 出 1。

例：$\overline{10011011}$B=01100100B

思考及练习

一、填空题

1．10011001B−01110110B=____________B。
2．10011001B⊕01110110B=____________B。
3．5CH×3DH=____________H。
4．7BH=____________B。
5．D6H=________D。
6．01100011B∧11000111B=____________B。
7．1000001B÷101B，商=______B。
8．10111100B−01111110B=______B。
9．1000110B×101B=______B。
10．85D=______H。
11．F2H=______B。
12．3FH=______D。
13．11001110B 与 01110001B 进行异或运算=______H。
14．123H÷1FH，余数为______H。
15．1011011B=______D。

二、判断题

1．（　　）十进制数转换为 16 进制数的方法是：除十六取余顺记法。
2．（　　）10010111B∧01011011B=11110010B
3．（　　）十进制数 118 比十六进制数 72 大。
4．（　　）十进制数 9 比十六进制数 9 小。
5．（　　）10101100 B=53H

三、选择题

1．以下数中，最大的是（　　）。
A．95H　　B．150　　C．10110110B　　D．95
2．以下属于逻辑与的描述的是（　　）。
A．明天天气晴朗且放假，我们就去看电影
B．明天天气晴朗或放假，我们就去看电影
C．明天天气晴朗，我们就去看电影
D．明天天气晴朗，我们就不去看电影
3．93H÷2BH，商=（　　）。

A．02H　　B．03H　　C．04H　　D．05H

4．将十进制数 215 转换成对应的二进制数是（　　）。

A．11010111　　B．11101011　　C．10010111　　D．10101101

5．二进制数 110110110 对应的十六进制数可表示为（　　）。

A．1D3H　　B．1B6H　　C．DB0H　　D．666H

第三节　计算机中的数

一、数据单位及容量

自然界中的所有信息（数字、文字、图像、声音、气味等）均是以高电平（1）与低电平（0）的形式存储在计算机中，因此了解存储器的单位及容量、CPU 的数据处理宽度、存储器的数据结构有利于清晰地认识计算机中的数。

1．数据单位及容量

bit（位）：表示一位二进制数，缩写 b。

Byte（字节）：表示八位二进制数，缩写 B。

Word（字）：表示十六位二进制数，缩写 W。

KB（Kilo byte 千字节）：表示 1024 个字节。

MB（Mega byte 兆字节）：表示 1024KB。

即：

1MB=1024KB

1KB=1024B

1W=2B

1B=8b

例：已知某文件大小为 13KB，则该文件大约占多少位二进制空间？

13KB=13×1024B=13×1024×8=106496b

2．数据宽度

由 n 位二进制数组成的一组数的集合，n 即为该组数的数据宽度。

（1）CPU 的数据宽度。

计算机 CPU 数据宽度是指 CPU 一次能够处理/传输的二进制数的位数，数据宽度是衡量 CPU 数据处理能力的一个重要指标。目前市面上 CPU 的数据宽度有 4 位、8 位（MCS-51 单片机）、16 位、32 位、64 位等。

（2）存储器的数据宽度。

计算机的存储空间可以理解为一行一行的座位。一个座位则为一位二进制空间（一位），一行中的座位数则为存储器的数据宽度。如图 1-1 所示。

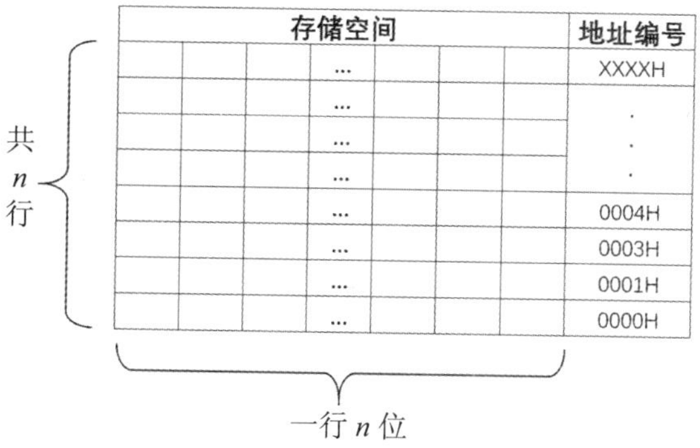

图 1-1　计算机存储空间

二、计算机中的数

通过学习数字电路我们可以知道，计算机中只有高电平（1）与低电平（0）之分。那么，自然界中的数有大有小、有正有负，那他们是如何存入在计算机中的呢？

1. 无符号数

直接将无符号数转换为二进制数存入即可。若转换结果超过存储空间位数，则根据存储空间的大小只将转换结果的低位存入。若转换结果未超过存储空间位数，则直接存入。

例：请将无符号数 30D 存入 8 位二进制存储器中。

30D=11110B，故存入 8 位二进制存储器中为 00011110B=1EH

例：请将无符号数 500D 存入 8 位二进制存储器中。

500D=111110100B，故存入 8 位二进制存储器中为 11110100B=F4H

2. 有符号数

在计算机中规定，最高位为 0 则该数为正数，最高位为 1 则该数为负数。

原码：最高位为符号位，其余位为数的值。（通常原码位数为 8 的倍数）

反码：正数的反码=原码，负数的反码为原码的符号位不变其余位取反。

补码：正数的补码–反码，负数的补码为反码加 1。

【注意】

①计算机中的有符号数均是以补码存入存储器中。若补码超过存储空间位数，则根据存储空间的大小只将补码的低位存入。若补码未超过存储空间位数，则直接存入。

②有符号数中的正数也可以当作无符号数处理。

例：请分别计算出表 1-1 中各数的原码、反码、补码，并存入存储器中。

表 1-1　8 位存储器中的数

十进制数	原码	反码	补码	存入 8 位存储器中
–200	1000000011001000	1111111100110111	1111111100111000	00111000
–128	1000000010000000	1111111101111111	1111111110000000	10000000

（续表）

十进制数	原码	反码	补码	存入 8 位存储器中
–127	11111111	10000000	10000001	10000001
–0	10000000	11111111	100000000	00000000
+0	00000000	00000000	00000000	00000000
+127	01111111	01111111	01111111	01111111
+128	0000000010000000	0000000010000000	0000000010000000	10000000
+256	0000000100000000	0000000100000000	0000000100000000	00000000

从上表可不难看出–128 与+128 存入 8 位存储器中的结果一致，–0、+0 与+256 存入 8 位存储器中的结果也是一致的。

三、码制

前面讨论的都是“数字”存入存储器中的情况，而自然界中除了数字还有很多的信息（如字母、汉字、声音、图像、气味等），它们又是如何存入计算机的存储器的呢？

同样，计算机只能存储高（1）/低（0）电平，那么自然界中的所有信息我们都必须转换为 0、1 代码后才能存入计算机的存储器中。

1. ASCII（American Standard Code for Information Interchange）码

0～9 的 ASCII 码：30H～39H

A～Z 的 ASCII 码：41H～5AH

a～z 的 ASCII 码：61H～7AH

详细 ASCII 码见“附录 B”。

例：请写出表 1-2 中符号的 ASCII 码。

表 1-2　字符与 ASCII 码的对照关系

符号	ASCII 码	符号	ASCII 码
5	35H	D	44H
Y	59H	b	62H

2. BCD（Binary-Coded Decimal）码

压缩型 BCD 码：用四位二进制数“表示”一位十进制数。

非压缩型 BCD 码：用八位二进制数“表示”一位十进制数。

例：请写出表 1-3 中十进制数对应的 BCD 码。

表 1-3　十进制数与 BCD 码的对照关系

十进制数	压缩 BCD 码	非压缩 BCD 码
5	0101	00000101
39	00111001	0000001100001001
15	00010101	0000000100000101
80	10000000	0000100000000000

思考及练习

一、填空题

1. 8 位二进制无符号数表示的十进制数的范围为____________。
2. +80D 的 8 位补码为______H。
3. 有符号数-300D 存入 8 位单片机中为______H。
4. 8 位二进制补码表示的十进制数的范围为______。
5. 字符“3”对应的 ASCII 码为______H。
6. 字符“A”到“Z”对应的 ASCII 码为 41H 到______H。
7. 2019D 对应的压缩 BCD 码为______B。
8. 已知某文档的大小为 2KB，则该文档存入存储器中占用______个字节的空间。
9. 正数的原码、反码、补码均______（相同/不同）。
10. 已知某有符号数的补码为 FEH，则该数为______。

二、判断题

1. （　　）计算机存储空间中的内容本质上都是 0/1 代码，其含义需由编程者定义与解释。
2. （　　）某智能电视标明其运行内存为 8Gb，其实际运行内存应为 1GB。
3. （　　）在 8 位存储空间中，无符号数 9BH 比无符号数 7FH 大。
4. （　　）在 8 位存储空间中，有符号数 95H 比无符号数 7FH。
5. （　　）在计算机中大写字母 A 比小写字母 a 大。
6. （　　）无符号数 500 与无符号数 244 存入 8 位存储空间中的结果不相同。
7. （　　）十进制数 255 与 0 存入 8 位计算机中的结果均为 00H。
8. （　　）无符号十进制数 128 与有符号十进制数–128 存入 8 位计算机中的结果不同。
9. （　　）1KB=1000B。
10. （　　）十进制数 256 与十进制数 0 存入 8 位存储空间中的结果一致。

三、选择题

1．已知某 8 位存储空间中的内容是 F8H，则可能是（　　）存入的结果。

A．–8　　B．–119　　C．+8　　D．248

2．以下是 8 位空间中有符号数的存放结果，则真值最大的是（　　）。

A．0BH　　B．F8H　　C．82H　　D．9DH

3．大写字母 Z 对应的 ASCII 码是（　　）。

A．7BH　　B．7AH　　C．5BH　　D．5AH

4．已知某 TXT 英文文本大小为 2MB，则该文本约有（　　）个字符。

A．200 万　　B．1000　　C．500 万　　D．10 万

5．在微型计算机中，负数常用（　　）表示。

A．原码　　B．反码　　C．补码　　D．真值

6．-3 的补码是（　　）。

A．10000011　　B．11111100　　C．11111110　　D．11111101

7．已知$[X]_{补}$=00000000，则真值 X 可能是（　　）。

A．+1　　B．0　　C．-1　　D．以上都不对

8．电压 0V 存入计算机中的结果为 00H，电压 5V 存入计算机中的结果为 FFH，则可推出电压 1V 存入计算机中的结果为（　　）。

A．33H　　B．90H　　C．10H　　D．60H

9．介于 01H 与 FFH 之间，居中的数是（　　）

A．F0H　　B．0FH　　C．80H　　D．50H

10．以下选项与十进制数–25，存入 8 位存储空间中结果相同的是（　　）

A．231　　B．25　　C．137　　D．–50

四、综合题

1．既然自然界中的所有信息（如声音、图像、视频、文字等）存储在计算机中均为 0/1 代码，那计算机是如何加以区分的呢？

2．在有限宽度的存储空间中，存入不同大小的数，可能导致最终存入该空间的内容相同，那程序设计时是如何规避的呢？

3．字符以 ASCII 码的形式存入计算中，那汉字是以何种形式存入计算机中的呢？

第二章　MCS-51单片机硬件基础

学习目标

（1）熟记 MCS-51 单片机引脚名称及用途。
（2）掌握 MCS-51 单片机的最小系统与时序。
（3）了解 MCS-51 单片机内部资源。
（4）了解 MCS-51 单片机 I/O 口的结构。
（5）掌握 MCS-51 单片机的存储器结构及访问方式。
（6）掌握 MCS-51 单片机内部 RAM 的结构。

重点内容

（1）MCS-51 单片机各引脚的用途、名称、特点。
（2）MCS-51 单片机存储器结构。
（3）MCS-51 单片机内部 RAM 的分区及各区域的特点。

第一节　MCS-51单片机引脚功能

一、MCS-51 单片机引脚图

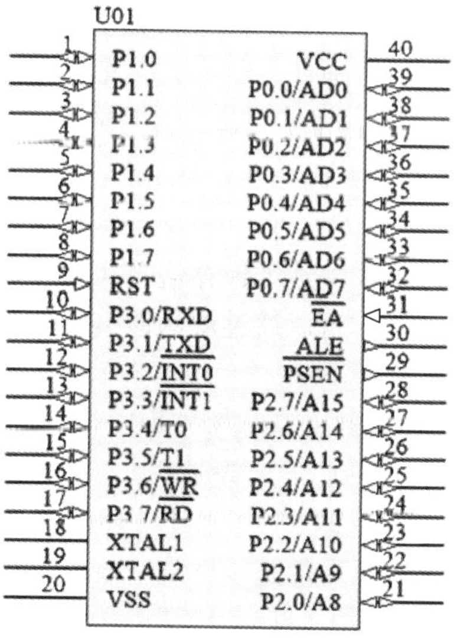

图 2-1　MCS-51 单片机引脚图

MCS-51 单片机是通过引脚实现对外设的控制与数据交换的，因此掌握其引脚功能是学习单片机的基础。如图 2-1 所示为 MCS-51 单片机引脚图。随着用户需求的不断增加，单片机的功能越来越强大，需要的引脚也就越来越多，单片机体积也就越来越大。因此，引脚复用技术便能够很好地解决这些问题。

二、MCS-51 单片机引脚功能及特点

（1）P1（Port 1）口（P1.0～P1.7）：普通 I/O 口，上电复位为 FFH。

（2）RST：复位引脚，该引脚保持两个机器周期的高电平即完成复位。复位后程序从头（ROM 0000H）开始执行。

（3）P3（Port 3）口（P3.0～P3.7）：普通 I/O 口，上电复位为 FFH。每条 I/O 线还具有第二功能，具体介绍如下：

①RXD（Receive Exchange Data）：串行通信数据接收引脚。

②TXD（Transmit Exchange Data）：串行通信数据发送引脚。

③$\overline{\mathrm{INT0}}$（Interrupt 0）：外部中断 0，中断信号输入引脚；定时/计数器 T0，外部启动引脚。

④$\overline{\mathrm{INT1}}$（Interrupt 1）：外部中断 1，中断信号输入引脚；定时/计数器 T1，外部启动引脚。

⑤T0（Timer 0）：定时/计数器 T0，外部计数脉冲输入引脚。

⑥T1（Timer 1）：定时/计数器 T1，外部计数脉冲输入引脚。

⑦$\overline{\mathrm{WR}}$（Write）：访问外部数据存储器（外 RAM）时“写”信号输出引脚。

⑧$\overline{\mathrm{RD}}$（Read）：访问外部数据存储器（外 RAM）时“读”信号输出引脚。

（4）XTAL1、XTAL2（External Crystal Oscillator）：内部振荡产生时钟时，外接晶体振荡器；外部输入时钟时，作为输入引脚。

（5）VSS：电源地，接电源/电池负极。

（6）P2（Port 2）口（P2.0～P2.7）：普通 I/O 口，上电复位为 FFH。访问外部存储器（外 RAM/外 ROM）输出高 8 位地址，即作为高 8 位地址总线。

（7）$\overline{\mathrm{PSEN}}$（Program Store Enable）：外部程序存储器（外 ROM）选通信号输出引脚，在访问外部 ROM 时输出低电平选中外部 ROM 芯片。

（8）ALE（Address Latch Enable）：低 8 位地址锁存信号输出引脚，在访问外部存储器（外 RAM/外 ROM）时输出低 8 位地址锁存信号（上升沿）；在未访问外部存储器时输出方波（频率为 $f_{osc}/6$）。因此，可以通过观测该引脚上有无输出波形初步判断单片机是否处于正常工作状态。

（9）$\overline{\mathrm{EA}}$（External Address Enable）：内/外程序存储器选择信号输入引脚。

（10）P0（Port 0）口（P0.0～P0.7）：普通 I/O 口，上电复位为 FFH。访问外部存储器（外 RAM/外 ROM）输出低 8 位地址，即作为低 8 位地址总线；访问外部存储器（外 RAM/外 ROM）时作为数据总线；内部漏级开路，故作 I/O 口使用时需外接上拉电阻；驱动能力强，每条 I/O 线可驱动 8 个 TTL。

（11）VCC（Volt Current Condenser）：电源正，接电源/电池正极（DIP 封装通常为 +5V）。

思考及练习

一、填空题

1．MCS-51 单片机复位引脚的英文缩写是______。

2．MCS-51 单片机共有 40 只引脚，其中 I/O 口______条。

3．MCS-51 单片机 4 组 I/O 口中，仅用作 I/O 口的是______口。

4．MCS-51 单片机有______组 I/O 口。

5．MCS-51 单片机访问外部数据存储器“读”引脚为第______脚。

6．MCS-51 单片机访问外部存储器时，作为高 8 位地址总线的是______口。

7．MCS-51 单片机访问外部存储器时，作为数据总线的是______口。

8．MCS-51 单片机 4 个 I/O 口中，______口作为 I/O 口使用时需外接上拉电阻。

9．MCS-51 单片机 4 个 I/O 口中，______口的每条线都拥有第二功能。

10．MCS-51 单片机定时/计数器 0 用于计数时，外部计数脉冲从第______脚输入，英文缩写为 T0。

11．MCS-51 单片机 4 个 I/O 口中，______口的驱动能力最强，每条 I/O 线可以驱动 8 个 TTL 电路。

12．MCS-51 单片机访问外部存储器时，输出低 8 位地址锁存信号的是第 30 脚，英文缩写为______。

13．MCS-51 单片机用作定时/计数器 1 外部启动引脚的是第 13 脚，英文缩写为______。

14．MCS-51 单片机的电源引脚是第 40 脚，英文缩写为______。

15．MCS-51 单片机的电源地引脚是第______脚，英文缩写为 VSS。

16．MCS-51 单片机外部中断 0 信号输入引脚是第______脚，英文缩写为 $\overline{\text{INT0}}$。

17．MCS-51 单片机定时/计数器 1 用于计数时，外部计数脉冲从第 15 脚输入，英文缩写为______。

18．MCS-51 单片机串行通信发送引脚是第______脚，英文缩写为 TXD。

19．MCS-51 单片机串行通信接收引脚是第 10 脚，英文缩写为______。

20．MCS-51 单片机用作定时/计数器 0 外部启动引脚的是第 12 脚，英文缩写为______。

21．MCS-51 单片机访问外部程序存储器时，输出选通信号的是第 29 脚，英文缩写为______。

22．MCS-51 单片机用于选择内/外程序存储器的引脚是第 31 脚，英文缩写为______。

23．MCS-51 单片机用于外接晶体振荡器的引脚是第 18 和______脚。

24．执行 MOVX A,@DPTR 指令时，目标地址低 8 位由______口输出。

25．执行 MOVX A,@DPTR 指令时，目标地址高 8 位由 P2 输出，目标地址低 8 位由 P0 输出；数据通过______口传到累加器 A 中。

26. 执行 MOVX A,@DPTR 指令时，$\overline{WR}$ 与 $\overline{RD}$ 的电平分别为______和______。（填 0 或 1）

27. MOV P1.7,C 指令是______（输入/输出）指令。

28. 三条地址线有______种状态。

29. 并行 I/O 口 P1 的最高位对应的引脚名称是______。

30. MCS-51 单片机上电复位后，每条 I/O 线均为______状态。

二、判断题

1. （　　）MCS-51 单片机 4 组 I/O 口中，仅用作 I/O 口的是 P0 口。

2. （　　）MCS-51 单片机访问外部数据存储器“读”引脚为第 16 脚，英文缩写为 $\overline{RD}$ 。

3. （　　）MCS-51 单片机访问外部存储器时，作为高 8 位地址总线的是 P0 口，作为低 8 位地址总线的是 P2 口，作为数据总线的是 P0 口。

4. （　　）MCS-51 单片机 4 个 I/O 口中，P3 口的每条线都拥有第二功能。

5. （　　）MCS-51 单片机访问外部存储器时，输出低 8 位地址锁存信号的是第 30 脚，英文缩写为 ALE。

6. （　　）MCS-51 单片机用作定时/计数器 1 外部启动引脚的是第 13 脚，英文缩写为 T1。

7. （　　）MCS-51 单片机的电源地引脚是第 20 脚，英文缩写为 VSS。

8. （　　）MCS-51 单片机外部中断 0 信号输入引脚是第 12 脚，英文缩写为 $\overline{INT0}$ 。

9. （　　）MCS-51 单片机串行通信发送引脚是第 10 脚，英文缩写为 TXD。

10. （　　）MCS-51 单片机用作定时/计数器 0 外部启动引脚的是第 12 脚，英文缩写为 $\overline{INT0}$ 。

11. （　　）MCS-51 单片机访问外部程序存储器时，输出选通信号的是第 31 脚，英文缩写为 $\overline{PSEN}$ 。

12. （　　）MCS-51 单片机用于选择内/外程序存储器的引脚是第 31 脚，英文缩写为 $\overline{EA}$ 。

13. （　　）MCS-51 单片机用于外接晶体振荡器的引脚是第 18 和 19 脚。

14. （　　）执行 MOVX A,@DPTR 指令时，目标地址高 8 位由 P0 口输出，目标地址低 8 位由 P2 口输出。

15. （　　）执行 MOVX @DPTR,A 指令时， $\overline{WR}$ 、 $\overline{RD}$ 的电平分别为 0、1。

三、选择题

1. MCS-51 单片机复位引脚是第（　　）脚。

A. 29　　B. 30　　C. 31　　D. 9

2. MCS-51 单片机有（　　）组 I/O 口。

A. 32　　B. 2　　C. 4　　D. 8

3. MCS-51 单片机访问外部数据存储器“读”引脚为第（　　）脚。

A．17　　B．18　　C．16　　D．15

4．MCS-51 单片机访问外部存储器时，作为数据地址总线的是（　　）口。

A．P0　　B．P1　　C．P2　　D．P3

5．MCS-51 单片机 4 个 I/O 口中，（　　）口作为 I/O 口使用时需外接上拉电阻。

A．P0　　B．P1　　C．P2　　D．P3

6．MCS-51 单片机 4 个 I/O 口中，（　　）口的每条线都拥有第二功能。

A．P0　　B．P1　　C．P2　　D．P3

7．MCS-51 单片机定时/计数器 0 用于计数时，外部计数脉冲从（　　）脚输入。

A．$\overline{INT0}$　　B．$\overline{INT1}$　　C．T0　　D．T1

8．MCS-51 单片机 4 个 I/O 口中，（　　）口的驱动能力最强，每条 I/O 线可以驱动 8 个 TTL 电路。

A．P0　　B．P1　　C．P2　　D．P3

9．MCS-51 单片机访问外部存储器时，输出低 8 位地址锁存信号的是（　　）脚。

A．$\overline{WR}$　　B．$\overline{PSEN}$　　C．$\overline{EA}$　　D．ALE

10．MCS-51 单片机用作定时/计数器 1 外部启动引脚的是（　　）脚。

A．$\overline{INT0}$　　B．$\overline{INT1}$　　C．T0　　D．T1

11．MCS-51 单片机外部中断 0 信号输入引脚是（　　）脚。

A．$\overline{INT0}$　　B．$\overline{INT1}$　　C．T0　　D．T1

12．MCS-51 单片机定时/计数器 1 用于计数时，外部计数脉冲从第（　　）脚输入。

A．12　　B．13　　C．14　　D．15

13．MCS-51 单片机串行通信接收引脚是（　　）脚。

A．TXD　　B．RXD　　C．T0　　D．T1

14．MCS-51 单片机用作定时/计数器 0 外部启动引脚的是（　　）脚。

A．$\overline{INT0}$　　B．$\overline{INT1}$　　C．T0　　D．T1

15．MCS-51 单片机访问外部程序存储器时，输出选通信号的是（　　）脚。

A．$\overline{WR}$　　B．$\overline{PSEN}$　　C．$\overline{EA}$　　D．ALE

16．MCS-51 单片机用于选择内/外程序存储器的是（　　）脚。

A．$\overline{WR}$　　B．$\overline{PSEN}$　　C．$\overline{EA}$　　D．ALE

17．MCS-51 单片机用于外接晶体振荡器的引脚是（　　）。

A．1 和 2 脚　　B．16 和 17 脚　　C．40 和 20 脚　　D．18 和 19 脚

18．执行 MOVX A,@Ri 指令时，目标地址高 8 位由（　　）口输出。

A．P0　　B．Ri　　C．DPTR　　D．P2

19．执行 MOVX A,@DPTR 指令时，目标地址低 8 位由（　　）口输出。

A．P0　　B．A　　C．DPTR　　D．P2

20．执行 MOVC A,@A+DPTR 指令时，目标地址高 8 位由 P2 输出，目标地址低 8 位由 P0 输出；数据通过（　　）口传到累加器 A 中。

A．P0　　B．A　　C．DPTR　　D．P2

21．执行 MOVX A,@DPTR 指令时，$\overline{WR}$ 、$\overline{RD}$ 的电平分别为（　　）。

A．0 和 0　　B．0 和 1　　C．1 和 0　　D．1 和 1

22．第二功能是定时/计数器 T1 外部脉冲输入引脚的是（　　）。

A．P3.1　　B．P3.3　　C．P3.5　　D．P3.7

23．若某存储器芯片地址线为 12 根，那么它的存储容量为（　　）。

A．1KB　　B．2KB　　C．4KB　　D．8KB

24．当 ALE 信号有效时，表示（　　）。

A．从 ROM 中读取数据　　B．从 P0 口中可靠送出地址低 8 位

C．从 P0 口送出数据　　D．从 RAM 中读取数据

25．以下不属于 P0 口的作用的是（　　）。

A．高 8 位地址总线　　B．I/O 口

C．数据总线　　D．低 8 位地址总线

四、综合题

1．MCS-51 单片机引脚中：

（1）P1.3 是第______引脚。

（2）用于输出外部 ROM 选通信号的是______引脚。

（3）用于访问外部 RAM 时输出写信号的是______引脚。

（4）用于访问外部存储器时，输出高 8 位地址信号的是______口。

（5）用于输入复位信号的是第______引脚。

2．MCS-51 单片机引脚中：

（1）P0.0 是第______引脚。

（2）用于外部中断 0 中断信号输入的是______引脚。

（3）用于定时/计数器 1 外部计数脉冲输入的是______引脚。

（4）用于访问外部存储器时，输出低 8 位地址信号的是______口。

（5）用于访问外部存储器时，输出低 8 位地址锁存信号的是______引脚。

3．MCS-51 单片机引脚中：

（1）P2.0 是第______引脚。

（2）用于串行通信信号接收的是______引脚。

（3）作为 I/O 口使用时，需要外接上拉电阻的是______口。

（4）仅作 I/O 口使用的是______口。

（5）用于访问外部存储器时，传输 8 位数据的是______口。

4．MCS-51 单片机引脚中。

（1）扩展外部 RAM 时不使用的引脚是（　　）。

A．P0　　B．P2　　C．$\overline{\text{PSEN}}$　　D．ALE

（2）扩展外部 ROM 时不使用的引脚是（　　）。

A．P0　　B．P2　　C．$\overline{\text{WR}}$　　D．ALE

（3）以下既作为定时/计数器 0 的外部启动引脚，又作为外部中断 0 的中断信号输入引脚的是（　　）。

A．$\overline{INT0}$　　B．T0　　C．P1.0　　D．P2.0

（4）仅用作 I/O 线的是（　　）。

A．P3.3　　B．P0.0　　C．P1.0　　D．P2.0

（5）以下用于选择内部或外部 ROM 的引脚是（　　）。

A．$\overline{RD}$　　B．ALE　　C．RST　　D．$\overline{EA}$

第二节　MCS-51单片机最小系统

一、MCS-51 单片机最小系统图

最小系统是指使 MCS-51 单片机正常工作所必需的电路，包含电源电路、时钟电路、复位电路及 $\overline{EA}$ 控制电路，如图 2-2 所示。

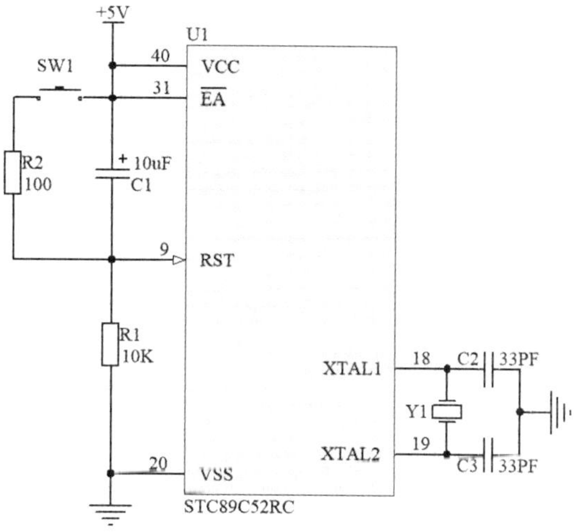

图 2-2　MCS-51 单片机最小系统图

二、MCS-51 单片机最小系统介绍

（1）电源电路：VCC 引脚接正电源（正极），VSS 引脚接电源地（负极），为单片机的工作提供能源。

（2）时钟电路：MCS-51 单片机的时钟信号可由内部振荡电路产生，也可由外部时钟源输入，为单片机正常工作提供时序。（如：CPU 在时序的严格控制下完成取指令、译码、执行指令。）

内部振荡电路产生时钟信号时，由内部振荡器及 Y1、C2、C3 组成。外部时钟源输入时钟信号时，外部时钟信号从 XTAL2 引脚输入，XTAL1 引脚悬空。

①时钟周期（振荡周期）：外接晶体振荡器配合内部振荡电路所产生的时钟脉冲，时钟周期= $\dfrac{1}{f_{ocs}}$

②状态周期：2 个时钟周期为一个状态周期，即状态周期=$\frac{2}{f_{ocs}}$

③机器周期：12 个时钟周期为一个机器周期，即机器周期=$\frac{12}{f_{osc}}$

④指令周期：执行一条指令所需的机器周期数，指令周期=（1～4）机器周期

（3）复位电路：分上电自动复位电路（C1、R1）与手动按键复位电路（C1、R1、SW1、R2），复位电路的作用是使单片机能从初始状态开始运行。

当 RST 引脚加高电平复位信号时，单片机内部就开始执行复位操作，复位信号变为低电平时，单片机复位完成，开始执行程序。（注：高电平需持续保持 2 个机器周期以上）

复位后程序从头执行（PC=0000H），即从 ROM 0000H 单元开始执行程序。

复位后各特殊功能寄存器状态如表 2-1 所示。

表 2-1　特殊功能寄存器状态

特殊功能寄存器	复位后的值
SP	07H
P0～P3	0FFH
SBUF	不定
其余	00H

$\overline{EA}$ 控制电路：$\overline{EA}$ 接电源，使用内部程序存储器（内 ROM）及外部程序存储器（外 ROM）的高段；$\overline{EA}$ 接地，使用外部程序存储器（外 ROM）。

思考及练习

一、填空题

1．MCS-51 单片机最小系统包括：电源电路、______、复位电路和 $\overline{EA}$ 控制电路。

2．MCS-51 单片机在______引脚（填英文缩写）上保持 2 个机器周期以上的高电平即可完成复位。

3．已知单片机外接晶体振荡器的频率为 10MHz，则振荡周期为______μs。

4．已知单片机外接晶体振荡器的频率为 12MHz，则机器周期为______μs。

5．已知单片机外接晶体振荡器的频率为 6MHz，则执行 DIV AB 指令所需的时间为______μs。

6．已知单片机外接晶体振荡器的频率为 12MHz，则执行 MUL AB 指令所需的时间为______μs。

7．一个机器周期=______个振荡周期。

8．一个指令周期=______个机器周期。

9．已知 f_{osc}=24MHz，则机器周期为______。

10．MCS-51 单片机的复位电路通常可分为上电复位和______两种。

11．MCS-51 单片机复位后 SP=______。

12．MCS-51 单片机复位后 P0～P3 均=______H。

13．MCS-51 单片机复位后 PC=______。

14．MCS-51 单片机复位后 PC=0000H，表示复位后从____（RAM/ROM）的 0000H 地址处开始执行程序。

15．复位后 PSW=00H，故复位后当前工作寄存器组是第___组，故 SP 复位后=07H。

二、判断题

1．（　　）MCS-51 单片机在 RST 引脚上保持 2 个机器周期以上的高电平即可完成复位。

2．（　　）已知 fosc=24MHz，则机器周期为 2μs。

3．（　　）MCS-51 单片机的复位电路通常可分为上电复位和按键复位两种。

4．（　　）MCS-51 单片机复位后 SP=00H。

5．（　　）MCS-51 单片机复位后 P0～P3 均=00H。

6．（　　）MCS-51 单片机复位后 PC=0000H，表示复位后从 RAM 的 0000H 地址处开始执行程序。

7．（　　）复位后 PSW=00H，故复位后当前工作寄存器组是第 0 组，故 SP 复位后=07H。

8．（　　）MCS-51 单片机的时钟，可由外部输入，也可由内部振荡电路产生。

9．（　　）当 $\overline{EA}$ 接电源时，仅使用内部 ROM。

10．（　　）复位后 ROM 中存放的程序将被清除。

三、选择题

1．MCS-51 单片机复位完成执行程序时，RST 引脚的电平是（　　）。

A．上升沿　　B．高电平　　C．下降沿　　D．低电平

2．MCS-51 单片机在第 9 脚上保持（　　）个机器周期以上的高电平即可完成复位。

A．1　　B．2　　C．4　　D．8

3．已知单片机外接晶体振荡器的频率为 6MHz，则机器周期为（　　）μs。

A．1　　B．2　　C．4　　D．0.5

4．一个机器周期=（　　）个振荡周期。

A．2　　B．4　　C．6　　D．12

5．MCS-51 单片机的复位电路通常可分为上电复位和（　　）两种。

A．掉电复位　　B．自动复位　　C．按键复位　　D．以上都是

6．MCS-51 单片机复位后 P2 =（　　）H。

A．07H　　B．不定　　C．00H　　D．FFH

7．MCS-51 单片机复位后 PC=（　　）。

A．00H　　B．07H　　C．FFH　　D．0000H

8．复位后 R3 的地址为（　　）。

A．03H　　B．0BH　　C．13H　　D．1BH

9．PC 中存放的是（　　）。

A．下一条指令的首地址　　B．当前正在执行的指令

C．当前正在执行指令的地址　　D．下一条要执行的指令

10．以下选项是程序指针的是（　　），它的作用是用于控制程序执行顺序。

A．SP　　B．DPTR　　C．PC　　D．ACC

四、综合题

1．MCS-51 单片机最小系统中：

（1）电源正极接单片机第______引脚，电源负极接单片机第 20 引脚。

（2）MCS-51 单片机 DIP（双列直插）封装电源电压为______V。

（3）复位电路中电容与电阻相连处接单片机第______引脚。

（4）复位电路分为上电复位与______两种。

（5）时钟电路分别接单片机第 18 引脚与第______引脚。

2．已知 MCS-51 单片机外接晶体振荡器的频率 f_{osc}=12MHz，则：

（1）振荡周期为______μs。

（2）状态周期为______μs。

（3）机器周期为______μs。

（4）指令周期最长为______μs。

（5）ALE 引脚输出的信号频率为______MHz。

3．已知 MCS-51 单片机外接晶体振荡器的频率 f_{osc}=6MHz，则：

（1）振荡周期为______μs。

（2）状态周期为______μs。

（3）机器周期为______μs。

（4）指令周期最短为______μs。

（5）ALE 引脚输出的信号频率为______MHz。

4．MCS-51 单片机最小系统中：

（1）电源正极接单片机第（　　）引脚，电源负极接单片机第 20 引脚。

A．40　　B．1　　C．9　　D．21

（2）复位电路中电容与电阻相连处接单片机第（　　）引脚。

A．40　　B．1　　C．9　　D．30

（3）时钟电路分别接单片机第 18 引脚与第（　　）引脚。

A．40　　B．1　　C．9　　D．19

（4）以下可能是时钟电路的外接晶振的频率的是（　　）。

A．11.0592MHz　　B．72MHz　　C．64 MHz　　D．2.5GHz

（5）以下可能是时钟电路的两个微调电容的容量的是（　　）。

A．33nF　　B．33pF　　C．33μF　　D．33F

第三节 MCS-51单片机内部结构框图及I/O口结构

一、MCS-51 单片机内部结构框图

MCS-51 单片机内部结构框图如图 2-3 所示。

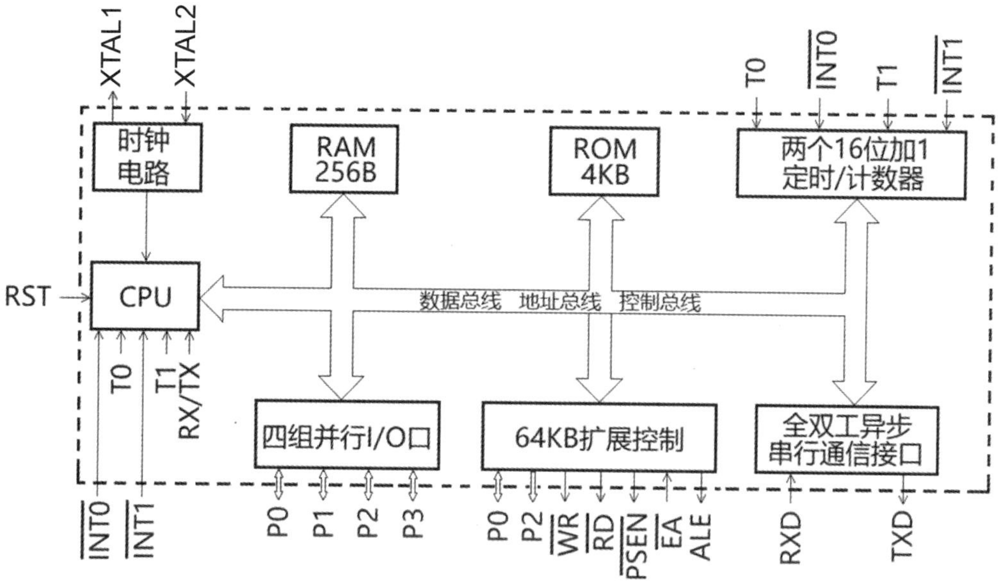

图 2-3 MCS-51 单片机内容结构框图

CPU：包含运算器与控制器，主要用于算术/逻辑运算、发出控制指令。

时钟电路：产生时钟脉冲，为 CPU 或其他单元模块提供时序/时基。

5 个中断源：$\overline{INT0}$、T0、$\overline{INT1}$、T1、RX/TX，可以申请打断 CPU 从而处理紧急事件。其中 $\overline{INT0}$、$\overline{INT1}$ 为两个外部中断源。

RAM：数据存储器（数据掉电丢失），用于存放程序执行过程中产生的数据或特征。

ROM：程序存储器（数据掉电不丢失），用于存放用户编写的程序（如指令、表格、常数等）。

2 个 16 位加 1 定时/计数器：用于定时（对机器周期计数）或计数（对外部脉冲计数）。

全双工异步串行通信接口：用于串行发送/接收数据，使单片机与外界实现串行数据传输。

64KB 扩展控制：用于扩展外部功能模块（如外 RAM、外 ROM、I/O 口等）。

4 组并行 I/O 口：用于并行输入/输出数据，使单片机与外界实现并行数据传输。

CPU 以时钟为基准，有条不紊地通过控制总线、地址总线、数据总线向各功能部件传递数据/控制信号。

二、MCS-51 单片机并行 I/O 口结构

（一）P0 口结构

如图 2-4 所示为 P0.X 内部结构图，它由锁存器、2 个三态缓冲器、转换开关、输出驱动电路、与门、非门组成。P0 口可以工作在普通 I/O 状态、低 8 位地址总线状态与数据总线状态，现分别进行阐述。

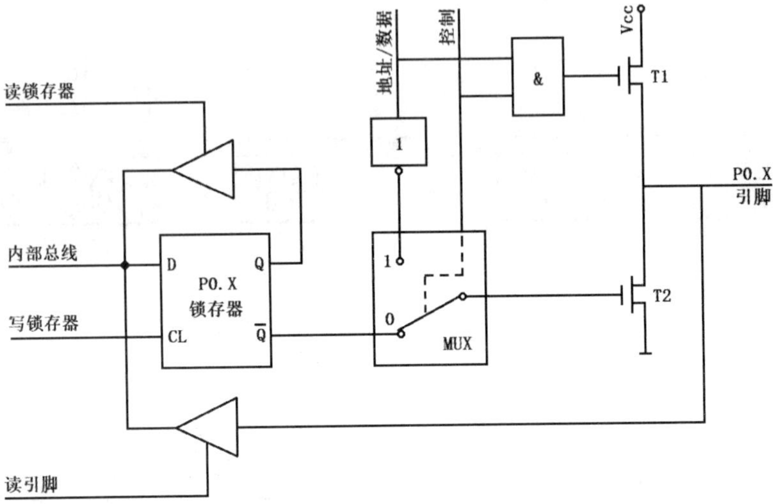

图 2-4　P0.X 内部结构图

1. 普通 I/O 状态

CPU 执行普通 I/O 口输出指令时，控制总线输出 0，此时 T1 处于截止状态（故需要为 T2 外接上拉电阻）且转换开关 MUX 接锁存器的反相输出 $\overline{Q}$ 端。

（1）输出状态：

CPU 执行 I/O 口输出指令时，内部总线上的数据在写锁存器信号下由锁存器 D 端输入锁存器，经锁存器反相输出端 $\overline{Q}$ 输出至场效应晶体管 T2 的栅极，再经过 T2 反相，从 P0.X 引脚输出。即：内部总线上的数经过两次反相后从 P0.X 引脚输出。

（2）输入状态：

CPU 执行 I/O 口输入指令时，根据指令不同可分为读锁存器与读引脚两类，具体操作过程如下：

①读锁存器：CPU 执行“读—改—写”指令（如：ORL P0,A）时，产生的读锁存器信号使锁存器 Q 端的数据进入内部总线（读），然后在累加器 A 中进行运算后（改），运算结果又从内部总线输出到锁存器及引脚上（写）。

②读引脚：CPU 执行其他 I/O 输入指令（如：MOV A,P0）时，产生的读引脚信号使引脚上的信号进入内部总线。特别注意：在执行读引脚指令前，应先向锁存器写“1”，使 T2 截止（引脚处于高阻状态）；否则，若 T2 导通则会将引脚上的信号始终钳位于 0，从而导致读入信息错误。

2. 地址/数据总线状态

CPU 执行访问外部 RAM/ROM 指令（即：MOVX、MOVC 且 $\overline{PSEN}$ 输出低电平）时，控制总线输出 1，转换开关 MUX 接非门的输出端。此时 T1、T2 的状态均由地址/数据总线控制。

（1）输出状态：

CPU 执行将内部总线上的数据传送至外部 RAM 时（如：MOVX @DPTR,A），地址/数据信号先后出现。控制总线输出 1，转换开关 MUX 接非门的输出端。若地址/数据为 1，则 T1 导通、T2 截止，引脚输出状态为高电平 1；若地址/数据为 0，则 T1 截止、T2 导通，引脚输出状态为低电平 0。即引脚上的信息与地址/数据信号相同。

（2）输入状态：

CPU 执行将外部 RAM/ROM 中的数据传送至内部总线上（MOVX A,@DPTR 或 MOVC A,@A+DPTR）时,首先，控制总线输出 1，转换开关 MUX 接非门的输出端。引脚上的信号与地址信号相同。然后，控制总线输出 0，使 T1 处于截止状态且转换开关 MUX 接锁存器的反相输出端 $\overline{Q}$，内部总线输出高电平 1 使 T2 截止（引脚处于高阻状态），CPU 产生读引脚信号，引脚上的数据经缓冲器进入内部总线。

（二）P1 口结构

如图 2-5 所示为 P1.X 内部结构图，它由锁存器、2 个三态缓冲器、输出驱动电路组成。P1 口仅能工作于普通 I/O 状态。

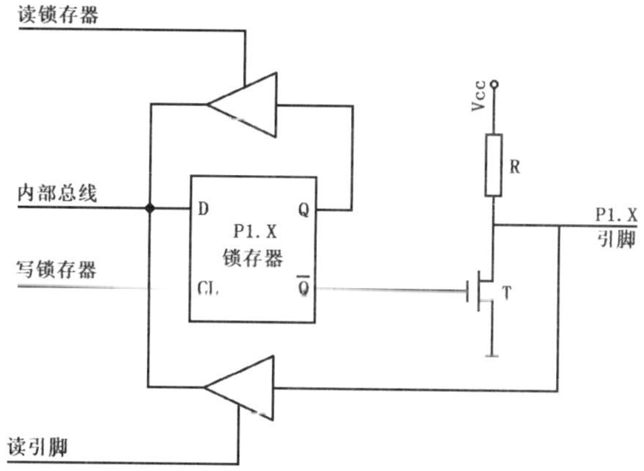

图 2-5 P1.X 内部结构图

（1）输出状态：

内部总线上的信号经锁存器反相后由 $\overline{Q}$ 端输出，再经 T 反相后经 P1.X 引脚输出。

（2）输入状态：

也分为读锁存器与读引脚两种情况，与 P0 口工作原理一致，此处不现赘述。

（三）P2 口结构

如图 2-6 所示为 P2.X 内部结构图，它由锁存器、2 个三态缓冲器、转换开关、反相器、输出驱动电路组成。P2 可以工作于普通 I/O 状态与地址总线状态。

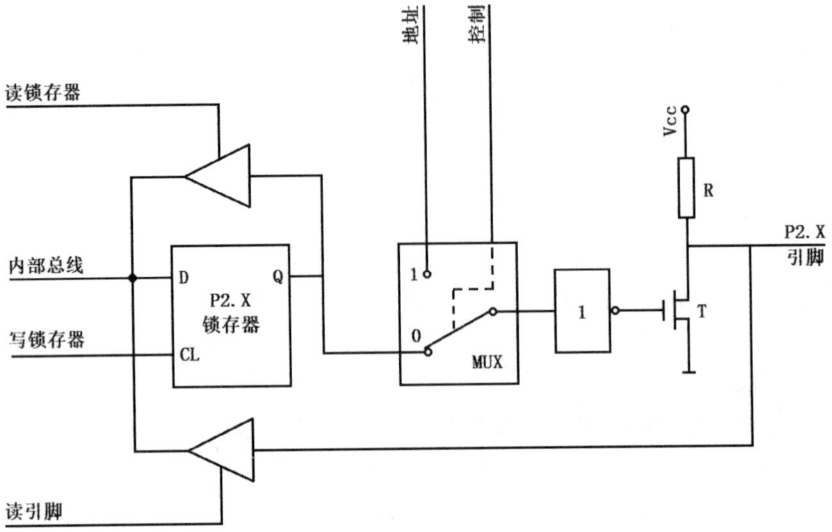

图 2-6　P2.X 内部结构图

1. 普通 I/O 状态

CPU 执行普通 I/O 口输出指令时，控制总线输出 0，转换开关 MUX 接锁存器的 Q 端。

（1）输出状态：

内部总线上的信号经锁存器 Q 端输出，然后经非门反相，再经 T 反相后经 P2.X 引脚输出。

（2）输入状态：

也分为读锁存器与读引脚两种情况，与 P0 口工作原理一致，此处不现赘述。

2. 地址总线状态

CPU 执行访问外部 RAM/ROM 指令（即：MOVX、MOVC 且 $\overline{\text{PSEN}}$ 输出低电平）时，控制总线输出 1，转换开关 MUX 接地址总线。

地址总线上的信号经非门反相，再经 T 反相后经 P2.X 引脚输出。

（四）P3 口结构

如图 2-7 所示为 P3.X 内部结构图，它由锁存器、2 个三态缓冲器、1 个输入缓冲器、与非门、输出驱动电路组成。P3 可以工作于普通 I/O 状态与第二功能状态。

1. 普通 I/O 状态

CPU 执行普通 I/O 口输出指令时，第二功能（输出）信号置 1，此时则工作于普通 I/O 状态。

（1）输出状态：

内部总线上的信号经锁存器 Q 端输出，然后经与非门反相，再经 T 反相后经 P3.X 引脚输出。

（2）输入状态：

也分为读锁存器与读引脚两种情况，与P0口工作原理一致，此处不现赘述。

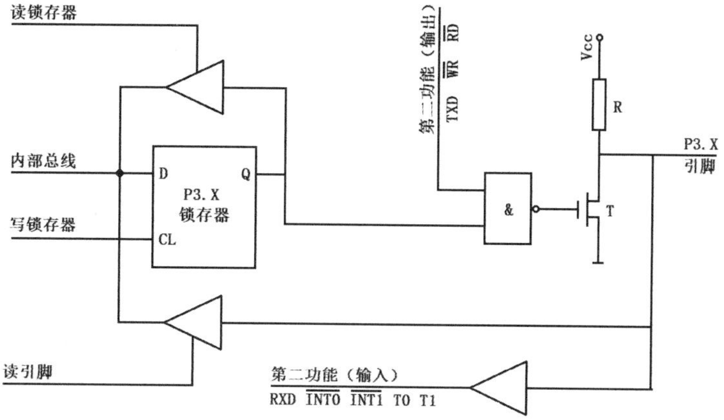

图 2-7　P3.X 内部结构图

2. 第二功能状态

（1）第二功能（输出）状态：

当CPU未执行普通I/O口输出指令时，CPU自动经内部总线将锁存器Q端置1，此时第二功能（输出）（TXD/WR/RD）信号经与非门反相，再经T反相后经P3.X引脚输出。

（2）第二功能（输入）状态：

此时，CPU自动经内部总线将锁存器Q端置1且内部硬件将第二功能（输出）信号置1，此时T工作于截止状态，P3.X引脚处于高阻状态。引脚上的信号经输入缓冲器进入内部相应功能部件。

思考及练习

一、填空题

1. 总线分类通常有______、地址总线、控制总线三类。

2. MCS-51单片机内部包含2个______位加1定时/计数器。

3. MCS-51单片机内部包含2个16位______（加/减）1定时/计数器。

4. MCS-51单片机内部包含2个16位加1定时/计数器，用作外部计数时其计数脉冲分别从T0或______引脚输入。

5. MCS-51单片机内部包含______B的数据存储器和4KB的程序存储器。

6. MCS-51单片机内部64KB扩展控制功能中用作数据总线的是______口。

7. MCS-51单片机内部64KB扩展控制功能中用作低8位地址总线的是______口。

8. MCS-51单片机内部64KB扩展控制功能中用作扩展外RAM写读控制的分别是$\overline{WR}$、______。

9．MCS-51 单片机内部 64KB 扩展控制功能中用作扩展外 ROM 时选通信号的是______。

10．CPU 包含运算器和______两个主要部分。

11．MCS-51 单片机有______个中断源。

12．MCS-51 单片机内部包含一个______（全/半）双工异步串行通信接口。

13．读取 MCS-51 单片机引脚上的信息前，需要对相应引脚的内部存储存锁器进行______操作。

二、判断题

1．（　　）MCS-51 单片机总线分类通常有数据总线、地址总线、传输总线三类。

2．（　　）MCS-51 单片机内部包含 2 个 8 位加 1 定时/计数器。

3．（　　）MCS-51 单片机内部包含 256B 的程序存储器和 4KB 的数据存储器。

4．（　　）MCS-51 单片机内部 64KB 扩展控制功能中用作低 8 位地址总线的是 P1 口。

5．（　　）MCS-51 单片机内部 64KB 扩展控制功能中用作高 8 位地址总线的是 P2 口。

6．（　　）MCS-51 单片机 CPU 包含运算器、控制器和存储器三个主要部分。

7．（　　）MCS-51 单片机有 5 个中断源，其中外部中断源有 2 个。

8．（　　）MCS-51 单片机内部包含一个全双工同步串行通信接口。

9．（　　）MCS-51 单片机包含 4 组并行 I/O 口。

10．（　　）MCS-51 单片机内部包含 256B 的 ROM 和 4KB 的 RAM。

11．（　　）MCS-51 单片机的 I/O 口具有输出锁存功能。

12．（　　）I/O 口的读操作可具体分为读引脚与读锁存器。

三、选择题

1．MCS-51 单片机内部包含（　　）定时/计数器。

A．1 个 16 位加 1　　B．2 个 8 位加 1

C．2 个 16 位加 1　　D．2 个 16 位减 1

2．MCS-51 单片机定时/计数器，用作外部计数时其计数脉冲分别从（　　）输入。

A．T0 或 T1　　B．$\overline{INT0}$ 或 $\overline{INT1}$

C．$\overline{WR}$ 或 $\overline{RD}$　　D．TXD 或 RXD

3．MCS-51 单片机内部包含 256B 的数据存储器和（　　）的程序存储器。

A．64KB　　B．1KB　　C．128B　　D．4KB

4．MCS-51 单片机内部 64KB 扩展控制功能中用作低 8 位地址总线的是（　　）口。

A．P0　　B．P1　　C．P2　　D．P3

5．MCS-51 单片机内部 64KB 扩展控制功能中用作高 8 位地址总线的是（　　）口。

A．P0　　B．P1　　C．P2　　D．P3

6. MCS-51 单片机内部 64KB 扩展控制功能中用作扩展外 RAM 读控制的是（　　）。

A．$\overline{WR}$　　B．$\overline{RD}$　　C．TXD　　D．RXD

7．MCS-51 单片机内部 64KB 扩展控制功能中用作扩展外 ROM 时选通信号的是（　　）。

A．$\overline{EA}$　　B．$\overline{PSEN}$　　C．$\overline{WR}$　　D．ALE

8．MCS-51 单片机 CPU 不包含（　　）。

A．控制器　　B．算术运算单元　　C．布尔运算单元　　D．存储器

9．MCS-51 单片机有（　　）个中断源。

A．2　　B．3　　C．4　　D．5

10．MCS-51 单片机内部包含一个（　　）通信接口。

A．全双工异步串行　　B．全双工同步串行

C．全双工异步并行　　D．半全双工异步串行

四、综合题

1．请补充完整如图 2-8 所示 MCS-51 单片机内部结构框图。

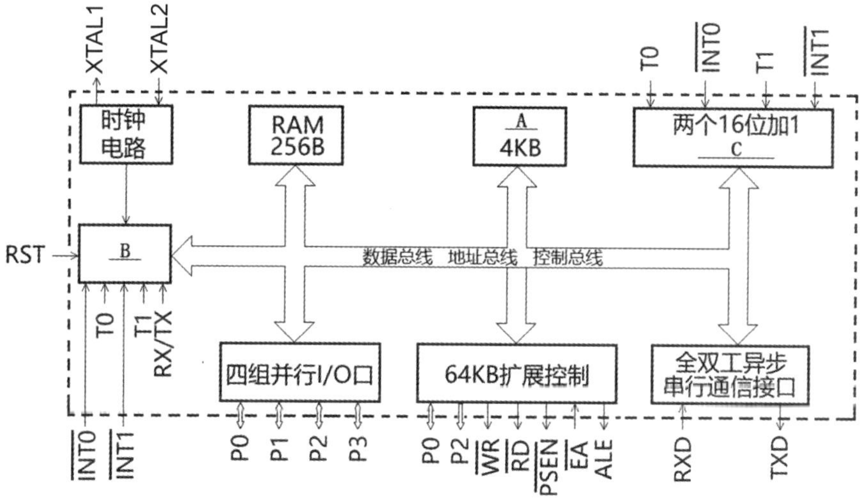

图 2-8　题 1

（1）A 处应填入______。

（2）B 处应填入______。

（3）C 处应填入______。

2．请补充完整如图 2-9 所示 MCS-51 单片机内部结构框图。

（1）A 处应填入（　　）。

A．256B　　B．2KB　　C．4KB　　D．64KB

（2）B 处应填入（　　）。

A．8 位　　B．16 位　　C．32 位　　D．64 位

（3）C 处应填入（　　）。

A．P3　　B．ALE　　C．P1.0　　D．T0

（4）D 处应填入（　　）。

A．P1　　B．RXD　　C．TXD　　D．$\overline{WR}$

（5）E 处应填入（　　）。

A. $\overline{WR}$　　B. RXD　　C. TXD　　D. $\overline{RD}$

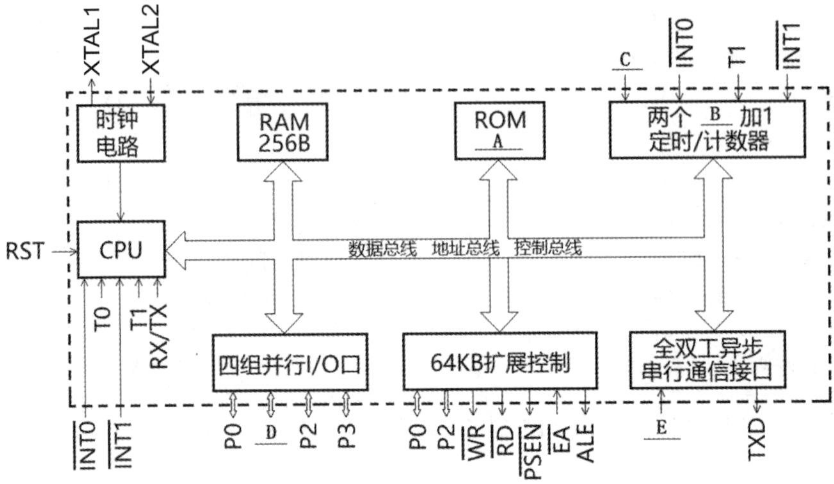

图 2-9　题 2

第四节　MCS-51单片机存储器结构

一、存储器结构图

存储器（ROM/RAM）的主要作用是存放指令及指令执行后的特征与结果，故掌握 MCS-51 单片机存储器结构，才能为后续指令学习奠定基石。MCS-51 单片机存储器结构图如图 2-10 所示。

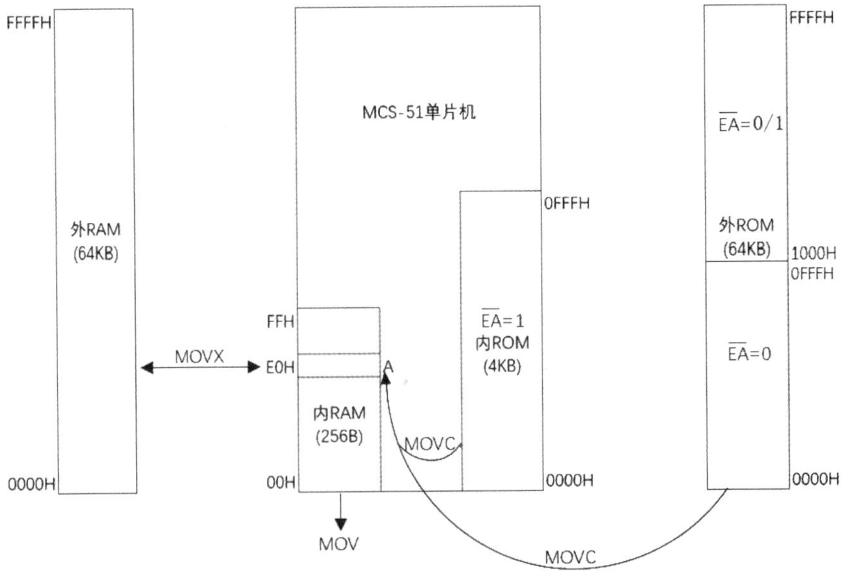

图 2-10　MCS-51 单片机存储器结构图

访问内部 RAM 时，使用的操作符为 MOV。

访问外部 RAM 时，使用的操作符为 MOVX。

外部 RAM 中的数传至累加器 A 中时，$\overline{WR}$=1，$\overline{RD}$=0；累加器 A 中的数传至外部 RAM 中时，$\overline{WR}$=0，$\overline{RD}$=1。

访问 ROM 时，使用的操作符为 MOVC。

当 $\overline{EA}$=1，且 PC 的值小于 1000H 时，$\overline{PSEN}$=1，访问内部 ROM。

当 $\overline{EA}$=1，且 PC 的值大于等于 1000H 时，$\overline{PSEN}$=0，访问外部 ROM。

当 $\overline{EA}$=0 时，$\overline{PSEN}$=0，访问外部 ROM。

二、ROM

ROM 用于存放用户编写的程序（含：指令、常数、表格等）。

ROM 的低段的一些地址被固定地用作特定程序的入口地址，具体如下：

①0000H：单片机复位后的程序入口地址；

②0003H：外部中断 0 的中断服务程序入口地址；

③000BH：定时/计数器 0 的溢出中断服务程序入口地址；

④0013H：外部中断 1 的中断服务程序入口地址；

⑤001BH：定时/计数器 1 的溢出中断服务程序入口地址；

⑥0023H：串行口的发送/接收中断服务程序入口地址。

三、内部 RAM

内部 RAM 的主要作用是存放指令执行后的特征与结果、规划特殊功能部件，因此需重点掌握其内部结构。将图 2-10 中的内部 RAM 放大即可得到如图 2-11 所示的 RAM 内部结构图。

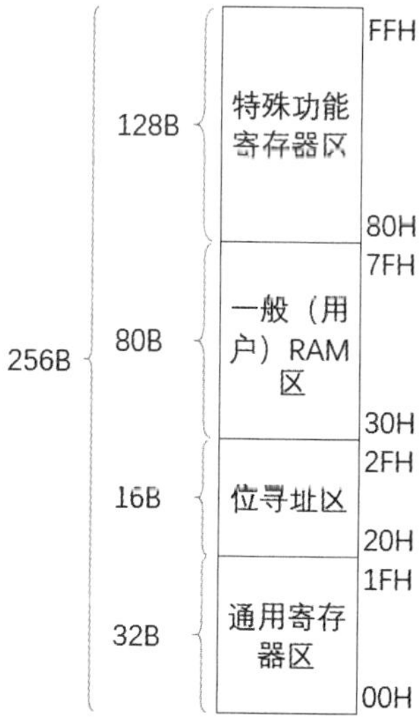

图 2-11　内部 RAM 结构图

1. 特殊功能寄存器[SFR（Special Function Register）]区

区域范围 80H～FFH，该区域不连续分布 21 个特殊功能寄存器（SFR），它们是一些特殊的存储空间，常用于特定的功能。

如：

①使用频率最高的累加器 A（Accumulate）位于该区域 E0H。

②乘除法专用寄存器 B 位于该区域 F0H。

③用于存放程序执行后状态的程序状态字 PSW（Programmer Status Word）位于该区域 D0H。

④4 组用于输入/输出的并行 I/O 口所对应的寄存器 P0、P1、P2、P3 就分别位于该区域 80H、90H、A0H、B0H。

⑤用于规划中断的中断允许控制寄存器 IE（Interrupt Enable）、中断优先级控制寄存器 IP（Interrupt Priority）就分别位于该区域 A8H、B8H。

⑥用于规划定时/计数器的定时/计数器方式控制寄存器 TMOD（Timer Mode）、中断请求标志寄存器 TCON（Timer Control）就分别位于该区域 89H、88H。

21 个特殊功能寄存器，详见“附录 C”。

此处重点介绍程序状态字 PSW（地址：D0H），如图 2-12 所示。

CY	AC	F0	RS1	RS0	OV	-	P

图 2-12　程序状态字

（1）CY（Carry）：进/借位标志位。

①加：低 8 位向第 9 位有进位 CY=1,否则 CY=0;

②减：低 8 位向第 9 位有借位 CY=1,否则 CY=0;

③乘/除：CY=0。

（2）AC（Assistant Carry）：辅助进/借位标志位。

①加：低 4 位向高 4 位有进位 AC=1,否则 AC=0;

②减：低 4 位向高 4 位有借位 AC=1,否则 AC=0。

（3）F0：用户自定义标志位。

（4）RS1/RS0（Register Select 1/0）：当前工作寄存器组选择位，如表 2-2 所示。

表 2-2　RS1/RS0 与当前工作寄存器组的对应关系

RS1	RS0	当前工作寄存器组
0	0	第 0 组
0	1	第 1 组
1	0	第 2 组
1	1	第 3 组

（5）OV（Overflow）：溢出标志位。

①加：OV=低 7 位向第 8 位有（1）/无（0）进位⊕低 8 位向第 9 位有（1）/无（0）进位；

②减：OV=低 7 位向第 8 位有（1）/无（0）借位⊕低 8 位向第 9 位有（1）/无（0）借位；

③乘：乘积超过 8 位二进制存储范围（即十进制 255）时 OV=1，否则 OV=0；

④除：除数为 0（即 B=0）时 OV=1，否则 OV=0。

（6）P（Parity）：奇/偶标志位。

①累加器 A 中有奇数个 1，P=1；

②累加器 A 中有偶数个 1，P=0。

例：执行以下指令后 PSW=__81__H。

```
MOV PSW,#00H     ;将 00H 送入 PSW 中，即 PSW 中各位均为 0
MOV A,#7BH       ;将 7BH 送入累加器 A 中
ADD A,#92H       ;将累加器 A 中的数与 92H 相加，结果存入累加器 A 中
```

2. 一般/用户 RAM 区

如图 2-13 所示，区域范围 30H～7FH，该区域只能整字节操作。该区域通常作为数据缓冲或开辟堆栈。

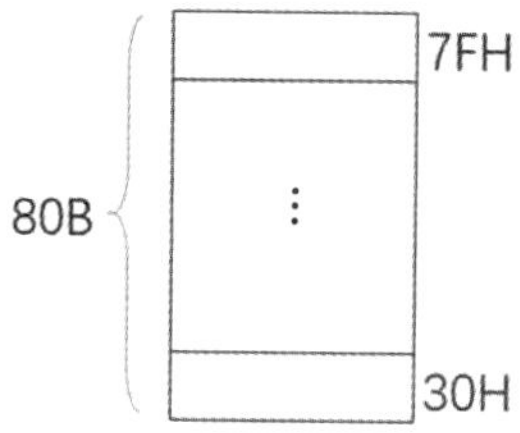

图 2-13　一般/用户 RAM 区

3. 位寻址区

如图 2-14 所示，区域范围 20H～2FH，该区域既可以整字节操作，又能按位操作。

7FH	7EH	7DH	7CH	7BH	7AH	79H	78H	2FH
77H	76H	75H	74H	73H	72H	71H	70H	
6FH	6EH	6DH	6CH	6BH	6AH	69H	68H	
67H	66H	65H	64H	63H	62H	61H	60H	
5FH	5EH	5DH	5CH	5BH	5AH	59H	58H	
57H	56H	55H	54H	53H	52H	51H	50H	
4FH	4EH	4DH	4CH	4BH	4AH	49H	48H	
47H	46H	45H	44H	43H	42H	41H	40H	
3FH	3EH	3DH	3CH	3BH	3AH	39H	38H	
37H	36H	35H	34H	33H	32H	31H	30H	
2FH	2EH	2DH	2CH	2BH	2AH	29H	28H	
27H	26H	25H	24H	23H	22H	21H	20H	
1FH	1EH	1DH	1CH	1BH	1AH	19H	18H	
17H	16H	15H	14H	13H	12H	11H	10H	
0FH	0EH	0DH	0CH	0BH	0AH	09H	08H	
07H	06H	05H	04H	03H	02H	01H	00H	20H

16B

图 2-14　位寻地区

例：MOV 20H,C 与 MOV 20H,A 的区别是？

MOV 20H,C 指令是将进/借标志位 CY 中的数传至 20H 中，因 CY 中的数是一位二进制，故 20H 为一位二进制存储空间，即图 2-14 中的一个位存储空间（一个小格子）。

MOV 20H,A 指令是将累加器 A 中的数传至 20H 中，因累加器 A 为内部 RAM 特殊功能寄存器中的一个字节（8 位二进制存储空间），故 20H 也为一个字节，即图 2-14 中的最下面一个字节（一行）。

4. 通用（工作）寄存器区

如图 2-15 所示，区域范围 00H～1FH，该区域内分 4 组工作寄存器组。当前工作寄存器组的选择由程序状态字 PSW 中的 RS1、RS0 的值决定（详见程序状态字 PSW）。

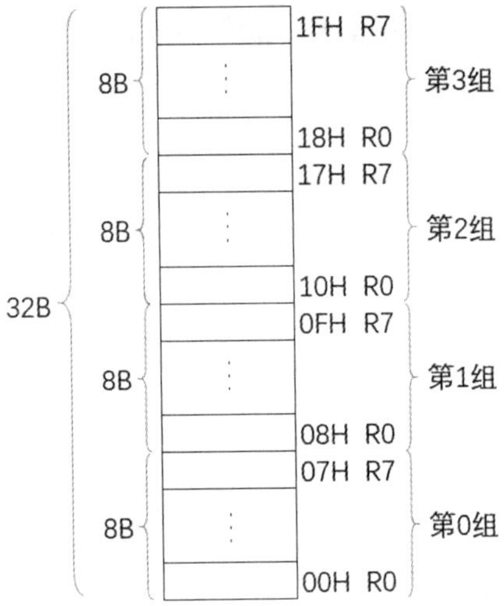

图 2-15 通用（工作）寄存器区

例：若 PSW=10H，则当前工作寄存器为第_____组，R1 的地址为_____。

PSW=10H，则 RS1RS0=10，故当前工作寄存器为第 2 组，其 R0～R7 对应的地址范围为 10H～17H，故 R1 的地址为 11H。

例：已知 PSW=00H，对比以下两条指令的区别。

MOV R0,#38H

MOV 00H,#38H

PSW=00H，则 RS1RS0=00，故当前工作寄存器组为第 0 组。

由上可知，第一条指令中的 R0 与第二条指令中的 00H 均是指内部 RAM 最下面一行（00H 行），故以上两条指令的作用都是将数 38H 送至内部 RAM 地址编号为 00H 的存储空间中。

通过查看“附录 D MCS-51 单片机指令集”，可知两条指令的区别如表 2-3 所示。

从表 2-3 可知，指令 MOV R0,#38H 转换为机器码存入 ROM 要占 2 个字节，执行该指令花费 1 个机器周期；指令 MOV 00H,#38H 转换为机器码存入 ROM 要占 3 个字节，执行该指令花费 2 个机器周期。

表 2-3　指令区别

指令	机器码	周期数
MOV R0,#38H	78 38	1
MOV 00H,#38H	75 00 38	2

由此可见，MOV R0,#38H 采用寄存器寻址占用程序存储器空间少，指令执行速度快；MOV 00H,#38H 采用直接寻址占用程序存储器空间相对更多，指令执行速度相对较慢。

思考及练习

一、填空题

1．数据存储器又叫随机存储器，英文缩写为______。

2．______又叫只读存储器，英文缩写为 ROM。

3．MCS-51 单片机最大可以扩展 64KB 的程序存储器或数据存储器，是因为 P2P0 共同组成______条地址线，共 65536 种状态。

4．已知某外部数存储器仅有 4 个存储空间，若想用单片机对这 4 个空间进行寻址则仅需______条地址线。

5．MCS-51 单片机内部数据存储器的地址范围为 00H～FFH，共______B。

6．MCS-51 单片机内部程序存储器的地址范围为______，共 4KB。

7．MCS-51 单片机外部数据存储器的最大地址范围为 0000H～FFFFH，共______。

8．MCS-51 单片机有______个中断源，其入口地址位于程序存储器中。

9．MCS-51 单片机有 5 个中断源，其中外部中断 1 的入口地址位于程序存储器____处。

10．MCS-51 单片机有 5 个中断源，其中串行通信的入口地址位于程序存储器_____处。

11．欲将累加器 A 中的内容传送至外部数据存储器中，则应采用______操作符。

12．若 MCS-51 单片机 $\overline{EA}$=0，则访问 ROM 0100H 单元属于______（内/外）ROM。

13．执行 MOV A,#42H 后 P=______。

14．MCS-51 单片机内部数据存储器被分为 4 个区域，分别是特殊功能寄存器区、一般（用户）RAM 区、位寻址区、______。

15．特殊功能寄存器 PSW 的中文名称是______，它在内部数据存储器中的地址为 D0H。

16．累加器 A 又叫 ACC，它在内部数据存储器中的地址为______H。

17．P0 在内部数据存储器中的地址为______。

18．P2 在内部数据存储器中的地址为______。

19．MCS-51 单片机内部 RAM 中，既能位寻址又能字节寻址的区域是______。

20．MCS-51 单片机内部 RAM 中，位寻址区中位地址的范围是______。

21．MOV 20H,C 中的 20H 是______（字节/位）地址。

22．若 PSW=09H，R3 的地址是______。

23．MCS-51 单片机内部 RAM 中，工作寄存器区的地址范围是______。

24．MCS-51 单片机内部 RAM 中，工作寄存器区有______组工作寄存器。

25．MCS-51 单片机上电复位后，当前工作寄存器组为第______组。

26．当前工作寄存器组是通过修改特殊功能寄存器______中的 RS1 与 RS0 实现的。

27．MCS-51 单片机内部有______个特殊功能寄存器。

二、判断题

1．（　　）MCS-51 单片机最大可以扩展 64KB 的程序存储器或数据存储器，是因为 P2P0 共同组成 16 条地址线，共 65536 种状态。

2．（　　）MCS-51 单片机外部数据存储器的最大地址范围为 0000H～FFFFH，共 4KB。

3．（　　）MCS-51 单片机有 5 个中断源，其中定时/计数器 0 的入口地址位于数据存储器 000BH 处。

4．（　　）欲将累加器 A 中的内容传送至外部数据存储器中，则应采用 MOV 操作符。

5．（　　）将累加器 A 中的数传至寄存器 B 中，则应采用 MOV 操作符。

6．（　　）MCS-51 单片机可以将累加器 A 中的数传至 ROM 中。

7．（　　）特殊功能寄存器 PSW 的中文名称是程序状态字，它在内部程序存储器中的地址为 D0H。

8．（　　）累加器 A 又叫 ACC，它在内部数据存储器中的地址为 E0H。

9．（　　）寄存器 B，它在内部数据存储器中的地址为 B0H。

10．（　　）P1 在内部数据存储器中的地址为 81H。

11．（　　）MCS-51 单片机内部 RAM 中，位寻址区的地址范围是 00H～2FH。

12．（　　）MOV 20H,A 中的 20H 是字节地址。

13．（　　）MCS-51 单片机内部 RAM 中，一般（用户）RAM 区的地址范围是 30H～7FH。

14．（　　）若 PSW=79H，表示累加器 A 中有奇数个 1。

15．（　　）MCS-51 单片机内部 RAM 中，工作寄存器区有 4 组工作寄存器，每组寄存器名为 R0～R7。

16．（　　）MCS-51 单片机上电复位后，当前工作寄存器组为第 0 组。

17．（　　）当前工作寄存器组是通过修改特殊功能寄存器 A 中的 RS1 与 RS0 实现的。

18．（　　）MCS-51 单片机的 21 个特殊功能寄存器有 10 个位寻址。

19．（　　）MCS-51 单片机中位地址共 216 个（其中位寻址区中 128 个，特殊功能寄存器区中 88 个）。

20．（　　）执行以下两条指令后，PSW=00H。

```
MOV A,#92H
MOV PSW,#00H
```

三、选择题

1. 已知某外部数存储器仅有16个存储空间，若想用单片机对这16个空间进行寻址则需（　　）条地址线。

A．2　　B．3　　C．4　　D．8

2. 某存储器的地址范围为00H～1FFH，则该存储器共有（　　）个存储单元。

A．128B　　B．256B　　C．512B　　D．1KB

3. MCS-51单片机外部数据存储器的最大寻址范围为（　　）。

A．00H～FFH　　B．0000H～0FFFH

C．0000H～FFFFH　　D．00H～7FH

4. MCS-51单片机有5个中断源，其入口地址位于（　　）中。

A．内RAM　　B．外RAM　　C．ROM　　D．CPU

5. MCS-51单片机有5个中断源，其中外部中断1的入口地址位于程序存储器（　　）单元处。

A．0000H　　B．0013H　　C．001BH　　D．0023H

6. 欲将累加器A中的内容传送至外部数据存储器中，则应采用的操作符是（　　）。

A．MOV　　B．MOVC　　C．MOVX　　D．MUL

7. 欲将内部RAM某一单元中的数传至内部RAM另一单元中，则应采用的操作符是（　　）。

A．MOV　　B．MOVC　　C．MOVX　　D．PUSH

8. 以下不属于MCS-51单片机内部RAM的是（　　）。

A．特殊功能寄存器区　　B．位寻址区

C．通用寄存器区　　D．定时/计数器区

9. 特殊功能寄存器P2在内部数据存储器中的地址为（　　）。

A．B0H　　B．A0H　　C．90H　　D．80H

10. MCS-51单片机内部RAM中，一般（用户）RAM区的地址范围是（　　）。

A．00H～7FH　　B．20H～2FH　　C．00H～1FH　　D．30H～7FH

11. 若PSW=85H，则当前工作寄存器是第（　　）组。

A．0　　B．1　　C．2　　D．3

12. MCS-51单片机内部RAM中，工作寄存器区的地址范围是（　　）。

A．00H～7FH　　B．20H～2FH　　C．00H～1FH　　D．30H～7FH

13. MCS-51单片机内部RAM中，工作寄存器区有（　　）个工作寄存器。

A．4　　B．8　　C．16　　D．32

14. 当前工作寄存器组是通过修改特殊功能寄存器（　　）中的RS1与RS0实现的。

A．累加器A　　B．寄存器B

C．程序状态字PSW　　D．数据指针DPTR

15. 位地址1FH属于字节地址（　　）

A．20H　　B．21H　　C．22H　　D．23H

四、综合题

1．请补充完整如图 2-16 所示 MCS-51 单片机存储器结构图。

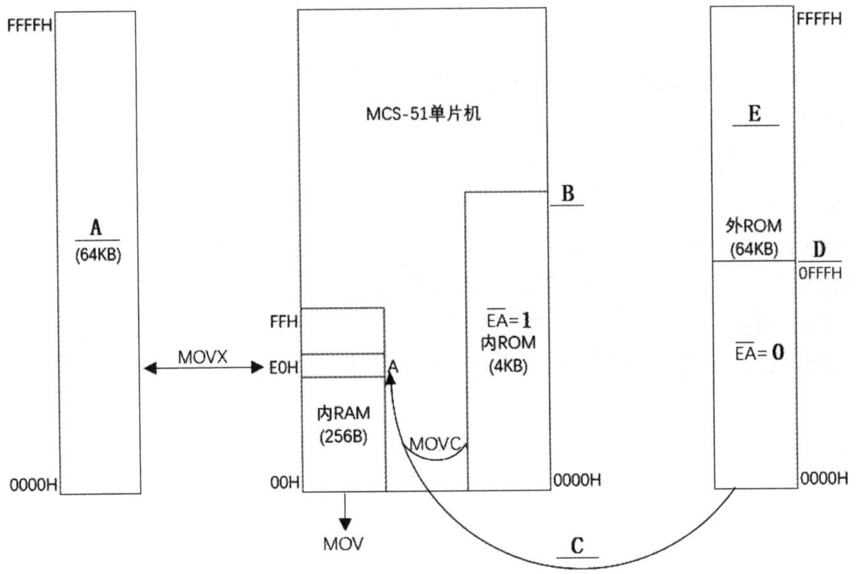

图 2-16　题 1

（1）A 处应填入______。

（2）B 处应填入______。

（3）C 处应填入______。

（4）D 处应填入______。

（5）E 处应填入______。（填 $\overline{EA}$ =0 或 $\overline{EA}$ =1 或 $\overline{EA}$ =0/1）

2．请补充完整如图 2-17 所示 MCS-51 单片机内部 RAM 结构图。

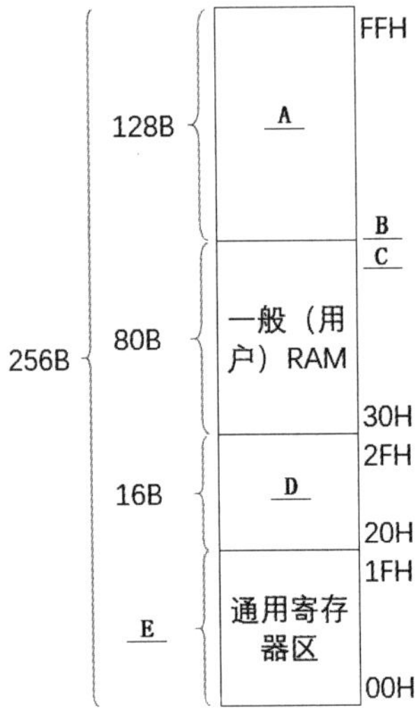

图 2-17　题 2

（1）A 处应填入______。

（2）B 处应填入______。

（3）C 处应填入______。

（4）D 处应填入______。

（5）E 处应填入______。

第三章　MCS-51单片机指令系统

学习目标

（1）了解 MCS-51 单片机的指令格式。
（2）掌握 MCS-51 单片机的七种寻址方式。
（3）掌握 MCS-51 单片机的指令集。
（4）掌握 MCS-51 单片机的常用伪指令。
（5）掌握 MCS-51 单片机程序设计的基本结构。

重点内容

（1）MCS-51 单片机的七种寻址方式、使用场合、特点。
（2）判断指令的正误。
（3）MCS-51 单片机的指令的基本功能。
（4）MCS-51 单片机程序的分析与阅读。
（5）MCS-51 单片机的指令的灵活运用与程序设计。

第一节　MCS-51单片机指令格式及寻址方式

一、指令格式

标号:操作符 操作数,操作数　　;注释

各部分作用及要求如下：
①标号：标示位置；
②操作符：又叫助记符，为本指令的大体含义；
③操作数：参与操作的对象（操作数个数并不固定，视指令而定）；
④注释：对指令/程序段的描述；
⑤标号与操作符间用“:”；
⑥操作符与操作数间用“ ”；
⑦操作数与操作数间用“,”；
⑧注释前用“;”。

二、指令中出现的符号

①direct：内部 RAM 直接地址。
②#data：8 位二进制立即数。

③#data16：16 位二进制立即数。

④Rn：当前工作寄存器组中 R0～R7。

⑤@Ri：当前工作寄存器组中的@R0、@R1。

⑥bit：位空间（位地址、位名称、字节名.x、字节地址.x）。

⑦rel：偏移量–128B～+127B（此处的 B 为字节）。

⑧addr11：11 位地址。

⑨addr16：16 位地址。

⑩$：本指令的首地址。

三、MCS-51 单片机指令参数

MCS-51 单片机每条指令有两个重要参数，即机器码和周期数。

（1）指令机器码：程序员编写好的程序最终会通过编译将一条一条的指令转换为对应的 0/1 代码（为方便阅读通常以十六进制形式表示），即机器码。这些代码最终存放于程序存储器 ROM 中。不同的指令具有不同长度的代码，MCS-51 单片机指令代码长度分别为单字节指令、双字节指令、三字节指令。

（2）指令周期数：即执行该指令所需的机器周期的个数。不同的指令具有不同的周期数，MCS-51 单片机指令周期数分别为单周期指令、双周期指令、四周期指令。

例：通过查看“附录 D　MCS-51 单片机指令集”，完成表 3-1。

表 3-1　指令的两个重要参数

指令	指令机器码	指令周期数
MOV 30H,40H	85 30 40	2
MOV R5,#0B8H	7D B8	1
DIV AB	84	4

四、寻址方式

寻址方式，即找到被操作对象的途径。在 MCS-51 单片机中有以下七种寻址方式。

1. 立即寻址

操作数本身存在于指令中，CPU 取指令时一同取出，可立即参与运算。

特征：“#”

例：

MOV A,#30H

源操作数的寻址方式即为立即寻址。

2. 直接寻址

操作数存在于内部 RAM 直接（字节）地址中，直接寻址存取速度较慢（相比寄存器寻址）。

直接寻址在指令格式中以 direct 表示，包含：

（1）字节地址 XXH；

（2）21 个 SFR 中有 17 个 SFR 属于直接寻址，其余 4 个在以下情况属于直接寻址。

①累加器 A 写作 ACC 时。

②寄存器 B 用于非乘/除指令中时。

③数据指针 DPTR 分开使用时（即指令中单独使用 DPH/DPL）。

例：

```
MOV A,30H
```

源操作数的寻址方式即为直接寻址。

例：

```
MOV P1,#18H
```

目的操作数的寻址方式即为直接寻址。

例：

```
MOV ACC,#30H
```

目的操作数的寻址方式即为直接寻址。

例：

```
MOV B,A
```

目的操作数的寻址方式即为直接寻址。

例：

```
MOV DPH,#10H
```

目的操作数的寻址方式即为直接寻址。

3. 寄存器寻址

操作数存在于内部 RAM 寄存器中，寄存器寻址的特点在于存取速度快(相比直接寻址)。

寄存器寻址包含：

（1）当前工作寄存器组中的 R0～R7；

（2）累加器 A 写作 A 时；

（3）寄存器 B 用于乘/除指令中时；

（4）数码指针以 DPTR 出现在指令中时。

例：

```
MOV A,R0
```

源操作数与目的操作数的寻址方式均为寄存器寻址。

例：

```
MUL AB
```

A、B 的寻址方式均为寄存器寻址。

例：

```
MOV DPTR,#1000H
```

目的操作数的寻址方式为寄存器寻址。

4. 寄存器间接寻址

寄存器中存放的是操作数的地址。

特征："@"

例：

MOV A,@R0

源操作数的寻址方式为寄存器间接寻址。

例：

MOVX @DPTR,A

目的操作数的寻址方式为寄存器间接寻址。

5. 位寻址

操作数存在于位空间中。

位寻址在指令格式中以 bit 表示，包含：

（1）位地址 XXH；

（2）位名称；

（3）字节地址.X；

（4）寄存器名称.X。

例：

MOV C,00H

源操作数与目的操作数的寻址方式均为位寻址。

6. 基址加变址寻址

操作数的地址由两个存储空间中的数之和产生。

特征："+"

例：

MOVC A,@A+DPTR

源操作数的寻址方式为基址加变址寻址。

7. 相对寻址

相对寻址用于跳转指令，以当前 PC（下一条指令的首地址）的值为基准，加上指令中给出的相对偏移量 rel 形成目标地址。将 PC 修改为目标地址，从而实现跳转。

特征："rel"

例：

SJMP $

该指令的寻址方式为相对寻址。

例：

DJNZ R3,L1

该指令中 L1 的寻址方式为相对寻址。

思考及练习

一、填空题

1．指令格式中用符号______表示内部 RAM 中的直接地址。
2．指令格式中用符号______表示 8 位二进制立即数。
3．指令格式中用符号______表示 16 位二进制立即数。
4．指令格式中用符号______表示当前工作寄存器组中的 R0～R7。
5．指令格式中用符号______表示间接操作。
6．指令格式中用符号______表示位空间（位地址、位名称等）。
7．指令格式中用符号______表示偏移量。
8．指令格式中用符号______表示 11 位目的地址。
9．指令格式中用符号______表示 16 位目的地址。
10．指令格式中用符号______表示本指令的首地址。
11．指令格式中操作数与操作数之间用______隔开。
12．立即寻址的特征是用符号“______”表示立即数。
13．所有的条件跳转指令及 SJMP 指令格式中均出现符号“rel”，故属于____寻址。
14．指令 MOV P2,#38H 中目的操作数的寻址方式是：______。
15．指令 CLR 20H 的寻址方式是：______。
16．指令 MOV @R0,#09H 中，源操作数的寻址方式是：______。

二、判断题

1．（　　）指令格式中标号与操作符（助记符）之间用中文的“：”隔开。
2．（　　）指令格式中操作符（助记符）与操作数之间用英文的“ ”隔开。
3．（　　）指令格式中注释前需加英文的“:”。
4．（　　）指令是出现符号“@”，则表明为间接寻址。

三、选择题

1．累加器 A 以 ACC 出现在指令中时，属于（　　）寻址。
A．立即寻址　　B．直接寻址　　C．寄存器寻址　　D. 位寻址
2．传送指令中出现 30H，可能属于（　　）寻址。
A．相对寻址　　B．寄存器间接寻址　　C．寄存器寻址　　D. 位寻址
3．指令中出现符号“+”，则属于（　　）寻址。
A．相对寻址　　B．基址加变址寻址　　C．寄存器寻址　　D. 位寻址
4．指令格式中注释前需加的符号是（　　）。
A．:　　B．,　　C．;　　D．/
5．以下标号正确的是（　　）。
A．MOV　　B．12D　　C．DELAY　　D．TMOD

四、综合题

1．填写以下指令的寻址方式。

（1）MOV ACC,38H 指令的源操作数的寻址方式是______。

（2）MOV @R0,#28H 指令的源操作数的寻址方式是______。

（3）MOVC A,@A+PC 指令的源操作数的寻址方式是______。

（4）MOV B,A 指令的源操作数的寻址方式是______。

（5）MOV P1.0,C 指令的源操作数的寻址方式是______。

2．选择以下指令画线部分的正确寻址方式。

（1）PUSH <u>B</u> 指令的寻址方式是（　　）。

A．相对寻址　　B．直接寻址　　C．寄存器寻址　　D．位寻址

（2）MUL <u>A</u>B 指令的寻址方式是（　　）。

A．相对寻址　　B．基址加变址寻址　　C．寄存器寻址　　D．位寻址

（3）ANL A,<u>@R1</u> 指令的寻址方式是（　　）。

A．寄存器间接寻址　　B．基址加变址寻址

C．寄存器寻址　　D．位寻址

（4）DJNZ 30H,<u>L1</u> 指令的源操作数的寻址方式是（　　）。

A．相对寻址　　B．基址加变址寻址　　C．寄存器寻址　　D．位寻址

（5）XCH A,<u>4FH</u> 指令的源操作数的寻址方式是（　　）。

A．相对寻址　　B．基址加变址寻址　　C．寄存器寻址　　D．直接寻址

第二节　MCS-51单片机指令集

MCS-51 单片机的指令集由 111 条指令组成，大致可分为传送类指令、算术运算类指令、逻辑运算类指令、位操作类指令、控制转移类指令等。

一、数据传送指令

1．8 位数据传送指令（15 条）

8 位数据传送指令是将 8 位二进制立即数传到内部 RAM 的某一空间中或内部 RAM 的某一空间中的 8 位二进制数传至内部 RAM 的另一空间中，如图 3-1 所示。

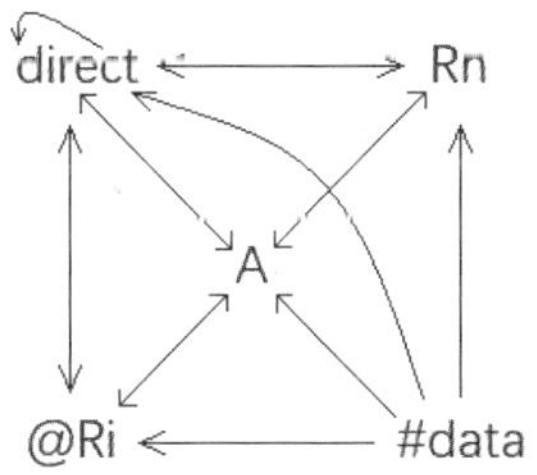

图 3-1　8 位数据传送指令

操作符均为 MOV（Move）。

```
MOV A,#data             ;将立即数 data 传至累加器 A 中
MOV A,direct            ;将直接地址 direct 中的数传至累加器 A 中
MOV A,Rn                ;将当前工作寄存器组 Rn 中的数传至累加器 A 中
MOV A,@Ri               ;将当前工作寄存器组 Ri 中的数当作地址中的数传至累加器
                        A 中
MOV direct,#data        ;将立即数 data 传至直接地址 direct 中
MOV direct,A            ;将累加器 A 中的数传至直接地址 direct 中
MOV direct,Rn           ;将当前工作寄存器组 Rn 中的数传至直接地址 direct 中
MOV direct,@Ri          ;将当前工作寄存器组 Ri 中的数当作地址中的数传至直接
                        地址 direct 中
MOV direct1,direct2     ;将直接地址 direct2 中的数传至直接地址 direct1 中
MOV Rn,#data            ;将立即数 data 传至当前工作寄存器组 Rn 中
MOV Rn,direct           ;将直接地址 direct 中的数传至当前工作寄存器组 Rn 中
MOV Rn,A                ;将累加器 A 中的数传至当前工作寄存器组 Rn 中
MOV @Ri,#data           ;将立即数 data 传至当前工作寄存器组 Ri 中的数当作地
                        址中
MOV @Ri,direct          ;将直接地址 direct 中的数传至当前工作寄存器组 Ri 中的
                        数当作地址中
MOV @Ri,A               ;将累加器 A 中的数传至当前工作寄存器组 Ri 中的数当
                        作地址中
```

例：

```
    MOV A,#38H          ;A=38H
```

例：

```
    MOV R3,#76H         ;R3=76H
    MOV A,R3            ;A=76H
```

例：

```
    MOV 30H,#20H        ;(30H)=20H
    MOV 40H,#79H        ;(40H)=79H
    MOV R1,#40H         ;(R1)=40H
    MOV 30H,@R1         ;(30H)=79H
```

例：

```
    MOV 50H,#40H        ;(50H)=40H
    MOV A,#50H          ;A=50H
    MOV R0,A            ;R0=50H
    MOV A,#00H          ;A=00H
    MOV @R0,A           ;(50H)=00H
    MOV A,#3BH          ;A=3BH
```

```
MOV 41H,A          ;(41H)=3BH
MOV 42H,41H        ;(42H)=3BH
```

例：

```
MOV 30H,#28H       ;(30H)=28H
MOV PSW,#08H       ;PSW=08H
MOV R0,#30H        ;R0=30H
MOV A,@R0          ;A=28H
MOV R1,A           ;R1=28H
```

例：已知(30H)=40H、(40H)=10H、(10H)=00H、PSW=00H、P1=0CAH，分析以下程序。

```
MOV R0,#30H        ;R0=30H
MOV A,@R0          ;A=40H
MOV R1,A           ;R1=40H
MOV B,@R1          ;B=10H
MOV @R1,P1         ;(40H)=0CAH
MOV 10H,#20H       ;(10H)=20H
MOV 30H,10H        ;(30H)=20H
```

例：执行以下程序后，DPTR=<u>2334</u>H。

```
MOV DPH,#23H       ;DPH=23H
MOV DPL,#34H       ;DPL=34H
```

例：编程实现将R0中的数当作地址中的数传至R1中。

```
MOV A,@R0
MOV R1,A
```

2. 1位数据传送指令（2条）

将内部RAM某位中的数与内部RAM中PSW中进/借位标志位CY中的数互传。

操作符为MOV（Move）。

```
MOV C,bit          ;将位空间bit中的数传至进/借位标志位CY中
MOV bit,C          ;将进/借位标志位CY中的数传至位空间bit中
```

例：执行以下程序后，(20H)=<u>0A5</u>H。

```
MOV A,#25H         ;A=25H
MOV PSW,#00H       ;PSW=00H
MOV 20H,A          ;(20H)=25H
MOV C,00H          ;CY=1
MOV 07H,C          ;(07H)=1
```

3. 16位数据传送指令（1条）

将16位二进制立即数传至DPTR（Data Point Register）中，因DPTR由内部RAM

中 DPH（High）、DPL（Low）组成。

操作符为 MOV（Move）。

MOV DPTR,#data16 ;将立即数 data16 传至 DPTR 中

例：

```
MOV DPTR,#2334H    ;DPTR=2334H
```

4. 外部 RAM 与 A 之间互传（4 条）

操作符为 MOVX（Move External）。

MOVX A,@DPTR ;将外部 RAM 以 DPTR 中的数当作地址中的数传至累加器 A 中

MOVX A,@Ri ;将外部 RAM 以 P2 中的数当作高 8 位地址以 Ri 中的数当作低 8 位地址中的数传至累加器 A 中

MOVX @DPTR,A ;将累加器 A 中的数传至外部 RAM 以 DPTR 中的数当作地址中

MOVX @Ri,A ;将累加器 A 中的数传至外部 RAM 以 P2 中的数当作高 8 位地址以 Ri 中的数当作低 8 位地址中

例：

```
MOV DPTR,#1000H    ;DPTR=1000H
MOV A,#38H         ;A=38H
MOVX @DPTR,A       ;外 RAM(1000H)=38H
```

例：已知外部 RAM(1000H)=20H

```
MOV P2,#10H        ;P2=10H
MOV R1,#00H        ;R1=00H
MOVX A,@R1         ;A=20H
```

例：编程实现将外 RAM 1000H 单元中的数传至外 RAM 2000H 单元中。

```
MOV DPTR,#1000H
MOVX A,@DPTR
MOV DPTR,#2000H
MOVX @DPTR,A
```

5. ROM 传至 A 中（2 条）

操作符为 MOVC（Move Code）。

MOVC A,@A+DPTR ;将 ROM 以累加器 A 中的数与数据指针 DPTR 中的数之和当作地址中的数传至累加器 A 中

MOVC A,@A+PC ; 将 ROM 以累加器 A 中的数与程序指针 PC 中的数之和当作地址中的数传至累加器 A 中

例：已知 ROM(2000H)=38H，分析以下程序。

```
MOV A,#00H         ;A=00H
```

```
MOV DPTR,#2000H      ;DPTR=2000H
MOVC A,@A+DPTR       ;A=38H
```

例：编程实现将 ROM 1000H 单元中的数传至内部 RAM 寄存器 B 中。

```
MOV DPTR,#1000H
MOV A,#00H
MOVC A,@A+DPTR
MOV B,A
```

例：编程实现将 ROM 1000H 单元中的数传至外部 RAM 1000H 单元中。

```
MOV A,#00H
MOV DPTR,#1000H
MOVC A,@A+DPTR
MOVX @DPTR,A
```

例：参照数码管显示原理图（见图 3-2）分析以下程序，数码管显示的数字为<u>2</u>。

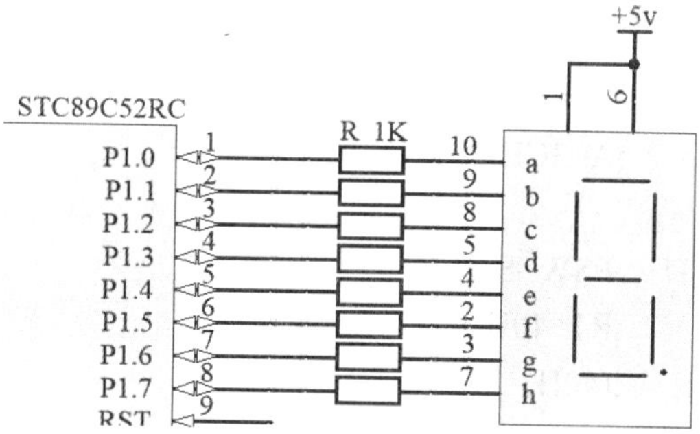

图 3-2 数码管显示原理图

```
MOV B,#2             ;B=2
MOV A,B              ;A=2
MOV DPTR,#TAB        ;DPTR=TAB 处在 ROM 的地址编号
MOVC A,@A+DPTR       ;A=0A4H
MOV P1,A             ;P1=0A4H
SJMP $               ;动态停机，死循环该指令
TAB:
   DB 0C0H,0F9H,0A4H,0B0H,99H,92H,82H,0F8H,80H,90H
                     ;此处涉及伪指令知识，请查阅相关章节
```

例：已知 MOV A,#data 为 2B 指令、MOVC A,@A+PC 为 1B 指令、SJMP rel 为 2B 指令，分析以下程序。

```
ORG 1000H            ;伪指令，该伪指令以下的指令从 ROM 1000H 处开始存放
MOV A,#03H           ;A=03H
MOVC A,@A+PC         ;A=01H
SJMP $
DB:00H,01H,02H,03H,04H
```

二、算术运算指令

1. 不带 CY 的加法指令（4 条）

操作符为 ADD（Addition）。

ADD A,#data	;将累加器 A 中的数与立即数 data 相加，并将和存入累加器 A 中
ADD A,direct	;将累加器 A 中的数与直接地址 direct 中的数相加，并将和存入累加器 A 中
ADD A,Rn	;将累加器 A 中的数与当前工作寄存器组 Rn 中的数相加，并将和存入累加器 A 中
ADD A,@Ri	;将累加器 A 中的数与当前工作寄存器组 Ri 中的数当作地址中的数相加，并将和存入累加器 A 中

例：

```
MOV A,#0C3H     ;A=0C3H
MOV B,#79H      ;B=79H
MOV PSW,#00H    ;PSW=00H
ADD A,B         ;A=3CH,PSW=80H
```

例：

```
MOV PSW,#88H    ;PSW=88H
MOV R1,#40H     ;R1=40H
MOV 40H,#36H    ;(40H)=36H
MOV A,#9BH      ;A=9BH,PSW=89H
ADD A,@R1       ;A=0D1H,PSW=48H
```

以上指令中 R1 的地址为多少：<u>09</u> H。

执行以上程序后 A=<u>0D1</u> H，PSW=<u>48</u> H。

2. 带 CY 的加法指令（4 条）

操作符为 ADDC（Addition Carry）。

ADDC A,#data	;将累加器 A 中的数、立即数 data、CY 中的数相加，并将和存入累加器 A 中
ADDC A,direct	;将累加器 A 中的数、直接地址 direct 中的数、CY 中的数相加，并将和存入累加器 A 中
ADDC A,Rn	;将累加器 A 中的数、当前工作寄存器组 Rn 中的数、CY 中的数相加，并将和存入累加器 A 中
ADDC A, @Ri	;将累加器 A 中的数、当前工作寄存器组 Ri 中的数当作地址中的数、CY 中的数相加，并将和存入累加器 A 中

例：

```
MOV A,#0C3H     ;A=0C3H
MOV B,#79H      ;B=79H
```

```
    MOV PSW,#00H        ;PSW=00H
    ADDC A,B            ;A=3CH,PSW=80H
```

例：

```
    MOV PSW,#80H        ;PSW=80H
    MOV A,#76H          ;A=76H
    MOV B,#0C9H         ;B=0C9H
    ADD A,B             ;A=3FH,PSW=80H
    ADDC A,#38H         ;A=78H,PSW=40H
```

3. 自加 1 指令（5 条）

操作符为 INC（Increment）。

```
INC direct          ;直接地址 direct 中的数自加 1
INC Rn              ;前工作寄存器组 Rn 中的数自加 1
INC @Ri             ;当前工作寄存器组 Ri 中的数当作地址中的数自加 1
INC A               ;累加器 A 中的数自加 1
INC DPTR            ;数据指针 DPTR 中的数自加 1
```

例：

```
    MOV PSW,#01H        ;PSW=00H（因为上电复位 A=00H）
    MOV A,#0FFH         ;A=0FFH,PSW=00H
    INC A               ;A=00H,PSW=00H
```

例：以下程序执行后 DPH=<u>20</u> H。

```
    MOV DPTR,#1FFFH     ;DPTR=1FFFH
    INC DPTR            ;DPTR=2000H
```

例：编程实现将外 ROM 1000H 与 1001H 单元中的数之和送至外部 RAM 1002H 单元中。

```
    MOV DPTR,#1000H
    MOV A,#00H
    MOVC A,@A+DPTR
    INC DPTR
    MOV B,A
    MOV A,#00H
    MOVC A,@A+DPTR
    ADD A,B
    MOV DPTR,#1002H
    MOVX @DPTR,A
```

4. 带 CY 的减法指令（4 条）

操作符为 SUBB（Subtraction）。

SUBB A,#data ;将累加器 A 中的数减立即数 data、CY 中的数，并将差存入累加器 A 中

SUBB A,direct ;将累加器 A 中的数减直接地址 direct 中的数、CY 中的数，并将差存入累加器 A 中

SUBB A,Rn ;将累加器 A 中的数减当前工作寄存器组 Rn 中的数、CY 中的数，并将差存入累加器 A 中

SUBB A, @Ri ;将累加器 A 中的数减当前工作寄存器组 Ri 中的数当作地址中的数、CY 中的数，并将差存入累加器 A 中

例：

```
    MOV PSW,#0FFH        ;PSW=0FEH
    MOV A,#2BH           ;A=2BH,PSW=0FEH
    MOV R3,#79H          ;R3=79H
    SUBB A,R3            ;A=0B1H,PSW=0BAH
```

例：

```
    MOV PSW,#96H         ;PSW=96H
    MOV 30H,#9CH         ;(30H)=9CH
    MOV A,#82H           ;A=82H,PSW=96H
    MOV R0,#30H          ;R0=30H
    MOV B,#0C5H          ;B=0C5H
    ADDC A,@R0           ;A=1FH,PSW=97H
    SUBB A,B             ;A=59H,PSW=92H
```

5. 自减 1 指令（4 条）

操作符为 DEC（Decrement）。

DEC direct ;直接地址 direct 中的数自减 1

DEC Rn ;当前工作寄存器组 Rn 中的数自减 1

DEC @Ri ;当前工作寄存器组 Ri 中的数当作地址中的数自减 1

DEC A ;累加器 A 中的数自减 1

例：

```
    MOV R0,#20H          ;R0=20H
    MOV 20H,#30H         ;(20H)=30H
    DEC @R0              ;(20H)=2FH
```

例：

```
    MOV PSW,#00H         ;PSW=00H
    MOV A,#00H           ;A=00H,PSW=00H
    DEC A                ;A=0FFH,PSW=00H
```

6. 十进制调整指令（1 条）

操作符为 DA（Data adjust）。

```
DA A                    ;将十六进制加法结果调整为 BCD 码加法结果
```

例：

```
    MOV PSW,#00H        ;PSW=00H
    MOV A,#39H          ;A=39H,PSW=00H
    MOV B,#16H          ;B=16H
    ADD A,B             ;A=4FH,PSW=01H
    DA A                ;A=55H,PSW=00H
```

例：

```
    MOV PSW,#80H        ;PSW=80H
    MOV A,#78H          ;A=78H,PSW=80H
    MOV B,#92H          ;B=92H
    ADDC A,B            ;A=0BH,PSW=81H
    DA A                ;A=71H,PSW=80H
```

例：如图 3-3 所示，以下程序段的功能是实现将累加器 A、寄存器 B 中的 BCD 码之和显示在两位数码管上。（图中 CD4511 为 8421BCD 译码器）

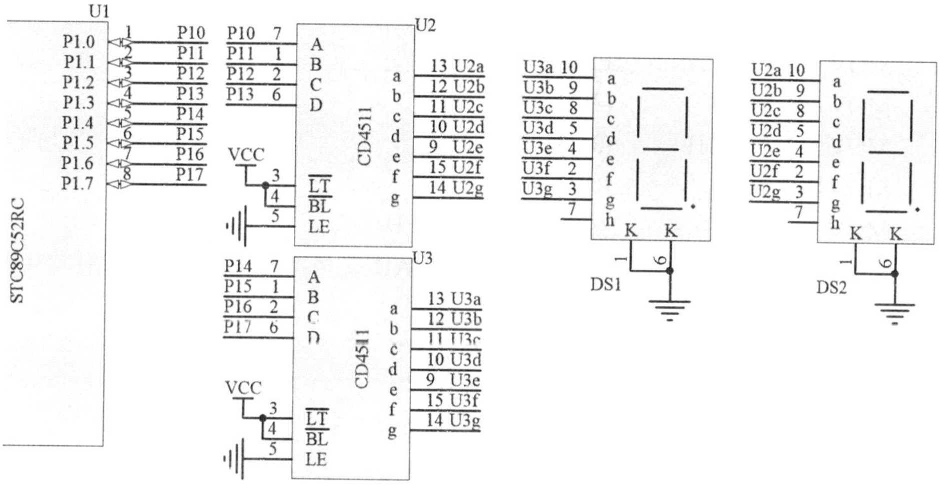

图 3-3　两位数码管显示原理图

```
    ORG 0000H
    MOV A,  #38H
    MOV B,  #18H
    ADD A,B
    DA A
    MOV P1,A
    SJMP $
    END
```

以上程序执行后数码管上显示的两位数字为 56。

7. 乘法指令（1 条）

操作符为 MUL（Multiplication）。

```
MUL AB              ;将累加器 A 中的数乘寄存器 B 中的数，积的低 8 位存入
                     累加器 A 中，积的高 8 位存入寄存器 B 中
```

例：

```
    MOV A,#38H          ;A=38H
    MOV B,#29H          ;B=29H
    MOV PSW,#0FFH       ;PSW=0FFH
    MUL AB              ;A=0F8H,B=08H,PSW=7FH
```

8. 除法指令（1 条）

操作符为 DIV（Division）。

```
DIV AB              ;将累加器 A 中的数除寄存器 B 中的数，商存入累加器 A
                     中，余数存入寄存器 B 中
```

例：

```
    MOV PSW,#0FFH       ;PSW=0FEH
    MOV 30H,#36H        ;(30H)=36H
    MOV 31H,#0CBH       ;(31H)=0CBH
    MOV R0,#30H         ;R0=30H
    MOV A,#95H          ;A=95H,PSW=0FEH
    ADDC A,@R0          ;A=0CCH,PSW=3AH
    INC R0              ;R0=31H
    SUBB A,@R0          ;A=01H,PSW=3BH
    MOV B,30H           ;B=36H
    DIV AB              ;A=00H,B=01H,PSW=3AH
```

例：编程实现将外 ROM 1000H 单元中的数，高半字节放入外部 RAM 1001H 单元中，低半字节放入外部 RAM 1002H 单元中。

```
    MOV DPTR,#1000H
    MOV A,#00H
    MOVC A,@A+DPTR
    MOV B,#10H
    DIV AB
    INC DPTR
    MOVX @DPTR,A
    INC DPTR
    MOV A,B
    MOVX @DPTR,A
```

例：如图 3-4 所示，编程实现将 A 中的两位十进制数（0～99）显示在两位共阳极数码管上。

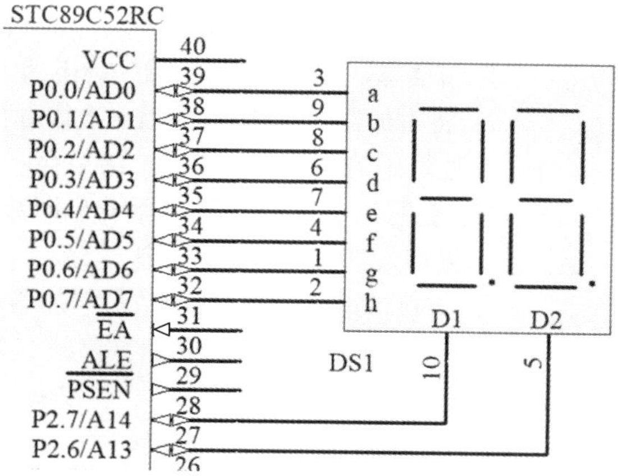

图 3-4　两位共阳极数码管显示原理图

```
        ORG 0000H
        MOV DPTR,#TAB
NEXT:
        MOV A,#35
        MOV B,#10
        DIV AB
        MOV P2,#00H                ;消影
        MOVC A,@A+DPTR
        MOV P0,A
        MOV P2,#80H
        MOV P2,#00H                ;消影
        MOV A,B
        MOVC A,@A+DPTR
        MOV P0,A
        MOV P2,#40H
        LJMP NEXT                  ;跳转到 NEXT 处
TAB:DB 0C0H,0F9H,0A4H,0B0H,99H,92H,82H,0F8H,80H,90H
        END
```

三、逻辑运算指令

1. 逻辑“与”指令（6 条）

操作符为 ANL（And Logical）。

ANL A,#data　　　　;将累加器 A 中的数与立即数 data 按位与运算，结果存入累加器 A 中

ANL A,direct ;将累加器 A 中的数与直接地址 direct 中的数按位与运算，结果存入累加器 A 中

ANL A,Rn ;将累加器 A 中的数与当前工作寄存器组 Rn 中的数按位与运算，结果存入累加器 A 中

ANL A, @Ri ;将累加器 A 中的数与当前工作寄存器组 Ri 中的数当作地址中的数按位与运算，结果存入累加器 A 中

ANL direct,#data ;将直接地址 direct 中的数与立即数 data 按位与运算，结果存入直接地址 direct 中

ANL direct,A ;将直接地址 direct 中的数与累加器 A 中的数按位与运算，结果存入直接地址 direct 中

例：

```
MOV A,#79H        ;A=79H
MOV 30H,#0C3H     ;(30H)=0C3H
ANL A,30H         ;A=41H
```

注：X 为一位二进制数

X 和 0 相与 结果为 0

X 和 1 相与 结果为 X

例：

使用一条指令实现将 P1 口的高两位清零，其余位不变：ANL P1,#3FH。

2. 位逻辑“与”指令（2 条）

操作符为 ANL（And Logical）。

ANL C,bit ;将进/借位标志位 CY 中的数与位空间 bit 中的数相与，结果存入 CY 中

ANL C,/bit ;将进/借位标志位 CY 中的数与位空间 bit 中的数的非（bit 中的数不变）相与，结果存入 CY 中

例：编程实现如图 3-5 所示的逻辑功能。

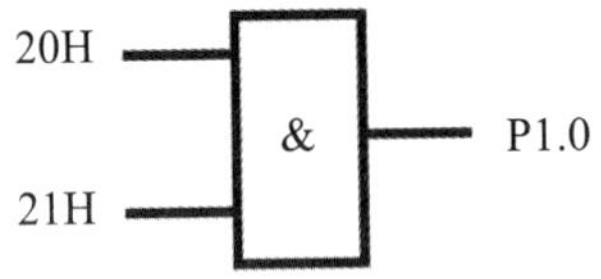

图 3-5 逻辑功能图 1

```
MOV C,20H
ANL C,21H
MOV P1.0,C
```

例：编程实现如图 3-6 所示的逻辑功能。

```
MOV C,21H
ANL C,/20H
```

MOV P1.0,C

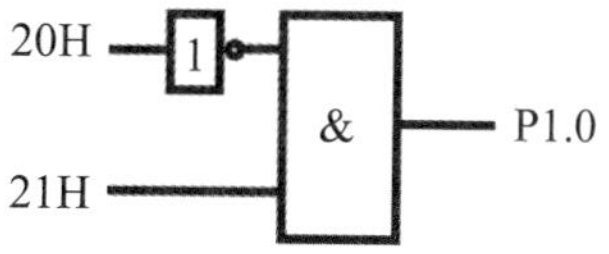

图 3-6 逻辑功能图 2

3. 逻辑“或”指令（6 条）

操作符为 ORL（Or Logical）。

ORL A,#data ;将累加器 A 中的数与立即数 data 按位或运算，结果存入累加器 A 中

ORL A,direct ;将累加器 A 中的数与直接地址 direct 中的数按位或运算，结果存入累加器 A 中

ORL A,Rn ;将累加器 A 中的数与当前工作寄存器组 Rn 中的数按位或运算，结果存入累加器 A 中

ORL A, @Ri ;将累加器 A 中的数与当前工作寄存器组 Ri 中的数当作地址中的数按位或运算，结果存入累加器 A 中

ORL direct,#data ;将直接地址 direct 中的数与立即数 data 按位或运算，结果存入直接地址 direct 中

ORL direct,A ;将直接地址 direct 中的数与累加器 A 中的数按位或运算，结果存入直接地址 direct 中

例：

```
MOV A,#79H          ;A=79H
MOV 30H,#0C3H       ;(30H)=0C3H
ORL     A,30H       ;A=0FBH
```

注：X 为一位二进制数

X 和 0 相或 结果为 X

X 和 1 相或 结果为 1

例：

使用一条指令实现将 P1 口的低两位置 1，其余位不变：ORL P1,#03H。

4. 位逻辑“或”指令（2 条）

操作符为 ORL（Or Logical）。

ORL C,bit ;将进/借位标志位 CY 中的数与位空间 bit 中的数相或，结果存入 CY 中

ORL C,/bit ;将进/借位标志位 CY 中的数与位空间 bit 中的数的非（bit 中的数不变）相或，结果存入 CY 中

例：编程实现如图 3-7 所示的逻辑功能。

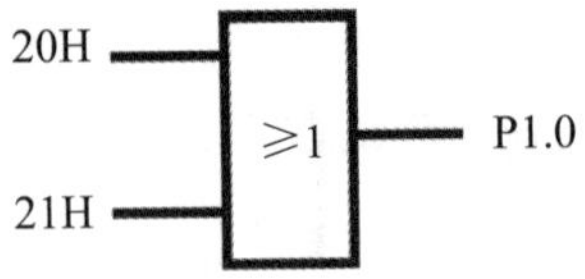

图 3-7　逻辑功能图 3

```
MOV C,20H
ORL C,21H
MOV P1.0,C
```

例：编程实现如图 3-8 所示的逻辑功能。

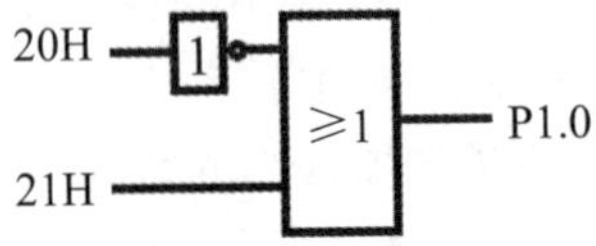

图 3-8　逻辑功能图 4

```
MOV C,21H
ORL C,/20H
MOV P1.0,C
```

例：编程实现如表 3-2 所示异或逻辑功能，其接线图如图 3-9 所示。

表 3-2　异或逻辑功能表

输入（0 未按下，1 按下）		输出（0 灭，1 亮）
SW1	SW2	
0	0	0
0	1	1
1	0	1
1	1	0

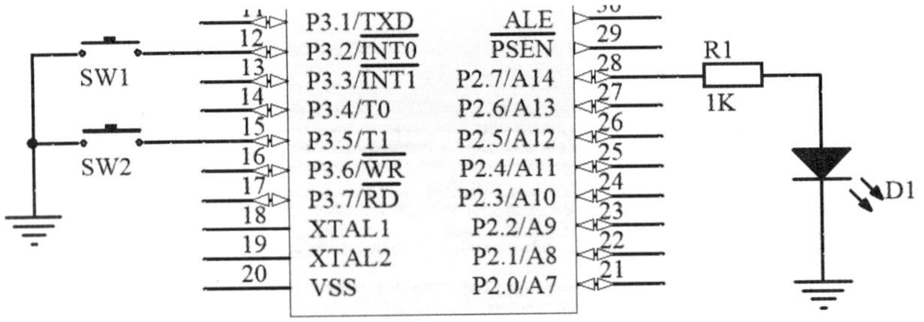

图 3-9　接线图原理图

```
    ORG 0000H
NEXT:
    MOV C,P3.2
```

```
ANL C,/P3.5
MOV 00H,C
MOV C,P3.5
ANL C,/P3.2
ORL C,00H
MOV P2.7,C
LJMP NEXT              ;跳转到 NEXT 处
END
```

5. 逻辑“异或”指令（6 条）

操作符为 XRL（Exclusive or Logical）。

XRL A,#data　　;将累加器 A 中的数与立即数 data 按位异或运算，结果存入累加器 A 中

XRL A,direct　　;将累加器 A 中的数与直接地址 direct 中的数按位异或运算，结果存入累加器 A 中

XRL A,Rn　　;将累加器 A 中的数与当前工作寄存器组 Rn 中的数按位异或运算，结果存入累加器 A 中

XRL A, @Ri　　;将累加器 A 中的数与当前工作寄存器组 Ri 中的数当作地址中的数按位异或运算，结果存入累加器 A 中

XRL direct,#data　　;将直接地址 direct 中的数与立即数 data 按位异或运算，结果存入直接地址 direct 中

XRL direct,A　　;将直接地址 direct 中的数与累加器 A 中的数按位异或运算，结果存入直接地址 direct 中

例：

```
MOV A,#79H             ;A=79H
MOV 30H,#0C3H          ;(30H)=0C3H
XRL     A,30H          ;A=0BAH
```

注：X 为一位二进制数

X　和　0　　相异或　　结果为 X

X　和　1　　相异或　　结果为 $\overline{X}$

例：

使用一条指令实现将累加器 A 的低两位取反，其余位不变：<u>XRL A,#03H</u>。

6. 字节取反指令（1 条）

操作符为 CPL（Complementary）。

CPL A　　;将累加器 A 中的数按位取反

例：

```
MOV A,#2CH             ;A=2CH
```

```
    CPL A                   ;A=0D3H
```

7. 位取反指令（2 条）

操作符为 CPL（Complementary）。

```
CPL C                   ;将进/借位标志位 CY 中的数取反
CPL bit                 ;将位空间 bit 中的数取反
```

例：

```
    MOV 20H,#5BH        ;(20H)=5BH
    MOV PSW,#80H        ;PSW=80H
    MOV 07H,C           ;(07H)=1
    CPL C               ;CY=0
    MOV 00H,C           ;(00H)=0
    CPL 03H             ;(03H)=0
```

执行以上程序后(20H)= <u>D2H</u>。

8. 字节清零指令（1 条）

操作符为 CLR（Clear）。

```
CLR A                   ;将累加器 A 中的数清零
```

例：

```
    MOV R0,#30H         ;R0=30H
    MOV A,#0BH          ;A=0BH
    MOV @R0,A           ;(30H)=0BH
    INC R0              ;R0=31H
    CLR A               ;A=00H
    MOV @R0,A           ;(31H)=00H
```

9. 位清零指令（2 条）

操作符为 CLR（Clear）。

```
CLR C                   ;将进/借位标志位 CY 中的数清零
CLR bit                 ;将位空间 bit 中的数清零
```

例：

```
    MOV 20H,#5BH        ;(20H)=5BH
    MOV PSW,#80H        ;PSW=80H
    MOV 07H,C           ;(07H)=1
    CLR C               ;CY=0
    MOV 00H,C           ;(00H)=0
    CLR 03H             ;(03H)=0
```

执行以上程序后(20H)= <u>D2H</u>。

10. 位置 1 指令（2 条）

操作符为 SETB（Set bit）。

SETB C　　　　;将进/借位标志位 CY 中的数置 1

SETB bit　　　　;将位空间 bit 中的数置 1

例：

```
    MOV 20H,#5BH        ;(20H)=5BH
    MOV PSW,#00H        ;PSW=00H
    MOV 01H,C           ;(01H)=0
    SETB C              ;CY=1
    MOV 07H,C           ;(07H)=1
    CLR 03H             ;(03H)=0
```

执行以上程序后(20H)= <u>D1H</u>。

四、移位指令（4 条）

1. 循环左移

操作符为 RL（Rotate Left）。

RL A　　　　;将累加器 A 中的数循环左移 1 位

2. 带 CY 循环左移

操作符为 RLC（Rotate Left Carry）。

RLC A　　　　;将累加器 A 中的数及进/借位标志位 CY 中的数循环左移 1 位

3. 循环右移

操作符为 RR（Rotate Right）。

RR A　　　　;将累加器 A 中的数循环右移 1 位

4. 带 CY 循环右移

操作符为 RRC（Rotate Right Carry）。

RRC A　　　　;将累加器 A 中的数及进/借位标志位 CY 中的数循环右移 1 位

例：

```
    MOV PSW,#00H        ;PSW=00H
    MOV A,#83H          ;A=83H
    RL A                ;A=07H
    RRC A               ;A=03H,CY=1
```

例：如图 3-10 所示，编程实现每次一只 LED 从下往上循环流水点亮。

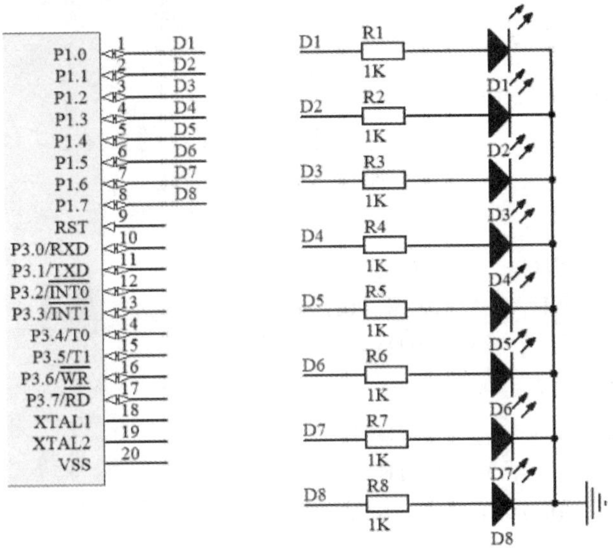

图 3-10　LED 接线图

```
    ORG 0000H
    MOV A,#80H
NEXT:
    MOV P1,A
    RR A
    LCALL DELAY          ;调用延时子程序
    LJMP NEXT            ;跳转到 NEXT 处
DELAY:                   ;延时子程序
    MOV R7,#4
L3:
    MOV R6,#200
L2:
    MOV R5,#200
L1:
    DJNZ R5,L1
    DJNZ R6,L2
    DJNZ R7,L3
    RET                  ;子程序返回
    END
```

五、堆栈操作指令（2 条）

堆栈（Stack）是内部 RAM 中的一个特殊存储空间，主要用于保护/恢复断点（地址）或现场（数据）。其中保护/恢复断点是由硬件自动完成，而保护/恢复现场需由入栈/出栈指令完成。

SP（Stack Pointer）堆栈指针：对堆栈的操作是通过堆栈指针完成（类似于间接寻址）的。

堆栈的操作规则如下：

①先修改堆栈指针，再入栈；先出栈，再修改堆栈指针；

②先入后出，后入先出。

1. 入栈指令

操作符为 PUSH（Push）。

PUSH direct ;先将堆栈指针 SP 中的数自加 1，再将直接地址 direct 中的数存入堆栈指针 SP 中的数当作地址中

2. 出栈指令

操作符为 POP（Popup）。

POP direct ;先将堆栈指针 SP 中的数当作地址中的数存入直接地址 direct 中，再将堆栈指针 SP 中的数自减 1

例：

```
MOV SP,#30H         ;SP=30H
MOV A,#2CH          ;A=2CH
ANL A,#0FH          ;A=0CH
PUSH ACC            ;SP=31H,(31H)=0CH
```

例：已知内 RAM(30H)=2BH,(31H)=76H

```
MOV SP,#31H         ;SP=31H
POP B               ;B=76H,SP=30H
POP ACC             ;A=2BH,SP=2FH
MUL AB              ;B=13H,A=D2H
PUSH ACC            ;SP=30H,(30H)=D2H
PUSH B              ;SP=31H,(31H)=13H
```

六、数据交换指令（5 条）

1. 整字节交换指令

操作符为 XCH（Exchange）。

XCH A, direct ;将累加器 A 中的数与直接地址 direct 中的数互换

XCH A, Rn ;将累加器 A 中的数与当前工作寄存器组 Rn 中的数互换

XCH A, @Ri ;将累加器 A 中的数与当前工作寄存器组 Ri 中的数当作地址中的数互换

2. 低半字节互换指令

操作符为 XCHD（Exchange Digit）。

XCHD A, @Ri ;将累加器 A 中的数的低半字节与当前工作寄存器组 Ri 中的数当作地址中的数的低半字节互换

3. 高低半字节互换指令

操作符为 SWAP（Swap）。

SWAP A ;将累加器 A 中的数的高、低半字节互换

例：

```
MOV R1,#30H
MOV A,#9CH
MOV R7,#3BH
MOV 30H,#76H
XCH A,30H        ;A=76H,(30H)=9CH
XCHD A,@R1       ;A=7CH,(30H)=96H
XCH A,R7         ;A=3BH,R7=7CH
SWAP A           ;A=0B3H
```

七、无条件转移指令（4 条）

1. 短跳转指令

操作符为 SJMP（Short Jump）。

SJMP rel ;跳转到目的地（偏移量为一字节补码，即跳转范围为 –128B～+127B）

例：已知 2B 指令 SJMP 存放于 1000H 开始的地址，偏移量 rel=FAH，则跳转目的地为 100CH。

起跳地址：1002H

偏移量：FAH（补码）→F9H（反码）→86H（原码）=-6H

目的地址：1002H+（-6）=0FFCH

例：已知 2B 指令 SJMP 存放于 1000H 开始的地址，偏移量 rel=0AH，则跳转目的地为 100CH。

起跳地址：1002H

偏移量：0AH（补码）→0AH（反码）→0AH（原码）=0AH

目的地址：1002H+0AH=100CH

例：2B 指令 SJMP $的偏移量 rel= FEH。

起跳地址：目的地址+2

偏移量：目的地址-起跳地址=-2→82H（原码） →FDH（反码） →FEH（补码）

2. 绝对转移指令

操作符为 AJMP（Absolute Jump）。

AJMP addr11 ;跳转到目的地（范围 2KB）

该指令只能在同一页 2KB 的范围内跳转，而不能跨页跳转，见图 3-11。

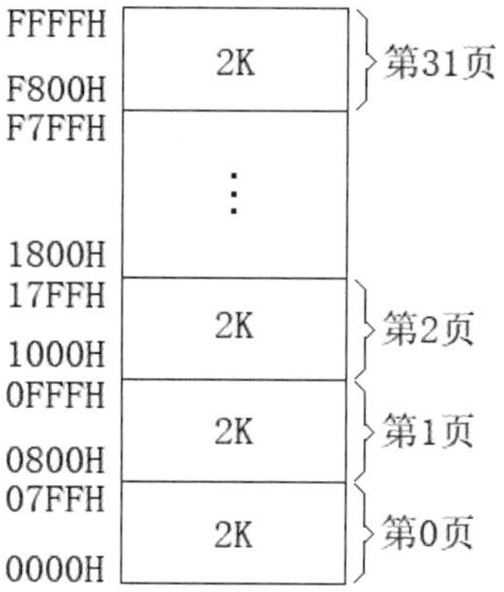

图 3-11 ROM 的分页结构

例：已知 2B 指令 AJMP L1 存放于 1000H 开始的地址，目标地址 L1 位于 0F00H 处，则该指令是否正确？

起跳地址：1002H

目标地址：0F00H

起跳地址位于第 2 页，目标地址位于第 1 页，故该指令超出跳转范围。

因此，该指令错误。

3. 长跳转指令

操作符为 AJMP（Long Jump）。

LJMP addr16　　　　　　;跳转到目的地（范围 64KB）

因此 MCS-51 单片机 ROM 最大为 64KB，故该指令能够从 ROM 的任意位置跳转到任意位置。

4. 散转指令

操作符为 JMP（Jump）。

JMP @A+DPTR　　　　　　;跳转到累加器 A 中的数与数据指针 DPTR 中的数之和当作地址处

例：已知（30H）=00H，分析以下程序执行后 A=<u>00H</u>。

```
MOV A,30H
MOV B,#02H
DIV AB
MOV DPTR,#1000H
JMP @A+DPTR
ORG 1000H
MOV A,#00H
LJMP OVER
ORG 1019H
MOV A,#01H
```

```
    LJMP OVER
    ORG 1032H
    MOV A,#02H
OVER:
    SJMP $
```

若以上程序执行前(30H)=32H，则程序执行后 A=__01H__；
若以上程序执行前(30H)=64H，则程序执行后 A=__02H__。

八、调用及返回指令（4 条）

1. 调用指令

（1）长调用指令。
操作符为 LCALL（Long Call）。

```
LCALL addr16        ;调用目标程序（范围 64KB）
```

（2）绝对调用指令。
操作符为 ACALL（Absolute Call）。

```
ACALL addr11        ;调用目标程序（范围 2KB），该指令只能在同一页 2KB 范围
                    内调用，不能跨页调用
```

注：调用指令与跳转指令的区别在于，调用指令需要保护断点于堆栈中以便于子程序执行结束后返回调用指令的下一条指令处。

在执行调用指令时需要完成保护断点、跳转到目标子程序两个操作：

①保护断点：将调用指令后一条指令存放的地址压入堆栈（先压入低 8 位地址，再压入高 8 位地址）。

②跳转到目标子程序：将目标子程序的首地址送 PC，从而实现跳转。

2. 返回指令

（1）子程序返回指令。
操作符为 RET（Return）。

```
RET                 ;返回至调用指令下一条指令处
```

（2）中断返回指令。
操作符为 RETI（Return Interrupt）。

```
RETI                ;返回至被中断处
```

注：返回指令是通过弹出堆栈顶的两个字节送 PC（第一个字节为高 8 位，第二个字节为低 8 位），从而返回调用指令的下一条指令处。

例：以下程序的功能是实现 D1 亮/灭各 0.5s 闪烁，其接线图如图 3-12 所示。

```
    ORG 0000H
NEXT:
    CLR P1.2            ;D1 亮
    LCALL DELAY         ;调用延时子程序
```

```
    SETB P1.2          ;D1 灭
    LCALL DELAY        ;调用延时子程序
LJMP NEXT
DELAY:                 ;延时子程序
    ……
    RET                ;子程序返回，返回至调用指令下一条指令处
```

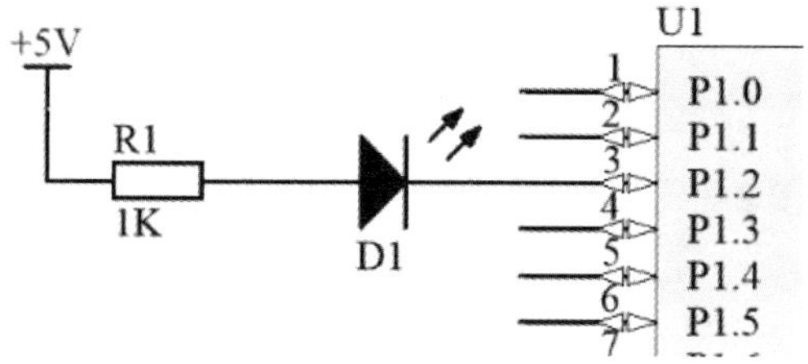

图 3-12　D1 接线图

九、条件跳转指令（13 条）

1. 根据 A 中的数跳转

（1）A 中的数为 0 则跳转。

操作符为 JZ（Jump Zero）。

```
JZ rel                 ;累加器 A 中的数为 0，则跳转
```

（2）A 中的数不为 0 则跳转。

操作符为 JNZ（Jump Not Zero）。

```
JNZ rel                ;累加器 A 中的数不为 0，则跳转
```

例：分析以下程序执行后 B=<u>00H</u>。

```
    MOV A,#38H
    JZ L1
    MOV B,#00H
    LJMP OVER
L1:
    MOV B,#0FFH
OVER:
    SJMP OVER
```

例：编程比较内 RAM 30H、40H 单元中的数是否相等，若相等则将 P1.0 置 1，否则将 P1.0 清 0。

```
    MOV A,30H
    SUBB A,40H
    JNZ BD
    SETB P1.0
    SJMP OVER
BD:
```

```
    CLR P1.0
OVER:
    SJMP OVER
```

例：编程判断内部 RAM 20H 单元中的无符号数是奇数还是偶数，若是奇数则将 P1.0 置 1，若是偶数则将 P1.0 清零。

```
    MOV A,20H
    MOV B,#2
    DIV AB
    MOV A,B
    JZ OS
    SETB P1.0
    LJMP OVER
OS:
    CLR P1.0
OVER:
    LJMP OVER
```

2. 根据 CY 中的数跳转

（1）CY 中的数为 1 则跳转。

操作符为 JC（Jump Carry）。

JC rel ;进/借位标志位 CY 中的数为 1，则跳转

（2）CY 中的数为 0 则跳转。

操作符为 JNC（Jump Not Carry）。

JNC rel ;进/借位标志位 CY 中的数为 0，则跳转

例：编程比较内 RAM 30H、40H 单元中数的大小，若 30H 单元中的数小于 40H 单元中的数则将 P1.0 置 1，否则将 P1.0 清 0。

```
    MOV A,30H
    SUBB A,40H
    JC XY
    CLR P1.0
    SJMP OVER
XY:
    SETB P1.0
OVER:
    SJMP OVER
```

3. 根据某位中的数跳转

（1）某位中的数为 1 则跳转。

操作符为 JB（Jump Bit）。

JB bit,rel ;位空间 bit 中的数为 1，则跳转

（2）某位中的数为 0 则跳转。

操作符为 JNB（Jump Not Bit）。

JNB bit,rel ;位空间 bit 中的数为 0，则跳转

（3）某位中的数为 1 则跳转且将该位清 0。

操作符为 JBC（Jump Bit Clear）。

JBC bit,rel ;位空间 bit 中的数为 1，则跳转且将位空间 bit 清零

例：编程判断内部 RAM 20H 单元中的无符号数是奇数还是偶数，若是奇数则将 P1.0 置 1，若是偶数则将 P1.0 清零。

```
    JB 00H,JS
    CLR P1.0
    LJMP OVER
JS:
    SETB P1.0
OVER:
    LJMP OVER
```

4. 自减 1 不为零则跳转

操作符为 DJNZ（Decrement Jump Not Zero）。

DJNZ direct,rel ;直接地址 direct 中的数自减 1 后不为零则跳转

DJNZ Rn,rel ;当前工作寄存器组 Rn 中的数自减 1 后不为零则跳转

例：分析以下程序执行后 A=<u>05H</u>，R7=<u>0</u>。

```
    MOV A,#00H
    MOV R7,#5
L1:
    INC A
    DJNZ R7,L1
L2:
    LJMP L2
```

例：编程实现将 ROM 1000H～1010H 单元中的数传至外部 RAM 1000H～1010H 单元中。

```
    MOV R3,#17
    MOV DPTR,#1000H
NEXT:
    MOV A,#00H
    MOVC A,@A+DPTR
    MOVX @DPTR,A
```

```
INC DPTR
DJNZ R3,NEXT
SJMP $
```

5. 比较两数不相等则跳转

操作符为 CJNE（Compare Jump Not Equality）。

```
CJNE A,#data,rel        ;累加器 A 中的数与立即数 data 不相等则跳转
                        ;累加器 A 中的数大于/等于立即数 data，则进/借位标志位 CY=0
                        ;累加器 A 中的数小于立即数 data，则进/借位标志位 CY=1
CJNE A,direct,rel       ;累加器 A 中的数与直接地址 direct 中的数不相等则跳转
                        ;累加器 A 中的数大于/等于直接地址 direct 中的数，则进/借位标志位 CY=0
                        ;累加器 A 中的数小于直接地址 direct 中的数，则进/借位标志位 CY=1
CJNE Rn,#data,rel       ;当前工作寄存器组 Rn 中的数与立即数 data 不相等则跳转
                        ;当前工作寄存器组 Rn 中的数大于/等于立即数 data，则进/借位标志位 CY=0
                        ;当前工作寄存器组 Rn 中的数小于立即数 data，则进/借位标志位 CY=1
CJNE @Ri,#data,rel      ;当前工作寄存器组 Ri 中的数当作地址中的数与立即数 data 不相等则跳转
                        ;当前工作寄存器组 Ri 中的数当作地址中的数大于/等于立即数 data，则进/借位标志位 CY=0
                        ;当前工作寄存器组 Ri 中的数当作地址中的数小于立即数 data，则进/借位标志位 CY=1
```

例：编程比较 30H、40H 单元中的数的大小。

若：

- 大于：P1=00H
- 等于：P1=01H
- 小于：P1=02H

```
    ORG 0000H
    MOV A,30H
    CJNE A,40H,DX
    MOV P1,#01H
    LJMP OVER
DX:
    JNC DY
    MOV P1,#02H
```

```
    LJMP OVER
DY:
    MOV P1,#00H
OVER:
    SJMP $
    END
```

例：将内部 RAM 20H～27H 单元中的数按从小到大的顺序进行排序，并将排序结果存入内部 RAM 20H～27H 单元中。

编程思路：

第一轮：20H～27H 单元中的数两两比较，找出最小的数，并存于 20H 单元中

第二轮：21H～27H 单元中的数两两比较，找出最小的数，并存于 21H 单元中

第三轮：22H～27H 单元中的数两两比较，找出最小的数，并存于 22H 单元中

第四轮：23H～27H 单元中的数两两比较，找出最小的数，并存于 23H 单元中

第五轮：24H～27H 单元中的数两两比较，找出最小的数，并存于 24H 单元中

第六轮：25H～27H 单元中的数两两比较，找出最小的数，并存于 25H 单元中

第七轮：26H～27H 单元中的数两两比较，找出最小的数，并存于 26H 单元中

```
    ORG 0000H
    MOV 30H,#7          ;第一轮比较次数
    MOV 40H,#20H        ;第一轮数据块首地址
WAI:
    MOV R7,30H          ;比较次数送 R7
    MOV R0,40H          ;数据块首地址送 R0
    MOV A,@R0           ;取出第一个被比较数
NEI:
    INC R0
    MOV B,@R0           ;取出第二个被比较数
    CJNE A,B,BXD        ;比较两个数,不相等则跳转,相等则顺序执行,同时产生
                        CY
    LJMP XD             ;相等则跳转到 XD
BXD:
    JNC DY              ;第一个数大于第二个数（CY=0）则跳转到 DY
    LJMP XD             ;第一个数小于第二个数（CY=1）则跳转到 XD
DY:
    XCH A,@R0           ;数据交换
XD:
    DJNZ R7,NEI         ;判断本轮比较是否结束
    MOV R0,40H          ;本轮数据块首地址送 R0
    MOV @R0,A           ;将本轮中的最小数传到本轮的第一个空间中
```

```
    INC 40H             ;数据块首地址加 1,为下一轮比较作准备
    DJNZ 30H,WAI        ;比较轮次自减 1,不为 0 则继续进行下一轮比较
    SJMP $
    END
```

十、空操作指令（1 条）

操作符为 NOP（No Operation）。

NOP　　;花费 CPU 一个机器周期，不改变内部 RAM 中的任意空间中的数

例：精准计算执行以下程序所花费的时间（f_{osc}=6MHz）。

```
    MOV R7,#10        1
L2:
    MOV R6,#200       1×10
L1:
    NOP               1×10×200
    DJNZ R6,L1        2×10×200
    DJNZ R7,L2        2×10
    RET               2
```

总花费时间={1+[1+(1+2)×200+2] ×10+2}×2μs=12066μs

思考及练习

一、填空题

1．已知执行 MOVC A,@A+PC 时 PC=1000H，A=00H,外部 RAM(1000H)=38H，外部 ROM(1000H)=83H，则执行该指令后 A=________。

2．执行以下指令后 DPTR=______。

MOV DPH,#00H

MOV DPL,#10H

3．在 MCS-51 单片机中有且仅有一条 16 位数据传送指令是______。

4．在 MCS-51 单片机中将内部 RAM 中某一单元中的数传至内部 RAM 另一单元中，使用的操作符是______。

5．MCS-51 访问外部 RAM 时使用______寻址方式。

6．MCS-51 访问 ROM 时使用______寻址方式。

7．分析以下程序

MOV PSW,#00H

MOV A,#0CBH

MOV R0,#30H

MOV 30H,#75H
ADD A,@R0
ADDC A,R0

A=______

8．分析以下程序

MOV PSW,#95H
MOV A,#0FEH
MOV 30H,#01H
ADDC A,30H
INC A

后 CY=______。

9．分析以下程序

MOV PSW,#00H
MOV A,#0B5H
MOV R0,#30H
MOV R1,#40H
MOV 30H,#7BH
MOV 40H,#59H
ADD A,@R0
SUBB A,R1

A=________。

10．分析以下程序

MOV PSW,#80H
MOV 41H,#0B5H
MOV 40H,#99H
MOV R1,#41H
MOV A,@R1
DEC R1
MOV B,@R1
ADDC A,B

A=______。

11．分析以下程序

MOV PSW,#00H
MOV A,#00H
DEC A

A=______。

12．分析以下程序

MOV R0,#40H

```
MOV 40H,#95H
MOV A,#38H
ADD A,@R0
DA A
```

A=________。

13．分析以下程序

```
MOV A,#14H
MOV B,#98H
MUL AB
```

执行以上指令后，A=______。

14．分析以下程序

```
MOV A,#2CH
MOV B,#75H
MUL AB
```

执行完以上程序后 B=_______。

15．分析程序执行后，(08H)=______H。

```
MOV PSW,#80H
MOV 30H,#76H
MOV A,#2BH
ADDC A,#0F9H
MOV PSW,#08H
SUBB A,30H
MOV R0,A
```

16．以下程序执行后，CY=______。

```
MOV A,#76H
ADD A,#39H
DA A
```

17．用一条指令实现将 P1 口内容的低 3 位清零，其余位不变______。

18．用一条指令实现将内部 RAM 30H 单元中的内容的中间 4 位置 1，其余位不变______。

19．用一条指令实现将 A 中的内容的高 5 位取反，其余位不变______。

20．用一条指令实现将内部 RAM 20H 单元中的数高 3 位取反，低 5 位不变______。

21．

```
MOV P1,#0B3H
MOV 30H,#79H
MOV R1,#30H
MOV A,@R1
ORL P1,A
XRL P1,30H
```

以上程序执行后，P1=______。

22．已知 R0=20H,(20H)=10H,P0=30H,R2=20H，分析以下程序

```
MOV @R0,#11H
MOV A,R2
ADD A,20H
MOV PSW,#80H
SUBB A,P0
XRL A,#45H
MOV 40H,A
```

执行以上程序后(40H)=______。

23．
```
MOV PSW,#79H
MOV 20H,#38H
ANL C,03H
ORL C,/07H
MOV 04H,C
SETB C
MOV 00H,C
```

以上程序执行后(20H)=______。

24．
```
MOV P1,#5DH
CPL P1.1
CLR P1.6
SETB P1.7
```

以上程序执行后 P1=______。

25．分析以下程序

```
MOV PSW,#0FFH
MOV 30H,#36H
MOV 31H,#0CBH
MOV R0,#30H
MOV A,#95H
ADDC A,@R0
INC R0
SUBB A,@R0
MOV B,30H
DIV AB
XRL A,R0
```

以上程序执行完后 A=______。

26．用一条指令实现将内部 RAM 40H 单元中的数与累加器 A 中的数互换的指令是______。

27. 以下程序执行后内部 RAM 30H 单元中的数=______H。

```
MOV 30H,#0A4H
MOV A,#0D0H
MOV R0,#30H
MOV R2,#5FH
ANL A,R2
SWAP A
ORL A,@R0
CPL A
MOV @R0,A
```

28. 用一条指令实现将 A 中的数高、低半字节互换______。

29. LJMP 指令的作用范围为______。

30. 已知 ACALL L1 为 2B 指令存放于 0FF0H 开始的地址，若其调用目标 L1 位于 1000H，则该指令______（能/不能）调用 L1 处的子程序。

31. 子程序返回指令是______。

32. 中断返回指令是______。

33. LCALL 指令的作用范围为______。

34. SJMP $指令的偏移量 rel=______H。

35. 已知 A=05H，DPTR=2000H，则执行 JMP @A+DPTR 后，PC=______。

36. 自减 1 不为零则跳转指令操作符是：______。

37. 判断 A 中内容不为零则跳转的指令是：______。

38. AJMP 指令的最大跳转范围是：______。

39. 某位为 1 则跳转且将该位清零的指令是：______。

40. 在指令格式中 rel 表示该指令的偏移量，其范围是：______。

41. 判断 CY 中内容不为零则跳转的指令是：______。

42. 分析以下程序后填空。

```
    MOV A,#15
    MOV R1,#10
NEXT:
    DEC A
    DJNZ R1,NEXT
    SJMP $
```

以上程序执行完后 A=______H。

43. 分析以下程序

```
    MOV A,#00H
    MOV R7,#05H
L1:
    INC A
```

```
    DJNZ R7,L1
    SJMP $
```

执行完以上程序后 A=______H。

44．
```
    MOV A,#0CBH
    MOV B ,#56H
    DIV AB
    JNZ L1
    MOV B,#00H
    SJMP L2
L1:
    MOV B,#0FFH
L2:
    SJMP L2
```

以上程序执行完后 B=______。

45．已知 MOV Rn,#data、NOP 为单周期指令，DJNZ Rn,rel、RET 为双周期指令，则执行以下程序所花费的总时间为：______μs。（已知 $f_{osc}=24\text{MHz}$）

```
    MOV R7,#10
L2:
    MOV R6,#20
L1:
    NOP
    DJNZ R6,L1
    NOP
    DJNZ R7,L2
    RET
```

46．已知 f_{osc}=6MHz，则以下指令执行时间为______μs。

```
    MOV R0,#250
NEXT:
    NOP
    DJNZ R0,NEXT
    RET
```

47．如图 3-13 所示，试问按钮始终保持按下的情况执行以下程序，A=______。

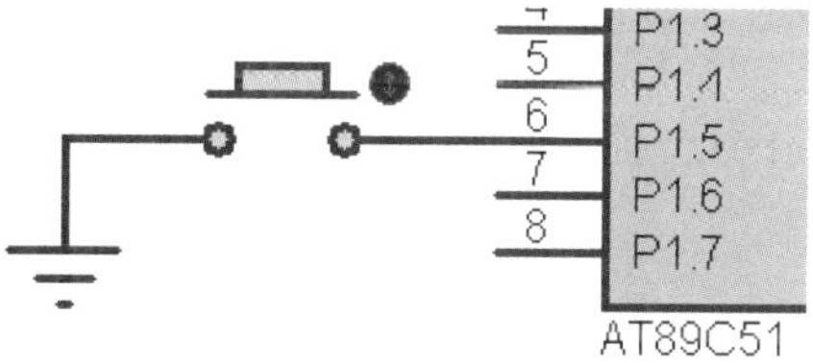

图 3-13　按钮接线图

```
JP:
    JB P1.5,WA
AX:
    MOV A,#01H
    JNB P1.5,AX
    MOV A,#02H
    LJMP EJP
WA:MOV A,#00H
EJP:
    SJMP $
```

48．以下程序执行后，(30H)=______。

```
    MOV A,#'a'
    CJNE A,#'A',NEXT
NEXT:
    JC XY
    MOV 30H,#00H
    SJMP $
XY:
    MOV 30H,#01H
    SJMP $
```

49．以下程序中，CJNE 指令会执行______次。

```
    MOV R0,#5
NEXT:
    DEC R0
    CJNE R0,#0,NEXT
    SJMP $
```

50．分析以下程序执行后的结果。

```
    MOV A,#2BH
    MOV B ,#36H
    MUL AB
    JNZ L1
    MOV B,#00H
    SJMP L2
L1:
    MOV B,#0FFH
L2:
    SJMP L2
```

以上程序执行后 B=______。

二、判断题

1. （ ）指令 MOVX 2000H,1000H 是正确的。
2. （ ）指令 MOVX A,@A+DPTR 是正确的。
3. （ ）指令 MOVX @DPTR,A 是正确的。
4. （ ）指令 MOVC @A+DPTR,A 是正确的。
5. （ ）指令 MOV R3,30H 是正确的。
6. （ ）指令 MOV R1,R2 是正确的。
7. （ ）指令是 MOV @R0,#75H 正确的。
8. （ ）指令 MOV R0,@R1 是正确的。
9. （ ）指令 MOV 30H,#7654H 是正确的。
10. （ ）指令 MOV DPTR,#1234H 是正确的。
11. （ ）指令 MOV B,A 是正确的。
12. （ ）指令 MOV ACC,R0 是正确的。
13. （ ）指令 MOV A,@DPTR 是正确的。
14. （ ）指令 MOV A,@DPTR 是正确的。
15. （ ）指令 MOV @R2,A 是正确的。
16. （ ）指令 MOV A,#678H 是正确的。
17. （ ）指令 MOV 20H,21H 是正确的。
18. （ ）指令 MOV 20H,30H 中的 20H 与 30H 均是内部 RAM 中的位寻址区中位地址。
19. （ ）指令 ADD A,B 是正确的。
20. （ ）指令 SUBB A,#7CH 是正确的。
21. （ ）指令 DEC DPTR 是正确的。
22. （ ）DA A 指令可用于 BCD 加法与减法的调整。
23. （ ）DA A 指令通常紧跟在 ADD 或 ADDC 指令后，用于 BCD 加法调整。
24. （ ）指令 MUL A,B 是正确的。
25. （ ）MUL AB 的执行结果是高 8 位在 A 中，低 8 位在 B 中。
26. （ ）指令 ANL R5,#76H 是正确的。
27. （ ）指令 ALN C,30H 是正确的。
28. （ ）指令 ORL 30H,A 是正确的。
29. （ ）指令 XRL C,30H 是正确的。
30. （ ）指令 CLR 30H 是正确的。
31. （ ）指令 SETB C 是正确的。
32. （ ）指令 SETB A 是正确的。
33. （ ）指令 XRL C,P1.0 是正确的。
34. （ ）指令 RR B 是正确的。
35. （ ）指令 SWAP B 是正确的。

36. （　　）指令 XCHD A,R7 是正确的。

37. （　　）指令 XCH A,@R1 是正确的。

38. （　　）指令 XCH A,50H 是正确的。

39. （　　）指令 XCH 20H,A 是正确的。

40. （　　）指令 SJMP $是正确的。

41. （　　）SJMP $指令中的$表示本指令的首地址，故该指令可实现动态停机。

42. （　　）指令 LCALL YS 是正确的。

43. （　　）PC 的中文名叫程序指针，存放的是下一条指令的地址。

44. （　　）跳转指令与调用指令的异同是：两者执行后都会跳转到目标程序，但跳转指令无须返回，而调用指令最终会返回到调用指令的下一条指令。

45. （　　）执行子程序返回指令 RET 后，返回的断点是调用指令的首地址处。

46. （　　）指令 JZ A,NEXT 是正确的。

47. （　　）指令 CJNE R7,L1 是正确的。

48. （　　）指令 DJNZ A,#75H,OVER 是正确的。

49. （　　）指令 JBC 30H,L1 是正确的。

50. （　　）指令 CJNE A,30H,L1 是正确的。

三、选择题

1．以下助记符中，能够实现将外部 RAM 中的数传至累加器 A 中的是（　　）。

A．MOVC　　B．MOVX　　C．MOV　　D．PUSH

2．以下指令中正确的是（　　）。

A．MOVC A,@DPTR　　B．MOVX @A+DPTR,A

C．MOVX @DPTR,A　　D．MOVX A,@A+PC

3．以下指令中正确的是（　　）。

A．MOVC A,@DPTR+PC　　B．MOVX A,@A+DPTR

C．MOVC @DPTR,A　　D．MOVC A,@A+PC

4．以下指令中，能够实现将 R1 中的数当地址中的数传至内部 RAM 30H 单元中的是（　　）。

A．MOV @R1,30H　　B．MOV @R1,#30H

C．MOV 30H,@R1　　D．MOV 30H,R1

5．以下指令中，是位传送指令且正确的是（　　）。

A．MOV 31H,30H　　B．MOV C,#30H

C．MOV 30H,C　　D．MOV 30H,R1

6．以下程序段执行后的 A 中的结果为（　　）。

```
MOV A,#02H
MOV DPTR,#TAB
MOVC A,@A+DPTR
SJMP $
```

TAB:DB 00H,01H,02H,03H

A. 00H　B. 01H　C. 02H　D. 03H

7. 以下哪一条指令的写法是错误的（　　）。

A. MOV DPTR,#3F98H　B. MOV R0,#0FEH

C. MOV 50H,#0FC3DH　D. INC R0

8. 以下指令正确的是（　　）。

A. ADD A,@R2　B. ADDC 30H,A

C. DEC DPTR　D. SUBB A,B

9. 以下指令错误的是（　　）。

A. ADD A,#30　B. ADDC A,R2

C. DA B　D. SUBB A,@R1

10. 以下助记符中，带进位加法指令是（　　）。

A. SUBB　B. ADD　C. INC　D. ADDC

11. 分析以下程序，执行后 PSW=（　　）。

```
MOV PSW,#00H
MOV A,#9CH
MOV R7,#76H
ADD A,R7
ADDC A,R7
```

A. C0H　B. 00H　C. 05H　D. FFH

12. 以下程序执行后的结果为（　　）。

```
MOV A,#0B5H
MOV B,#3FH
DIV AB
```

A. A=37H CY=0　B. A=02H CY=0

C. A=37H CY=1　D. A=02H CY=1

13. 自减 1 指令操作符是（　　）。

A. DJNZ　B. INC　C. DEC　D. SUBB

14. 以下操作符中，能够实现将某些位清 0，而其余位不变的是（　　）。

A. MOV　B. XRL　C. ORL　D. ANL

15. 以下操作符中，能够实现将某些位置 1，而其余位不变的是（　　）。

A. MOV　B. XRL　C. ORL　D. ANL

16. 以下操作符中，能够实现将某些位取反，而其余位不变的是（　　）。

A. MOV　B. XRL　C. ORL　D. ANL

17. 已知 A=5CH，则执行指令 CPL A 后 A=（　　）。

A. 00H　B. FFH　C. A3H　D. C5H

18. 以下指令正确的是（　　）。

A. PUSH DPTR　B. DEC DPTR

C．MOV @R0,B　　D．CPL B

19．实现如图 3-14 所示逻辑功能的选项是（　　）。

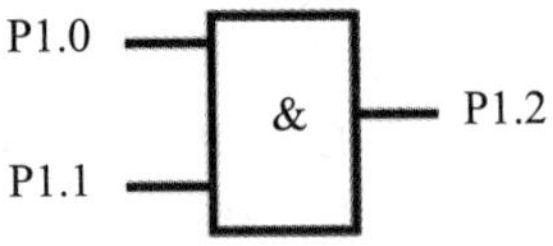

图 3-14　逻辑功能图

A．ANL P1.0,P1.1
MOV P1.2,C

B．MOV C,P1.0
ANL C,P1.1
MOV P1.2,C

C．ORL P1.0,P1.1
MOV P1.2,C

D．MOV C,P1.0
ORL C,P1.1
MOV P1.2,C

20．已知 PSW=00H，下列指令能使 R0 的最高位取反的是（　　）。

A．CPL R0.7　　B．XRL 00H，#80H

C．CPL(R0).7　　D．ANL R0，#80H

21．以下指令能够实现高、低半字节互换的是（　　）。

A．XCH A,30H　　B．XCHD　A,@R1

C．PUSH ACC　　D．SWAP A

22．已知 A=08H，执行单片机指令 RL　A 后，A 里面的内容是（　　）。

A．10H　　B．02H　　C．04H　　D．08H

23．关于 MCS-51 的堆栈操作,正确的说法是（　　）。

A．先入栈,再修改栈指针　　B．先修改栈指针,再出栈

C．先修改栈指针,再入栈　　D．以上都不对

24．以下是无条件跳转指令操作符的是（　　）。

A．ACALL　　B．SJMP　　C．JZ　　D．RET

25．以下指令中作用范围在 2KB 页范围内的是（　　）。

A．ACALL　　B．LJMP　　C．JZ　　D．RET

26．以下指令中子程序返回指令是（　　）。

A．ACALL　　B．LCALL　　C．RETI　　D．RET

27．以下操作符中，跳转范围为 2KB 的是（　　）。

A．JMP　　B．DJNZ　　C．AJMP　　D．LJMP

28．3B 指令 LCALL 操作码地址是 2000H，执行完响应子程序返回指令后，PC=（　　）。

A．2000H　　B．2001H　　C．2002H　　D．2003H

29．下列指令中是无条件转移指令的是（　　）。

A．LCALL addr16　　B．DJNZ direct,rel

C．AJMP addr11　　D．ACALL addr11

30．以下指令操作符中，累加器 A 中的数为 0 则跳转的是（　　）。

A．JB　　B．JC　　C．JNB　　D．JZ

31．以下指令操作符中，判断某位中的数为 1 则跳转且将该位清零的是（　　）。

A．JB　　B．JC　　C．JNB　　D．JBC

32．分析以下程序，执行完成后(24H)、(30H)中的数分别为（　　）。

```
    MOV 24H,#3BH
    JBC 24H,L1
    MOV 30H,#00H
    SJMP $
L1:
    MOV 30H,#01H
    SJMP $
```

A．2BH 00H　　B．3BH 00H　　C．2BH 01H　　D．3BH 01H

33．以下指令的作用范围为-128B～+127B 的是（　　）。

A．AJMP　　B．JZ　　C．ACALL　　D．MOV

34．单片机的堆栈指针 SP 始终是指向（　　）。

A．堆栈底　　B．堆栈顶　　C．07H　　D．00H

四、综合题

1．如图 3-15 所示，数码管内部为共阳极。

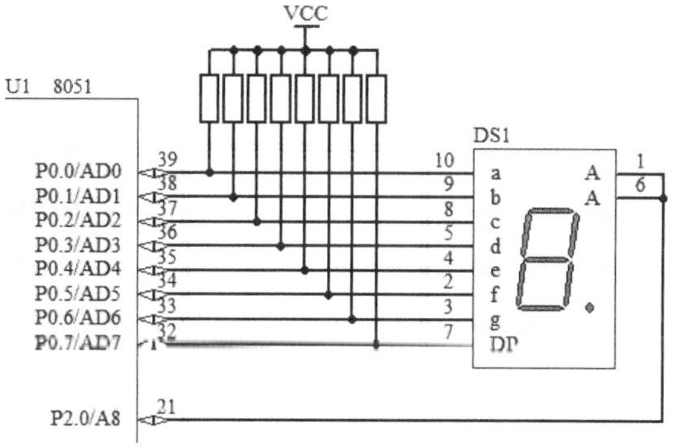

图 3-15　共阳极数码管

```
ORG 0000H
MOV 40H,#2
MOV A,40H
MOV DPTR,#TAB
MOVC A,@A+DPTR
MOV P0,A
MOV P2,#0FFH
SJMP $                  ；动态停机，让程序死循环该指令
```

```
TAB:DB 0C0H,0F9H,0A4H,0B0H,99H,92H,82H,0F8H,80H,90H
    END
```

以上程序执行后：

（1）(40H)=______H。

（2）A=______H。

（3）P0=______H。

（4）P2.0=______。

（5）图中数码管将会显示数字______。

2．已知 ROM(2000H)=35H，试分析以下程序执行后的结果。

```
MOV DPTR,#2000H
MOV A,#00H
MOVC A,@A+DPTR
MOV DPTR,#3000H
MOVX @DPTR,A
```

则执行以上程序后：

（1）A=______。

（2）DPH=______。

（3）DPL=______。

（4）外 RAM(3000H)=______。

（5）ROM(2000H)=______。

3．执行以下程序前各存储单元中的内容如图 3-16 所示。

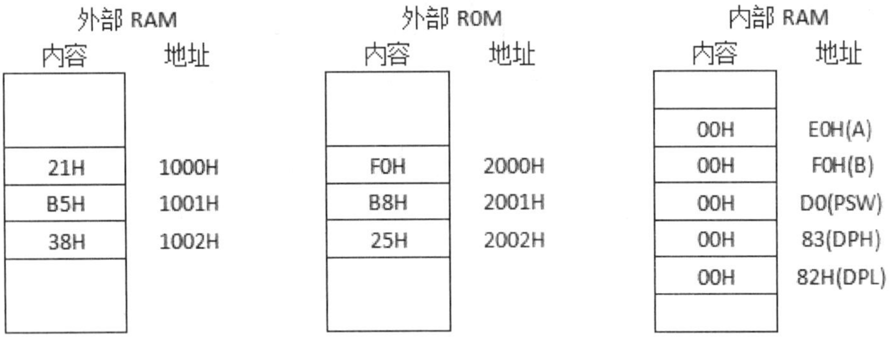

图 3-16　各存储单元内容

```
MOV DPTR,#2000H
MOVC A,@A+DPTR
MOV DPTR,#2001H
MOV B,A
MOV A,#00H
MOVC A,@A+DPTR
MOV DPTR,#1000H
```

```
MOVX @DPTR,A
MOV A,B
MOV DPTR,#1001H
MOVX @DPTR,A
```

则执行完后以上程序后：

（1）DPTR=______H。

（2）外 RAM(1001H)=______H。

（3）PSW=______H。

（4）A=______H。

（5）B=______H。

4．分析以下程序后填空。

```
MOV R3,#40H
MOV R0,#75H
MOV @R0,#38H
MOV A,R3
MOV B,75H
```

（1）R3=______H。

（2）R0=______H。

（3）(75H)= ______H。

（4）A=______H。

（5）B=______H。

5．以下程序的功能是将 ROM 1000H、1001H 单元中的数传至内部 RAM 30H、31H 单元中。

```
MOV DPTR,__A__          ;将 ROM 数据块的首地址送 DPTR
MOV R0,#30H
MOV A,#00H
__B__  A,@A+DPTR        ;取出 ROM 1000H 单元中的数传到 A 中
MOV @R0,A
MOV DPTR,#1001H
MOV R0,#__C__           ;将目标地址 31H 送 R0 中
__D__  A,#00H           ;将 A 中的数清零
MOVC A,@A+DPTR
MOV __E__,A             ;将 A 中的数送至目标地址中
```

（1）A 处应填入（　　）。

A．#30H　　B．#31H　　C．#1000H　　D．#1001H

（2）B 处应填入（　　）。

A．MOV　　B．MOVC　　C．MOVX　　D．CLR

（3）C 处应填入（　　）。

A．31H　　B．#31H　　C．30H　　D．#30H

（3）D 处应填入（　　）。

A．CLR　　B．MOV　　C．MOVX　　D．CPL

（4）E 处应填入（　　）。

A．DPTR　　B.@A+DPTR　　C．R0　　D．@R0

6．分析以下程序后填空。

已知(30H)=40H、(40H)=10H、(10H)=00H、PSW=00H、P1=0CAH，分析以下程序：

```
MOV R0,#30H
MOV A,@R0
MOV R1,A
MOV B,@R1
MOV @R1,P1
MOV 10H,#20H
MOV 30H,10H
MOV DPTR,#1000H
MOV PSW,#80H
MOV 20H,#7BH
MOV 07H,C
MOV @R0,20H
MOV @R1,DPH
```

（1）(30H)=（　　）。

A．30H　　B．10H　　C．00H　　D．FBH

（2）(40H)=（　　）。

A．10H　　B．7BH　　C．CAH　　D．80H

（3）A=（　　）。

A．10H　　B．FBH　　C．40H　　D．00H

（4）B=（　　）。

A．20H　　B．40H　　C．CAH　　D．10H

（5）R1=（　　）。

A．80H　　B．40H　　C．4BH　　D．99H

7．分析以下程序。

```
MOV PSW,#80H
MOV R0,#30H
MOV 30H,#92H
MOV A,#0A4H
SUBB A,@R0
MOV B,A
INC R0
```

```
ADDC A,30H
DA A
MOV @R0,A
```

执行以上程序后：

（1）A=______。

（2）(31H)=______。

（3）B=______。

（4）PSW=______。

（5）R0=______。

8．已知内部 RAM(20H)=3AH、PSW=00H，外部 RAM(2000H)=86H、(2001H)=4BH，分析以下程序。

```
MOV R0,#20H
MOV DPTR,#2000H
MOVX A,@ DPTR
MOV B,A
INC DPTR
MOVX A,@ DPTR
ADD A,B
MOV B,A
MOV A,@R0
SUBB A,B
MOV 20H,A
```

执行以上程序后：

（1）(20H)=______。

（2）PSW=______。

（3）DPL=______。

（4）B=______。

（5）DPH=______。

9．
```
MOV PSW,#0FFH
MOV 30H,#36H
MOV 31H,#0CBH
MOV R0,#30H
MOV A,#95H
ADDC A,@R0
INC R0
SUBB A,@R0
MOV B,30H
DIV AB
```

以上程序执行后：

（1）A=______。

（2）B= ______。

（3）PSW= ______。

（4）R0=______。

（5）(31H)=______。

10．分析以下程序。

```
MOV R0,#40H
MOV 40H,#7BH
MOV A,#99H
MOV B,#0C3H
MOV 41H,#56H
ADD A,B
ANL A,@R0
INC R0
XRL A,@R0
CPL A
DIV AB
```

执行以上程序后：

（1）A=______。

（2）B=______。

（3）CY=______。

（4）R0=______。

（5）(40H)=______。

11．如图 3-17 所示，以下程序的作用是将 R0 指向地址中的一位十进制数显示在共阳极数码管上，请根据注释将程序补充完整。

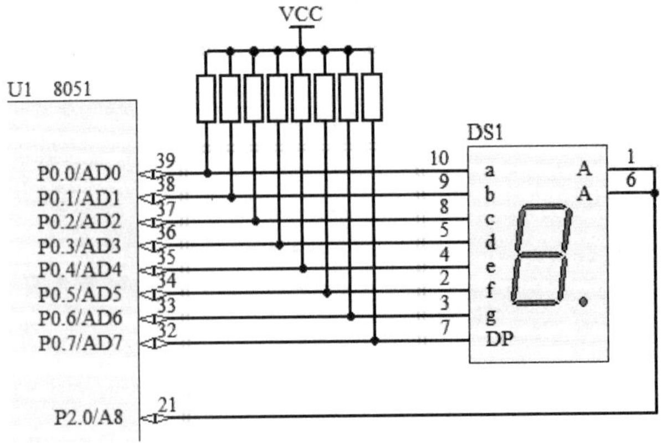

图 3-17 共阳极数码管接线图

```
    ORG 0000H
    CLR P2.0
    MOV A, ___①___            ;将 R0 指向地址中的数送 A
    MOV DPTR, ___②___         ;将表格首地址送 DPTR 中
    MOVC A,@A+DPTR
    MOV P0, ___③___           ;将段码送 P0 口待显示
    ___④___                   ;将 P2.0 置 1
    SJMP $
    ORG 1000H
TAB:
    DB 0C0H,0F9H,___⑤___,0B0H,99H,92H,82H,0F8H,80H,90H    ;0～9 对应段码
    END
```

以上程序中：

（1）①处应填入______。

（2）②处应填入______。

（3）③处应填入______。

（4）④处应填入______。

（5）⑤处应填入______。

12．补充以下程序，实现如图 3-18 所示逻辑功能。

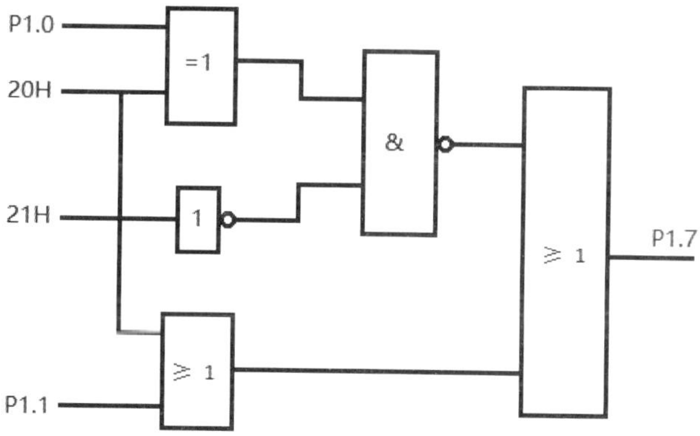

图 3-18　题 12 的逻辑功能图

```
MOV C,P1.0
ANL ___A___,/20H
MOV 00H,C
MOV C,20H
ANL C,/P1.0
___B___ C,00H
ANL C,/21H
___C___ C
```

```
MOV 00H,C
MOV C,20H
ORL C,__D__
ORL C,00H
MOV __E__,C
```

（1）A 处应填（　　）。

（2）B 处应填（　　）。

（3）C 处应填（　　）。

（3）D 处应填（　　）

（5）E 处应填（　　）。

13．分析以下程序。

```
MOV PSW,#80H
MOV R0,#40H
MOV 40H,#7BH
MOV A,#99H
MOV B,#0C3H
MOV 41H,#56H
ADDC A,B
ANL A,@R0
CLR A
INC R0
XRL A,@R0
CPL A
MUL AB
RLC A
```

以上程序执行后：

（1）A= ______。

（2）B= ______。

（3）CY=______。

（4）R0=______。

（5）(40H)=______。

14．已知 R0=4BH,A=84H,(4BH)=7FH,(40H)=20H，分析以下程序。

```
MOV A,@R0
MOV @R0,40H
MOV 40H,A
MOV R0,#35H
RL A
XRL A,40H
```

以上程序执行后：

（1）A=______。

（2）(4BH)=______。

（3）(40H)=______。

（4）R0=______。

（5）P=______。

15．分析以下程序。

```
MOV A,#0A6H
MOV 30H,#7BH
MOV R0,#30H
MOV PSW,#0C3H
MOV SP,#20H
SUBB A,@R0
RR A
RRC A
PUSH ACC
```

以上程序执行后：

（1）A=______。

（2）SP=______。

（3）(21H)=______。

（4）CY=______。

（5）R0=______。

16．分析以下程序。

```
MOV SP,#60H
MOV A,#10H
MOV B,#01H
PUSH ACC
PUSH B
POP ACC
POP B
```

以上程序执行后：

（1）SP=______。

（2）A= ______。

（3）B= ______。

（4）(62H)= ______。

（5）(61H)= ______。

17．执行以下程序。

```
MOV R0,#20H
```

```
MOV R1,#30H
MOV SP,#40H
MOV A,#7BH
MOV 20H,#92H
MOV 30H,#8DH
CLR C
ADDC A,@R0
SUBB A,@R1
PUSH ACC
XRL A,30H
INC R0
MOV @R0,A
```

以上程序执行后：

（1）A=______。

（2）CY= ______。

（3）(21H) = ______。

（4）(41H) = ______。

（5）SP= ______。

18．如图 3-19 所示，每次两只相邻 LED 自上而下流水循环点亮，已知 f_{osc}=6MHz，请完成程序填空。

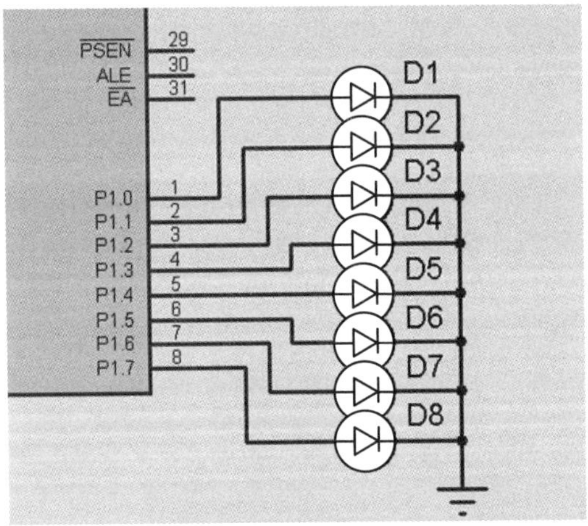

图 3-19　电路原理图

```
    ORG 0000H
    MOV A,__A__          ;将初值存入 A 中
NEXT:
    __B__                ;将 A 中的数存入 P1 点亮 LED
    __C__                ;将 A 中的数循环左移一位
    __D__ DELAY          ;长调用延时子程序
```

```
      LJMP NEXT
DELAY:                      ;延时子程序
      MOV R7,#1
L3:   MOV R6,#200
L2:   MOV R5,#200
L1:   DJNZ R5,L1
      DJNZ R6,L2
      DJNZ R7,L3
      RET
      END
```

分析以上电路原理图及程序后，回答：

（1）A 处应填入______。

（2）B 处应填入______。

（3）C 处应填入______。

（4）D 处应填入______。

（5）程序中延时子程序的延时时间为______μs。

19．分析以下程序并填空。

```
    MOV PSW,#00H
    MOV A,#7BH
    MOV B,#95H
    ADDC A,B
    JC L1
    MOV B,#00H
    LJMP L2
L1:
    MOV B,#0FFH
L2:
    LJMP L2
```

（1）A=______。

（2）B=______。

（3）P=______。

（4）CY=______。

（5）OV=______。

20．以下程序的功能是查找外部 RAM 1000H～1020H 单元中数 00H 出现的次数，并将结果存入 A 中。请分析程序，并将其补充完整。

```
    ORG 0000H
    MOV R7,__A__              ;将比较次数存入 R7 中
    MOV DPTR,__B__            ;将数据块首地址送 DPTR
```

```
    MOV R0,#0
NEXT:
    MOVX A,@DPTR
    CJNE A,__C__,NE          ;将取出的数与 00H 比较，不相等则跳转
    INC __D__                ;00H 出现的次数自加 1
NE:
    INC DPTR
    DJNZ __E__,NEXT          ;查找未结束，则跳转
    MOV A,R0
    SJMP $
    END
```

（1）A 处应填入______。

（2）B 处应填入______。

（3）C 处应填入______。

（4）D 处应填入______。

（5）E 处应填入______。

第三节 MCS-51单片机伪指令

伪指令是指不产生目标代码、不被单片机执行、没有对应的机器码，仅仅是一些能够帮助编译器进行汇编的指令。

如引导存储伪指令、定义字节/字伪指令、等效定义伪指令、程序结束伪指令等。

一、引导存储伪指令

ORG　　　　;指定程序（指令、表格、常数等）存放在 ROM 的位置的伪指令

例：

```
ORG 0000H
MOV A,#25H
MOV B #0C9H
DIV AB
```

以上伪指令的作用是引导编译器，将 MOV A,#25H、MOV B,#0C9H、DIV AB 三条指令的机器码存放于程序存储器 0000H 开始的连续单元中。

二、定义字节/字伪指令

（1）DB　　　　;字节定义伪指令

例：

```
ORG 1000H
```

DB 25H,'A',90,3B46H

DB 的作用是为其后的每个元素分配一个 8 位二进制（字节）空间，具体分配如图 3-20 所示。

程序存储器

地址中的数	地址编号
25H	1000H
41H	1001H
5AH	1002H
46H	1003H

图 3-20 分配字节空间

（2）DW ;字定义伪指令

例：

ORG 2000H

DW 25H,'A',90,3B46H

DW 的作用是为其后的每个元素分配一个 16 位二进制（字）空间，具体分配如图 3-21 所示。

程序存储器

地址中的数	地址编号
00H	2000H
25H	2001H
00H	2002H
41H	2003H
00H	2004H
5AH	2005H
3BH	2006H
46H	2007H

图 3-21 分配字空间

三、等效定义伪指令

（1）BIT ;位等效定义伪指令

字符串 BIT 位地址/位名称。

作用：用字符串名代替位地址/位名称等。

例：

```
UP BIT P1.0
DOWN BIT P1.1
LEFT BIT P1.2
RIGHT BIT P1.3
MOV P1,#00H
SETB LEFT
CLR UP
SETB DOWN
CLR RIGHT
```

执行以上程序后，P1=__06__H

（2）EQU　　　　　　　　　;等效定义伪指令

字符串 EQU 位名称/字节地址/字节名称/常量表达式。

作用：用字符串名代替位名称/字节地址/字节名称/常量表达式。

例：

```
DBA EQU 90H
DBN EQU P1
BITN EQU P1.0
MOV DBA,#00H
SETB BITN
ORL DBN,#0C4H
```

执行以上程序后，P1=__C5__H

四、程序结束伪指令

END　　　　　　　　　;程序结束伪指令

END 是汇编语言结束标志，告知编译器程序到此已经结束，不用编译 END 后面的内容。

思考及练习

一、填空题

1. ORG 1000H 表示以下程序从______处开始存放。
2. 分析以下程序后填空。

```
DUAN EQU P1
WEI0 BIT P1.0
WEI1 BIT P1.1
WEI7 BIT P1.7
MOV DUAN,#38H
```

```
    SETB WEI0
    CLR P1.7
    SETB P1.1
    SETB WEI7
    CLR WEI1
```

以上程序执行完后 P1=______。

3．分析以下程序。

```
    MOV A,#03H
    MOV DPTR,#TAB
    MOVC A,@A+DPTR
    SJMP $
TAB:DB 78H,92CH,'B',13
```

以上程序执行完后 A=______H。

4．分析以下程序。

```
    MOV A,#03H
    MOV DPTR,#TAB
    MOVC A,@A+DPTR
    SJMP $
TAB:DW 78H,92CH,'B',13
```

以上程序执行完后 A=______H。

二、判断题

1．（　　）伪指令 RS1 BIT P1.0 是正确的。

2．（　　）伪指令 ACC EQU 20H 是正确的。

3．（　　）伪指令 DB:20H,'A',32 是正确的。

4．（　　）伪指令自定义字符串中不能使用助记符、特殊功能寄存器名、位名等。

5．（　　）标号后使用英文冒号，字/字节定义伪指令后使用英文空格。

三、选择题

1．以下是伪指令的是（　　）。

A．DA　　B．ADD　　C．POP　　D．DB

2．以下不是伪指令的是（　　）。

A．DA　　B．DW　　C．EQU　　D．DB

3．以下伪指令错误的是（　　）。

A．DA 'A'　　B．DW "ABCD"　　C．DA 12H　　D．DW 1234H

4．以下伪指令正确的是（　　）。

A．MOV EQU P1　　B．LEFT EQU P1.0

C．12AB EQU TMOD　　D．P1 EQU B

四、综合题

1．如图 3-22 所示，数码管内部为共阳极。

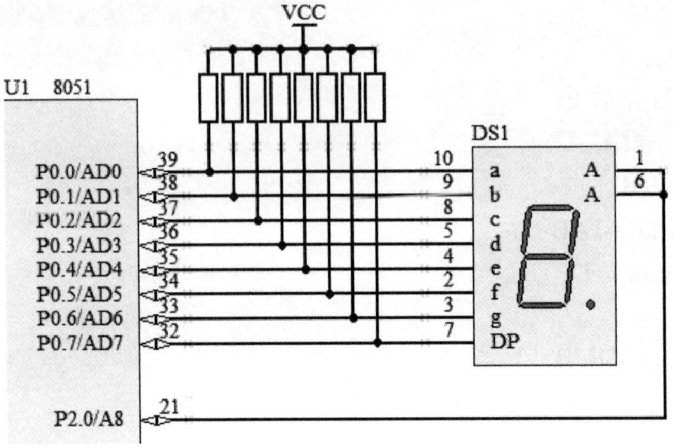

图 3-22　题 1 的电路原理图

```
    ORG 0000H
    MOV A,#38
    MOV B,#10
    DIV AB
    MOV A,B
    MOV DPTR,#TAB
    MOVC A,@A+DPTR
    MOV P0,A
    SETB P2.0
    SJMP $
    ORG 1000H
TAB:DB 0C0H,0F9H,0A4H,0B0H,99H,92H,82H,0F8H,80H,90H
```

以上程序执行后：

（1）DPTR= ______。

（2）A=______。

（3）P2.0=______。

（4）图中数码管将会显示数字______。

（5）图中 8 只电阻的名称是______。

2．如图 3-23 所示，SW0 未按下时双灯从上到下循环点亮，SW0 按下时双灯从下到上循环点亮。

```
 __①__  BIT P3.0            ;给 P3.0 定义位名称
    ORG 0000H
    MOV R0,#0
```

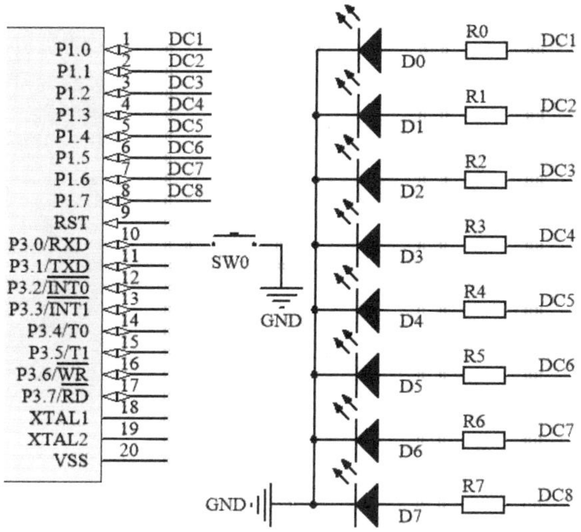

图 3-23　题 2 的电路原理图

```
    MOV DPTR,#TAB
UP:
    LCALL UD
    LCALL YS
    ____②____            ;SW0 未按下，则跳转至 UP
DOWN:
    LCALL DU
    LCALL YS
    JNB SW0,DOWN         ;SW0 未松开，则跳转至 UP
    LJMP UP
UD:                      ;双灯从上到下循环点亮子程序
    MOV A,R0
    MOVC A,@A+DPTR
    MOV P1,A
    ____③____
    CJNE R0,#7,EUP
    MOV R0,#0
EUP:
    RET
DU:                      ;双灯从下到上循环点亮子程序
    MOV A,R0
    MOVC A,@A+DPTR
    MOV P1,A
    DEC R0
```

```
        CJNE R0,#-1,EDU
        MOV R0,#6
EDU:
        RET
YS:                               ;延时子程序
        MOV R6,#250
L2:     MOV R7,#250
L1:     DJNZ R7,L1
        DJNZ R6,L2
        RET
TAB:DB 03H,06H__④__,18H,30H,60H,0C0H
        END
```

（1）①处应填：______。

（2）②处应填：______。

（3）③处应填：______。

（4）④处应填：______。

（5）延时子程序的总机器周期是：______。

第四节　汇编语言程序设计

一套完整的单片机系统是由硬件系统与软件系统组成。软件系统是将一条条的指令按某种控制要求组合起来的。MCS-51 单片机的程序设计主要采用汇编语言与高级语言（如 C 语言）。汇编语言是直接面向硬件的编程语言，其特点是：占用空间小、运行速度快、复杂程序设计难度大、可读性差，故适合编写短小高速的程序。高级语言是面向功能描述的编程语言，其特点是：语言及程序设计简单、可读性强、便于移植与修改，故适合编写较为复杂的程序。

因汇编语言面向硬件，对单片机的硬件资源操作直接、概念清晰，尽管对编程人员的硬件知识要求高，但正因如此，它对于掌握单片机的硬件结构非常有益。下面对几种常用的汇编语言程序结构进行介绍。

一、顺序结构

顺序结构是指，程序从头到尾逐一执行指令。整个程序设计中，无分支、无判断、无循环等。顺序结构程序流程如图 3-24 所示。

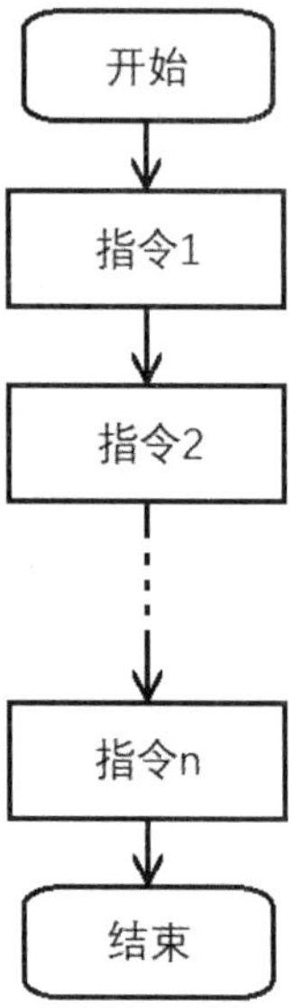

图 3-24　顺序结构程序流程

例：编程实现将 ROM 1000H 单元中的数与外部 RAM 2000H 单元中的数相加，结果的高字节送内部 RAM 30H 单元中，结果的低字节送内部 RAM 31H 单元中。

```
ORG 0000H
CLR A
MOV DPTR,#1000H
MOVC A,@A+DPTR
MOV B,A                ;取出 ROM 1000H 单元中的数存于 B 中
MOV DPTR,#2000H
MOVX A,@DPTR           ;取出外 RAM 2000H 单元中的数存于 A 中
ADD A,B                ;将取出的两数相加，和存于 A 中，进位存于 CY 中
MOV 31H,A              ;将低字节存于内部 RAM 31H 单元中
CLR A
MOV ACC.0,C            ;将高字节存于 A 中
MOV 30H,A              ;将高字节存于内部 RAM30H 单元中
SJMP $
END
```

二、分支结构

分支结构是指在程序执行过程中，根据条件选择性地执行某些程序段。分支结构程序根据分支数目可分为双分支与多分支两种。

1. 双分支结构

双分支结构通常由条件转移指令作为分支的节点，如图 3-25 为双分支结构程序流程。

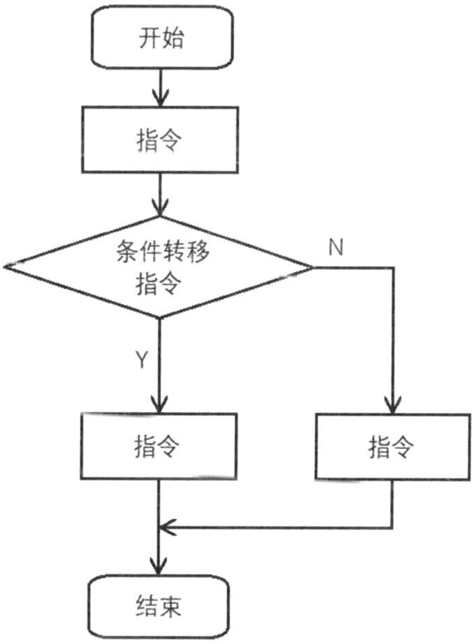

图 3-25 双分支结构程序流程

例：编程判断内部 RAM 20H 单元中的数是否等于 55H，若是则置 CY 为 1，否则清 CY 为 0。

```
        ORG 0000H
        MOV A,20H           ;将内部 RAM 20H 单元中的数传至累加器 A 中
        CJNE A,#55H,NE      ;累加器 A 中的数不等于 55H，则转移至 NE，否则顺序
                            执行
        SETB C
        SJMP $
NE:
        CLR C
        SJMP $
        END
```

2. 多分支结构

多分支程序设计可以采用嵌套分支与并列分支两种典型结构，嵌套分支程序的设计流程如图 3-26 所示。

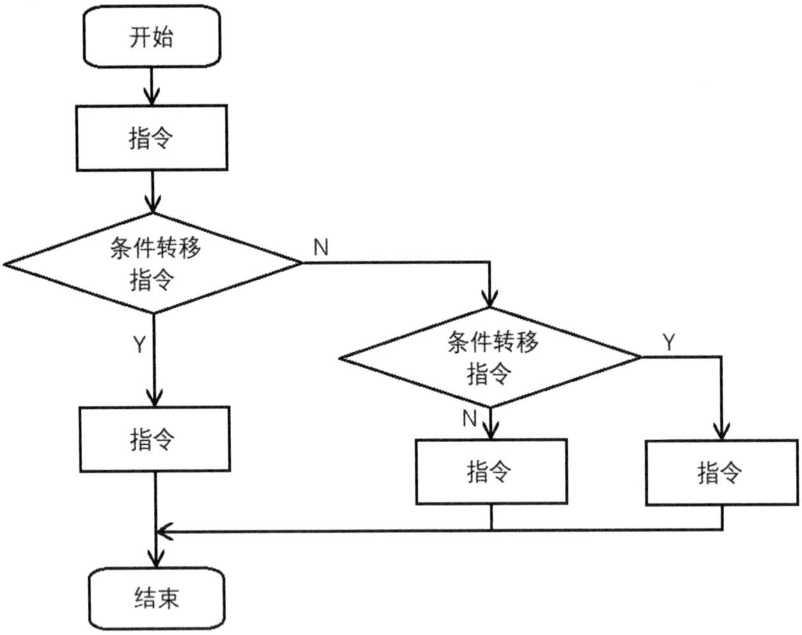

图 3-26　嵌套分支程序设计流程

例：如图 3-27 所示，编程实现如表 3-3 所示逻辑功能。

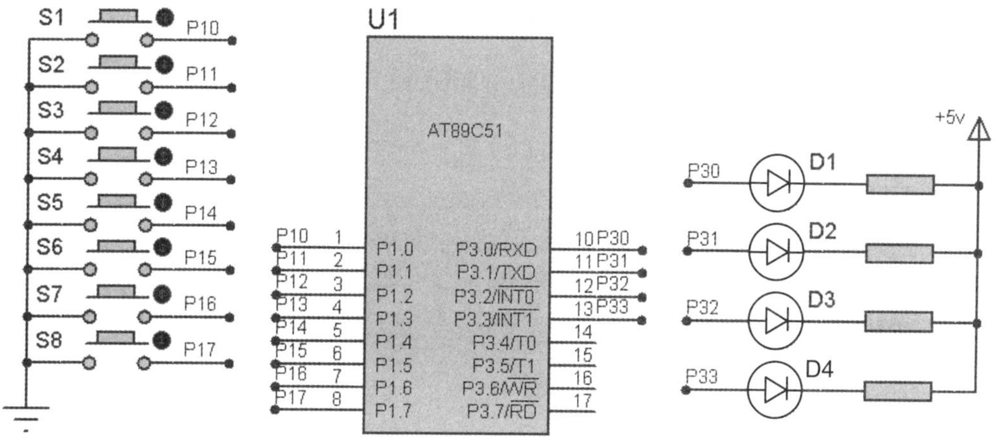

图 3-27　电路原理图

表 3-3　逻辑功能表

S1～S8 状态								D1～D4 状态			
S1	S2	S3	S4	S5	S6	S7	S8	D1	D2	D3	D4
未按	未按	未按	未按	未按	未按	未按	未按	灭	灭	灭	灭
按下	未按	未按	未按	未按	未按	未按	未按	亮	灭	灭	灭
未按	按下	未按	未按	未按	未按	未按	未按	灭	亮	灭	灭
未按	未按	按下	未按	未按	未按	未按	未按	亮	亮	灭	灭
未按	未按	未按	按下	未按	未按	未按	未按	灭	灭	亮	灭
未按	未按	未按	未按	按下	未按	未按	未按	亮	灭	亮	灭
未按	未按	未按	未按	未按	按下	未按	未按	灭	亮	亮	灭
未按	未按	未按	未按	未按	未按	按下	未按	亮	亮	亮	灭
未按	未按	未按	未按	未按	未按	未按	按下	灭	灭	灭	亮

```
     ORG 0000H
     MOV P1,#0FFH              ;向 P1 口锁存器写 1，使其为输入模式
NEXT:
     MOV A,P1                  ;读取键值至累加器 A 中
     CJNE A,#0FFH,L0           ;判断 S1～S8 有无按键按下，有则转移至 L0
     MOV P3,#0FFH
     SJMP NEXT
L0:
     CJNE A,#0FEH,L1           ;判断是否 S1 按下，否则转移至 L1
     MOV P3,#0FEH
     SJMP L8
L1:  CJNE A,#0FDH,L2           ;判断是否 S2 按下，否则转移至 L2
     MOV P3,#0FDH
```

```
      SJMP L8
L2:   CJNE A,#0FBH,L3        ;判断是否 S3 按下，否则转移至 L3
      MOV P3,#0FCH
      SJMP L8
L3:   CJNE A,#0F7H,L4        ;判断是否 S4 按下，否则转移至 L4
      MOV P3,#0FBH
      SJMP L8
L4:   CJNE A,#0EFH,L5        ;判断是否 S5 按下，否则转移至 L5
      MOV P3,#0FAH
      SJMP L8
L5:   CJNE A,#0DFH,L6        ;判断是否 S6 按下，否则转移至 L6
      MOV P3,#0F9H
      SJMP L8
L6:   CJNE A,#0BFH,L7        ;判断是否 S7 按下，否则转移至 L7
      MOV P3,#0F8H
      SJMP L8
L7:   CJNE A,#7FH,L8         ;判断是否 S8 按下，否则转移至 L8
      MOV P3,#0F7H
L8:
      LJMP NEXT
      END
```

并列分支程序的设计流程如图 3-28 所示。

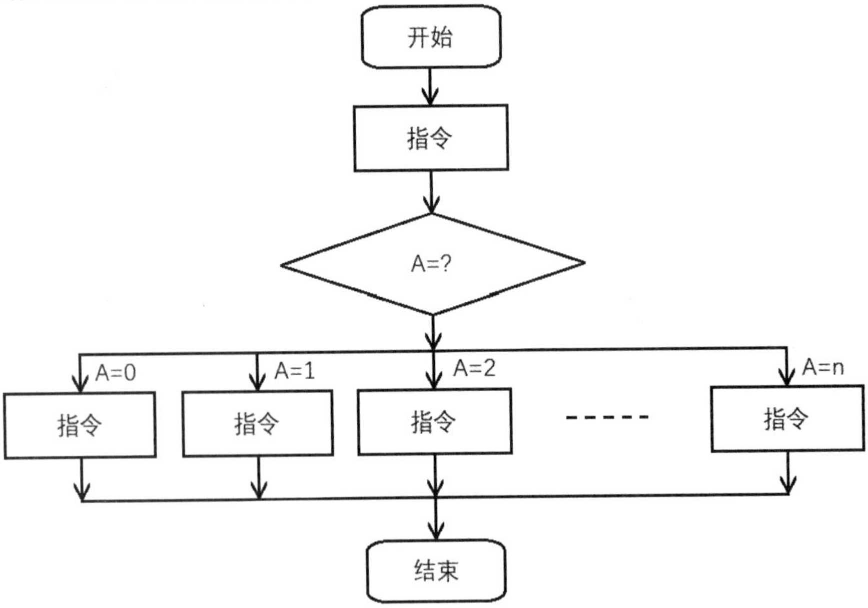

图 3-28　并列分支程序设计流程

例：如图 3-29 所示，编程实现如表 3-4 所示逻辑功能。

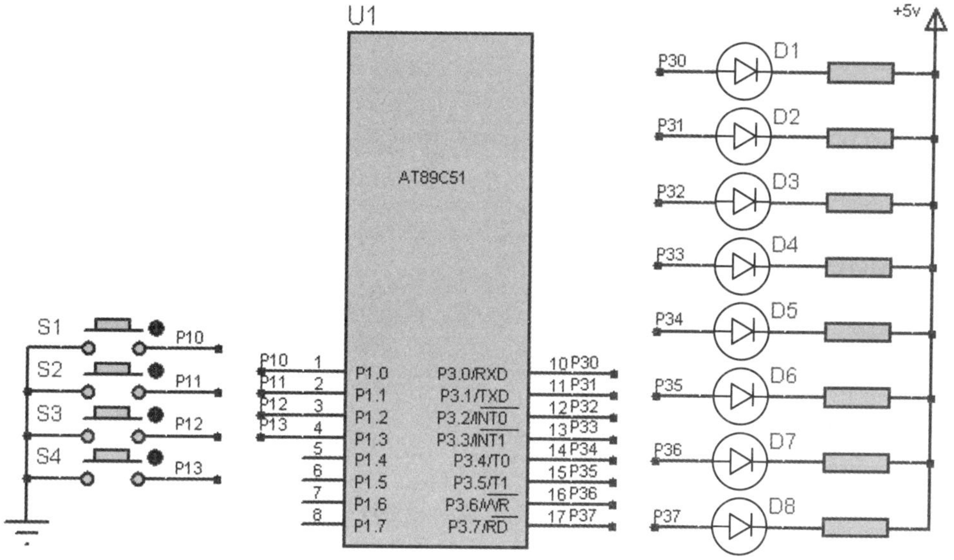

图 3-29 电路原理图

表 3-4 逻辑功能表

S1～S4 状态				D1～D8 状态							
S1	S2	S3	S4	D1	D2	D3	D4	D5	D6	D7	D8
未按	未按	未按	未按	灭	灭	灭	灭	灭	灭	灭	灭
按下	未按	未按	未按	亮	灭	灭	灭	灭	灭	灭	灭
未按	按下	未按	未按	灭	亮	灭	灭	灭	灭	灭	灭
按下	按下	未按	未按	灭	灭	亮	灭	灭	灭	灭	灭
未按	未按	按下	未按	灭	灭	灭	亮	灭	灭	灭	灭
按下	未按	按下	未按	灭	灭	灭	灭	亮	灭	灭	灭
未按	按下	按下	未按	灭	灭	灭	灭	灭	亮	灭	灭
按下	按下	按下	未按	灭	灭	灭	灭	灭	灭	亮	灭
未按	未按	未按	按下	灭	灭	灭	灭	灭	灭	灭	亮

```
        ORG 0000H
        MOV P1,#0FFH              ;向 P1 口锁存器写 1，使其为输入模式
NEXT:
        MOV DPTR,#TAB             ;分支地址表首地址送 DPTR
        MOV A,P1                  ;读取键值至累加器 A 中
        CPL A                     ;键值取反（因按下时为 0，未按下时为 1）
        MOV B,#2
        MUL AB                    ;因分支地址表为双字节，故乘 2，以便于指向该分支
                                   地址
```

```
    MOV B,A
    MOVC A,@A+DPTR              ;取该分支地址第一字节
    MOV R0,A
    INC B
    MOV A,B
    MOVC A,@A+DPTR              ;取该分支地址第二字节
    MOV DPH,R0
    MOV DPL,A
    CLR A                       ;清除累加器 A
    JMP @A+DPTR                 ;跳转至相应分支
ND:                             ;D1～D8 均灭分支程序
    MOV P3,#0FFH
    SJMP OVER
D1:                             ;D1 点亮分支程序
    MOV P3,#0FEH
    SJMP OVER
D2:                             ;D2 点亮分支程序
    MOV P3,#0FDH
    SJMP OVER
D3:                             ;D3 点亮分支程序
    MOV P3,#0FBH
    SJMP OVER
D4:                             ;D4 点亮分支程序
    MOV P3,#0F7H
    SJMP OVER
D5:                             ;D5 点亮分支程序
    MOV P3,#0EFH
    SJMP OVER
D6:                             ;D6 点亮分支程序
    MOV P3,#0DFH
    SJMP OVER
D7:                             ;D7 点亮分支程序
    MOV P3,#0BFH
    SJMP OVER
D8:                             ;D8 点亮分支程序
    MOV P3,#07FH
OVER:
    LJMP NEXT
```

```
TAB:DW ND,D1,D2,D3,D4,D5,D6,D7,D8          ;各分支程序入口地址表
    END
```

三、循环结构

循环结构是指，在程序执行过程中，某段程序根据要求需执行若干次，甚至无数次。若需执行无限次数时，通常使用无条件转移指令进行程序设计；若需执行有限次数时，通常使用条件转移指令进行程序设计。

1. 无限循环结构

例：如图 3-30 所示，编程实现将 P1 口外接的按键状态实时反映在 P3 口外接的 LED 上（按键按下时，对应 LED 被点亮）。

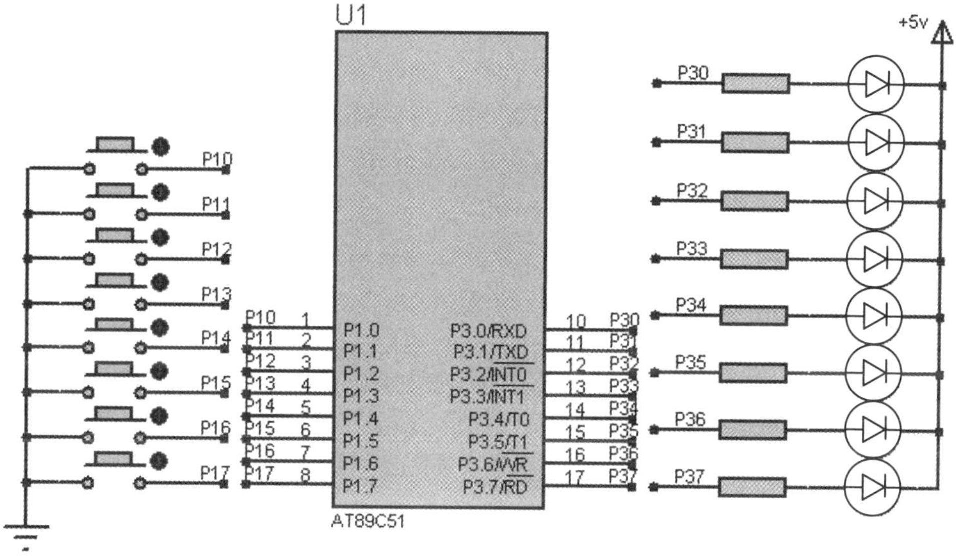

图 3-30　LED 接线图

```
    ORG 0000H
    MOV P1,#0FFH
NEXT:
    MOV A,P1
    MOV P3,A
    LJMP NEXT
    END
```

2. 有限循环结构

例：内部 RAM 20H～40H 单元中存入的为有符号数，编程统计其中负数的个数，并将统计结果存于寄存器 B 中。

```
    ORG 0000H
```

```
    MOV B,#00H
    MOV R7,#21H          ;设置循环次数
    MOV R0,#20H          ;设置数据块首地址
NEXT:
    MOV A,@R0            ;取数
    JB ACC.7,FU          ;判断正负
    LJMP L1
FU:
    INC B
L1:
    INC R0               ;为取下一个数作准备
    DJNZ R7,NEXT         ;判断循环是否结束
    SJMP $
    END
```

四、子程序调用结构

子程序调用结构是指在程序设计中，某段程序会被重复使用多次，为减小程序代码量，故采用子程序设计。子程序通常可分为：无参子程序与有参子程序两种。

1．无参子程序调用

无参子程序是指子程序与其他程序之间没有参数的传递（体现在程序中则是子程序与其他程序没有共用的存储空间）。

例：如图 3-31 所示，编程实现 P1 口外接共阳数码管全亮、全灭循环闪烁。

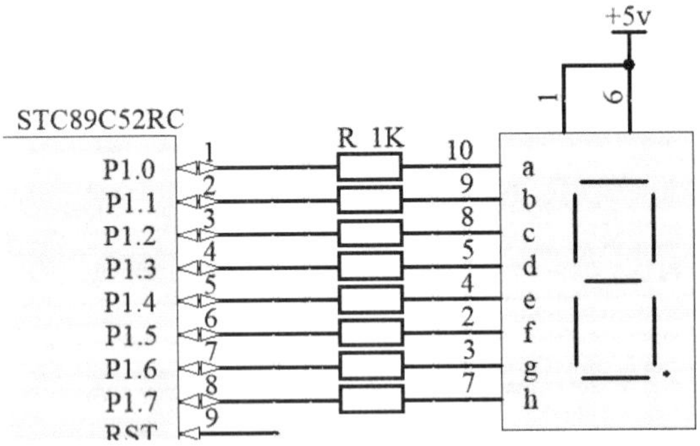

图 3-31 P1 口外接图

```
    ORG 0000H
    MOV A,#00H
NEXT:
    MOV P1,A
    CPL A
    LCALL DELAY          ;调用延时子程序
```

```
        LJMP NEXT
DELAY:                          ;延时子程序
        MOV R7,#250
L2:
        MOV R6,#200
L1:
        DJNZ R6,L1
        DJNZ R7,L2
        RET                     ;子程序返回
        END
```

2. *有参子程序调用*

有参子程序是指子程序与其他程序之间有参数的传递（体现在程序中则是：子程序与其他程序有共用的存储空间）。

例：如图 3-32 所示，编程实现按键按下并松开后，共阳数码管显示的数字自加 1。

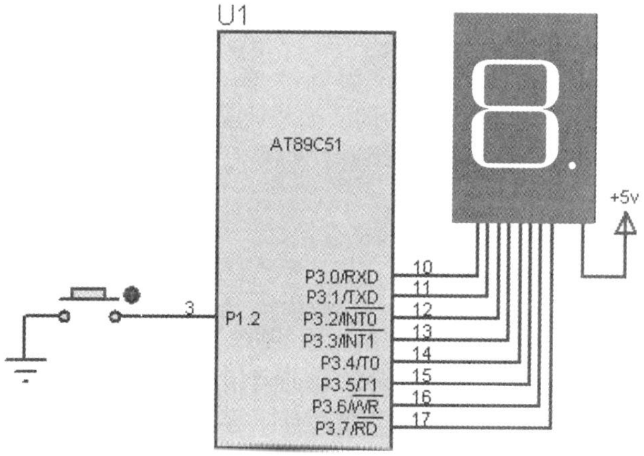

图 3-32　数字自加 1 电路原理图

```
        ORG 0000H
        MOV R0,#0               ;显示初值送 R0 中
UP:
        LCALL XSG               ;调用显示子程序
        JB P1.2,UP              ;检测按键是否按下
DOWN:
        LCALL XSG               ;调用显示子程序
        JNB P1.2,DOWN           ;检测按键是否松开
        INC R0                  ;按键松开则将 R0 中的数自加 1
        CJNE R0,#10,UP
        MOV R0,#0
```

```
    LJMP UP
XSG:                              ;显示子程序：将 R0 中的数显示在数码管上
    MOV A,R0
    MOV DPTR,#DUAN
    MOVC A,@A+DPTR
    MOV P3,A
    RET                           ;子程序返回
DUAN:DB 0C0H,0F9H,0A4H,0B0H,99H,92H,82H,0F8H,80H,90H
    END
```

思考及练习

一、填空题

1. 汇编语言后缀名是：______。

2. 编写程序实现将累加器 A 中的数与内部 RAM 30H 单元中的数之和传送至内部 RAM 40H 单元中，最实用的程序设计结构是：______。

3. 将内部 RAM 20H～30H 单元中的数清零，最实用的程序设计结构是：______。

4. 无限循环程序的设计，通常用______指令实现。

二、判断题

1. （　　）完整的单片机系统包含软件系统与硬件系统。

2. （　　）MCS-51 单片机汇编语言程序的编写要建立在对硬件足够了解的基础上。

3. （　　）有限次数循环结构程序的设计通用无条件转移指令实现。

4. （　　）一个大型复杂的程序，通常是由多种程序结构组合而成。

三、选择题

1. 以下不属于汇编语言特点的是（　　）。

A．可读性较 C 语言更差　　B．执行效率将 C 语言更高

C．直接面向硬件的编程语言　　D．实用于编写大型且复杂的程序

2. 以下不属于程序设计的基本结构的是（　　）。

A．子程序调用结构　　B．分支结构

C．跳转结构　　D．循环结构

3. 程序结构中的分支结构，通常是由（　　）指令实现的。

A．调用指令　　B．算术运算指令

C．条件跳转指令　　D．传送指令

4. 程序结构中的并列分支结构，通常是由（　　）指令实现的。

A．条件跳转指令　　B．JMP @A+DPTR

C. 逻辑运算指令　　　　　　　　D. 空操作指令

5. 用于子程序与其他程序之间进行参数传递的单元，通常称作（　　）。

A. 子程序端口　　　　　　　　B. 子程序入口

C. 子程序返回　　　　　　　　D. 以上均不正确

四、综合题

1. 以下程序的功能是实现将两个双字节无符号数相乘，并将积存入内部 RAM 30H 开始的单元中，请参照图 3-33 完成程序填空。

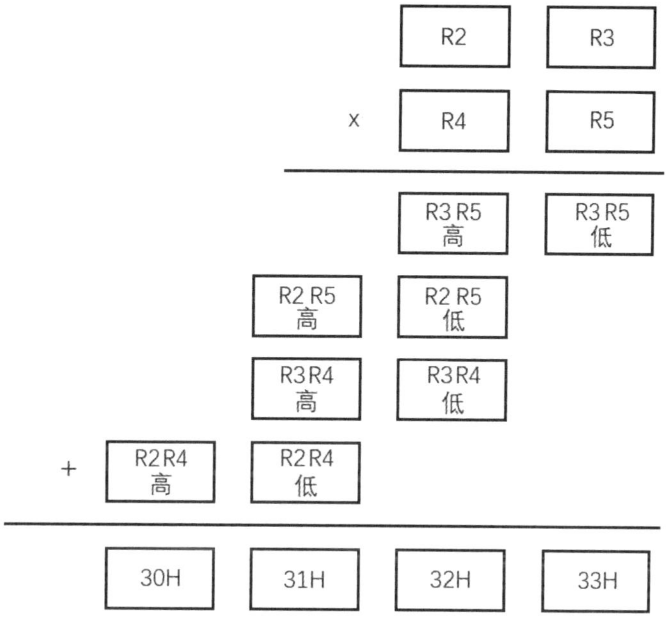

图 3-33　题 1

```
ORG 0000H
MOV 30H,#00H         ;将内部 RAM 30H～33H 单元清零
MOV 31H,#00H
MOV 32H,#00H
MOV 33H,#00H
MOV R2,#7DH          ;被乘数高字节存于 R2 中，低字节存于 R3 中
MOV R3,#12H
MOV R4,#45H          ;乘数高字节存于 R4 中，低字节存于 R5 中
MOV R5,#99H
MOV R0,#33H          ;指向积的低字节存放位置 33H
MOV  ___①___,R3
MOV B,R5
MUL AB
```

```
        LCALL LJ            ;R3 乘 R5 的积进行累加
        MOV A,R2
        MOV B,R5
        ____②____
        INC R0
        LCALL LJ            ;R2 乘 R5 的积进行累加
        MOV A,R3
        MOV B,R4
        MUL AB
        INC R0
        INC R0
        ____③____           ;R3 乘 R4 的积进行累加
        MOV A,R2
        MOV B,R4
        MUL AB
        INC R0
        LCALL LJ            ;R2 乘 R4 的积进行累加
        SJMP $
LJ:                         ;将过程数据进行累加
        ADD A,@R0           ;累加过程数低字节
        MOV @R0,A           ;将加结果存回原单元中
        MOV A,B
        DEC R0
        ADDC A,@R0          ;累加过程数高字节
        MOV @R0,A           ;将加结果存回原单元中
        DEC R0
        MOV A,@R0
        ADDC A,#00H         ;保留累加后的进位
        MOV @R0,A
        ____④____
        END
```

（1）①处应填：______。

（2）②处应填：______。

（3）③处应填：______。

（4）④处应填：______。

（5）以上程序设计结构主体为：______。

2. 以下程序的功能是统计累加器 A 中的 8 位二进制数 1 的个数，并将统计结构送寄存器 B 中。

```
      ORG 0000H
      MOV B,#00H
      MOV R7,#8
NEXT:
      JB ____①____,ONE          ;判断累加器 A 的最低位，为 1 则跳转至 ONE
      LJMP L1
ONE:
      ____②____ B               ;寄存器 B 中的数自加 1
L1:
      ____③____ A               ;累加器 A 中的数循环右移一位
      DJNZ ____④____,NEXT       ;判断循环次数是否结束，未结束则跳转至 NEXT 处
      SJMP $
      END
```

（1）①处应填：______。

（2）②处应填：______。

（3）③处应填：______。

（4）④处应填：______。

第四章 MCS-51单片机中断系统

学习目标

（1）掌握 MCS-51 单片机的中断系统。
（2）掌握 MCS-51 单片机的外部中断。
（3）掌握 MCS-51 单片机的定时/计数器。
（4）了解 MCS-51 单片机的串行通行接口及相关寄存器。

重点内容

（1）MCS-51 单片机中断系统及相关寄存器。
（2）MCS-51 单片机中断程序的基本结构。
（3）MCS-51 单片机的外部中断与应用、相关寄存器。
（4）MCS-51 单片机的定时/计数器中断与应用、相关寄存器。

第一节 MCS-51单片机中断系统结构及外部中断

一、中断相关概念

中断的概念：CPU 正在处理事件 A，此时事件 B 急需 CPU 紧急处理，则 CPU 暂停处理 A 事件，转而处理 B 事件，待 B 事件处理结束后回到 A 事件继续执行。

中断源：引起中断的信号来源，如上述 B 事件。

中断请求：中断源发出的请求中断信号。

断点：程序被断开的点，如上述 A 事件中的暂停点，为使中断执行后正确返回该点，故在执行 B 事件前应保护断点（硬件自动将断点地址压入堆栈）。

中断入口地址：紧急事件存放的位置，如上述 B 事件的存放位置（将中断入口地址送 PC，从而跳转至 B 事件）。

中断返回：待 B 事件处理结束后，返回 A 事件的断开点继续执行 A 事件（中断返回指令 RETI 自动将断点地址从堆栈中取出后送 PC，从而实现返回断点）。

中断嵌套：若 CPU 正在处理紧急事件 B，此时更加紧急的事件 C 又申请 CPU 处理，则 CPU 会暂停 B 事件的处理，转而处理 C 事件，待 C 事件处理结束后回到 B 事件继续执行。MCS-51 单片机最多支持两级中断嵌套。

二、中断系统结构图

MCS-51 单片机中断系统结构及外部中断结构示意图如图 4-1 所示。

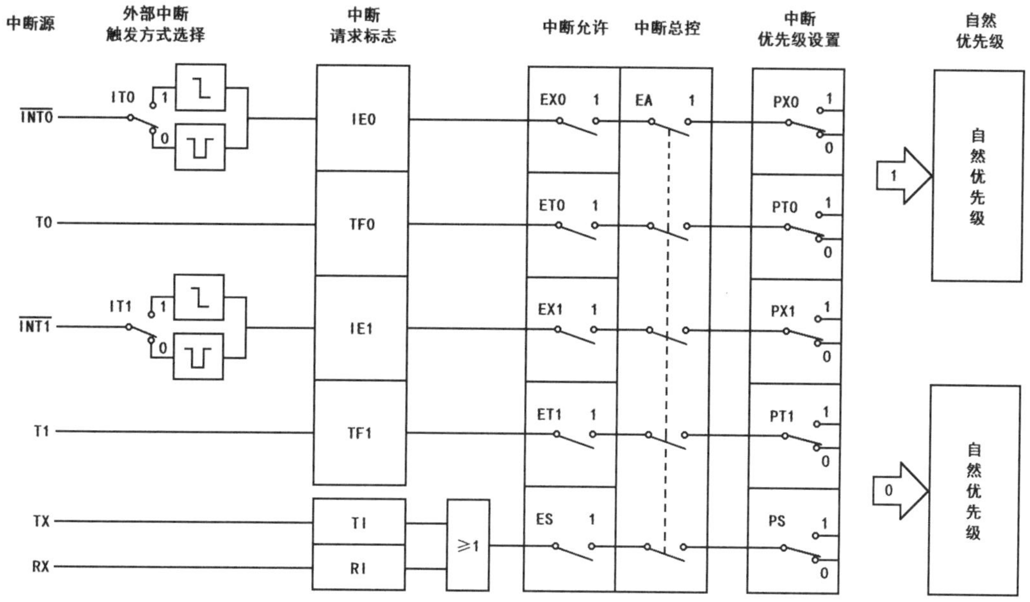

图 4-1 MCS-51 单片机中断系统结构及外部中断结构示意图

其中：

①中断源（共 5 个）：外部中断 0（$\overline{INT0}$）、定时/计数器中断 0（T0）、外部中断 1（$\overline{INT1}$）、定时/计数器中断 1（T1）、串行通信中断（TX/RX）。

②外部中断触发方式选择：选择触发外部中断的有效信号类型为低电平还是下降沿。

③中断请求标志：中断源达到特定条件，则将对应的中断请求标志置 1，从而向 CPU 申请中断。

④中断总控与允许：设置是否允许或允许哪些中断源能够中断 CPU。

⑤中断优先级设置：设置中断源的优先级别。

⑥自然优先级：被设置为高优先级的中断源按默认优先级顺序进行排序；被设置为低优先级的中断源按默认优先级顺序进行排序。

三、特殊功能寄存器

1. 中断允许控制寄存器 IE（Interrupt Enable）（地址：A8H）（见图 4-2）

EA	X	X	ES	ET1	EX1	ET0	EX0

图 4-2 中断允许控制寄存器

（1）EA（Enable All Interrupt）：中断允许总控位。

①EA=0：禁止中断。

②EA=1：允许中断。

（2）ES（Enable Serial）：串口中断允许控制位。

①ES=0：禁止串口中断。

②ES=1：允许串口中断。

（3）ET1（Enable Timer 1）：定时/计数器中断 1（T1）允许控制位。

①ET1=0：禁止定时/计数器中断 1（T1）中断。

②ET1=1：允许定时/计数器中断 1（T1）中断。

（4）EX1（Enable Exterior 1）：外部中断 1（$\overline{INT1}$）允许控制位。

①EX1=0：禁止外部中断 1（$\overline{INT1}$）中断。

②EX1=1：允许外部中断 1（$\overline{INT1}$）中断。

（5）ET0（Enable Timer 0）：定时/计数器中断 0（T0）允许控制位。

①ET0=0：禁止定时/计数器中断 0（T0）中断。

②ET0=1：允许定时/计数器中断 0（T0）中断。

（6）EX0（Enable exterior 0）：外部中断 0（$\overline{INT0}$）允许控制位。

①EX0=0：禁止外部中断 0（$\overline{INT0}$）中断。

②EX0=1：允许外部中断 0（$\overline{INT0}$）中断。

例：

若 IE=8AH，则 CPU 能够响应的中断源有哪些？

IE=8AH，即 EA=1、ET1=1、ET0=1，故 CPU 能够响应的中断源为 T1 与 T0。

若 IE=14H，则 CPU 能够响应的中断源有哪些？

IE=14H，即 EA=0，故 CPU 不会响应任务中断源发出的中断请求。

2. 中断优先级控制寄存器 IP（Interrupt Priority）（地址：B8H）（见图 4-3）

X	X	X	PS	PT1	PX1	PT0	PX0

图 4-3 中断优先级控制寄存器

（1）PS（Priority Serial）：串口中断优先级控制位。

①PS=0：串口中断被设置为低优先级。

②PS=1：串口中断被设置为高优先级。

（2）PT1（Priority Timer 1）：定时/计数器 1（T1）中断优先级控制位。

①PT1=0：定时/计数器 1（T1）中断被设置为低优先级。

②PT1=1：定时/计数器 1（T1）中断被设置为高优先级。

（3）PX1（Priority Exterior 1）：外部中断 1（$\overline{INT1}$）中断优先级控制位。

①PX1=0：外部中断 1（$\overline{INT1}$）中断被设置为低优先级。

②PX1=1：外部中断 1（$\overline{INT1}$）中断被设置为高优先级。

（4）PT0（Priority Timer 0）：定时/计数器 0（T0）中断优先级控制位。

①PT0=0：定时/计数器 0（T0）中断被设置为低优先级。

②PT0=1：定时/计数器 0（T0）中断被设置为高优先级。

（5）PX0（Priority Exterior 0）：外部中断 0（$\overline{INT0}$）中断优先级控制位。

①PX0=0：外部中断 0（$\overline{INT0}$）中断被设置为低优先级。

②PX0=1：外部中断 0（$\overline{INT0}$）中断被设置为高优先级。

注：高优先级的中断源可以中断低优先级中断源（反之不行），称作中断嵌套。MCS-51 单片机允许两级中断嵌套。

例：

若 IP=18H，则优先级最高、优先级最低的中断源分别是哪些？

IP=18H，则：PT1=1 、PS=1

PX0=0、PT0=0、PX1=0

按照自然优先级对被设置为高优先级的中断源排序，按照自然优先级对被设置为低优先级的中断源排序；

故：优先级最高的中断源是 T1

优先级最低的中断源是 $\overline{\text{INT1}}$

3. 中断请求标志寄存器 TCON（Timer Control）（地址：88H）（见图 4-4）

				IE1	IT1	IE0	IT0

图 4-4 中断请求标志寄存器

（1）IE1（Interrupt Edge 1）：外部中断 1 中断请求标志位。

特定触发信号产生 IE1=1，CPU 响应中断后 IE1=0。

（2）IT1（Interrupt Type 1）：外部中断 1 中断触发方式控制位。

①IT1=0：低电平触发中断。

②IT1=1：下降沿触发中断。

（3）IE0（Interrupt Edge 0）：外部中断 0 中断请求标志位。

特定触发信号产生 IE0=1，CPU 响应中断后 IE0=0。

（4）IT0（Interrupt Type 0）：外部中断 0 中断触发方式控制位。

①IT0=0：低电平触发中断。

②IT0=1：下降沿触发中断。

四、MCS-51 单片机的外部中断

1. 外部中断程序设计步骤

（1）设置外部中断源的触发方式；

（2）设置外部中断源的优先级（只有一个中断源时，可不设置）；

（3）使能外部中断源中断（使能中断总控位、使能外部中断控制位）。

2. 外部中断编程实例

例：

如图 4-5 所示，编程实现按钮 SW1 按下的瞬间 D1 的状态取反。

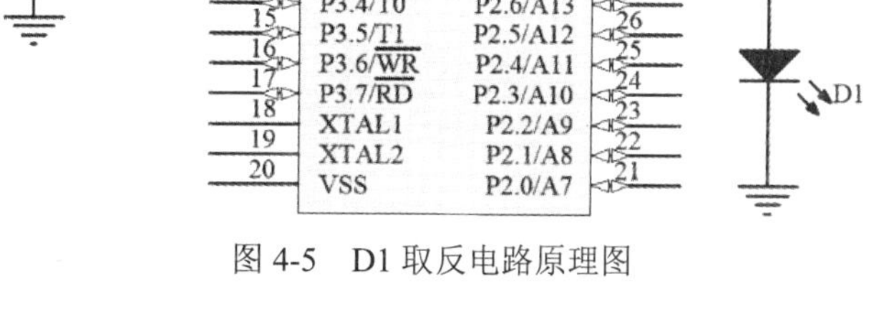

图 4-5 D1 取反电路原理图

```
    ORG 0000H
    LJMP MAIN
    ORG 0003H            ;外部中断 0 中断入口地址
    CPL P2.7
    RETI                 ;中断返回
MAIN:
    SETB IT0             ;设置外部中断 0 下降沿触发
    SETB EA              ;使能中断总控位
    SETB EX0             ;使能外部中断 0 控制位
    SJMP $
    END
```

例：

如图 4-6 所示，编程实现将流水线上流过的产品数（0～9）实时显示在一位共阳数码管上。

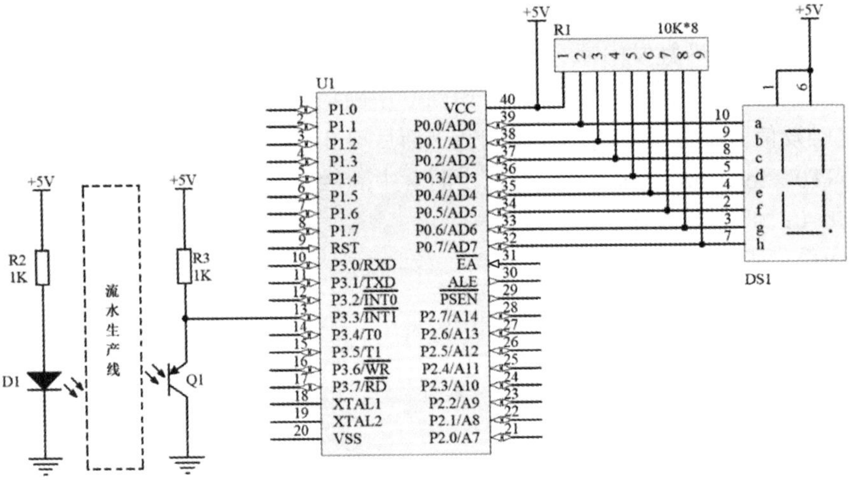

图 4-6　产品数实时显示电路原理图

```
    ORG 0000H
    LJMP MAIN
    ORG 0013H            ;外部中断 1 中断入口地址
    LJMP WAI1
    ORG 0030H
MAIN:
    SETB IT1
    SETB EA
    SETB EX1
NEXT:
    LCALL DIS            ;调用 DIS 子程序，将 R7 中的数显示在数码管上
```

```
      LJMP NEXT
DIS:
      MOV A,R7
      MOV DPTR,#DU
      MOVC A,@A+DPTR
      MOV P0,A
      RET
WAI1:                    ;外部中断 1 中断服务程序，每执行一次将 R7 中的数自加 1
      INC R7
      CJNE R7,#10,EINT1
      MOV R7,#0
EINT1:
      RETI
DU:DB 0C0H,0F9H,0A4H,0B0H,99H,92H,82H,0F8H,80H,90H
      END
```

思考及练习

一、填空题

1. MCS-51 单片机有______个中断源。

2. MCS-51 单片机有______级优先级。

3. MCS-51 单片机最多可实现______级中断嵌套。

4. 引起 CPU 中断的原因，称为______。

5. 中断源向 CPU 提出的处理请求，称为______。

6. CPU 暂时中断原来的工作，转去处理中断请求的过程，称为______。

7. 对中断事件的整个处理过程，称为______。

8. 中断事件处理完成后，再回到原来被中断的地方（即断点），称为______。

9. CPU 在处理中断时，需要保护断点，断点是存放在______。

10. MCS-51 单片机中断过程分为中断请求、中断响应、中断处理和__________四个阶段。

11. IE 的全称叫______，用于控制 CPU 是否响应中断请求。

12. IP 的全称叫______，用于安排各中断源优先级。

13. 已知 IP=24H，则优先级最高的中断源是______。

14. 已知 IP=24H，则优先级最低的中断源是______。

15. 当 CPU 检测到 P3.2 引脚上出现有效的中断信号时，中断标志_______被置 1，从而向 CPU 申请中断。

16. EA=_______时，CPU 将不会响应任何中断源发出的中断请求。

17．IE=8AH、IP=12H 时，则 CPU 能够响应的优先级最低的中断源是_______。

18．MCS-51 单片机外部中断 0 的英文缩写是_______。

19．MCS-51 单片机外部中断 1 的英文缩写是_______。

20．设置外部中断 0 为边沿触发方式的指令是_______。

二、判断题

1．（　　）MCS-51 单片机五个中断源对应的入口地址可以根据需要修改。

2．（　　）将中断优先级中对应中断源的优先级设置为 0,则 CPU 将不会响应该中断源的中断请求。

3．（　　）RET 指令与 RETI 指令能够相互替代。

4．（　　）下列情况中断请求将不会及时得到响应：CPU 正在处理同级或高优先级中断；当前指令未执行完。

5．（　　）中断响应包括保护断点和跳转到相应入口地址处。

6．（　　）中断响应中保护断点是将断点地址（被打断处的程序存储器地址）压入堆栈，该动作由硬件完成无须使用 PUSH 指令。

7．（　　）在中断服务程序中如果要使用 PUSH 指令，则必须在中断返回前成对使用 POP 指令，否则将改变栈顶内容导致无法返回断点。

8．（　　）MCS-51 单片机外部中断 0 中断信号从 P3.1 引脚输入。

9．（　　）IT0=0 的含义是：设置外部中断 1 的中断有效信号为低电平。

10．（　　）外部中断 0 中断触发方式选择由寄存器 TCON 中的 IE0 位完成。

11．（　　）P3.2 引脚的功能之一是：外部中断 0 的中断信号输入引脚。

12．（　　）$\overline{\text{INT1}}$ 引脚的功能之一是：外部中断 0 的中断信号输入引脚。

13．（　　）外部中断 0 设置为边沿触发中断后，$\overline{\text{INT1}}$ 引脚上出现下降沿则将中断请求标志位 IE1 置 1，向 CPU 申请中断。

14．（　　）PUSH direct 指令的作用是保护断点与保护现场。

15．（　　）执行中断返回指令 RETI 时，将堆栈表面的两个字节弹出送 PC 从而返回断点；执行子程序返回指令 RET 时，也是将堆栈表面的两个字节弹出送 PC 从而返回调用指令的下一条指令。故 RETI 与 RET 指令可以相互替换。

三、选择题

1．MCC-51 单片机五个中断源中，默认优先级最高的是（　　）。

A．$\overline{\text{INT0}}$　　B．$\overline{\text{INT1}}$　　C．RX/TX　　D．T0

2．MCC-51 单片机五个中断源中，默认优先级最低的是（　　）。

A．$\overline{\text{INT0}}$　　B．$\overline{\text{INT1}}$　　C．RX/TX　　D．T0

3．MCC-51 单片机五个中断源中，中断入口地址是 0013H 的是（　　）。

A．$\overline{\text{INT0}}$　　B．$\overline{\text{INT1}}$　　C．RX/TX　　D．T0

4．MCC-51 单片机五个中断源中，中断入口地址是 000BH 的是（　　）。

A．$\overline{\text{INT0}}$　　B．$\overline{\text{INT1}}$　　C．RX/TX　　D．T0

5．当 CPU 检测到 $\overline{INT1}$ 引脚上出现有效的中断信号时，中断标志（　　）被置 1，从而向 CPU 申请中断。

A．IT0　　B．IT1　　C．IE0　　D．IE1

6．IE=97H 时，CPU 将不会响应（　　）中断源发出的请求。

A．$\overline{INT0}$　　B．$\overline{INT1}$　　C．T1　　D．T0

7．IE=90H 时，CPU 将仅会响应（　　）中断源发出的请求。

A．RX/TX　　B．$\overline{INT1}$　　C．T1　　D．T0

8．IE=96H、IP=14H 时，则 CPU 能够响应的优先级最高的中断源是（　　）。

A．RX/TX　　B．$\overline{INT1}$　　C．T1　　D．T0

9．在 MCS-51 单片机中，CPU 响应中断必须满足的条件中，不包含（　　）。

A．有相应中断请求　　B．相应的中断允许位为 1

C．CPU 开中断（EA=1）　　D．有更高优先级的中断正在处理

10．在 MCS-51 单片机中，CPU 响应中断必须满足的条件中，不包含（　　）。

A．当前指令为传送指令　　B．相应的中断允许位为 1

C．CPU 开中断（EA=1）　　D．没更高优先级的中断正在处理

11．当 CPU 响应外部中断 1 后，PC=（　　）。

A．0003H　　B．000BH　　C．0013H　　D．001BH

12．MCS-51 单片机外部中断 1 中断信号从（　　）引脚输入。

A．T1　　B．P3.3　　C．$\overline{INT0}$　　DRST

13．设置外部中断 1 为电平触发方式的指令是（　　）。

A．CLR IT0　　B．CLR IT1　　C．SETB IT0　　D．CLR IE0

14．外部中断 1 中断触发方式选择由（　　）寄存器中的 IT1 位完成。

A．TMOD　　B．TCON　　C．SCON　　D．IE

15．T0 的中断入口地址是（　　）。

A．0003H　　B．000BH　　C．0013H　　D．001BH

16．在中断服务程序中至少应有一条（　　）。

A．传送指令　　B．转移指令　　C．加法指令　　D．中断返回指令

17．要使 MCS-51 能响应定时器 T0 中断，外部中断 1 中断，它的中断允许寄存器 IE 的内容应是（　　）。

A．98H　　B．86H　　C．42H　　D．22H

18．当 CPU 响应定时器 T1 的中断请求后，程序计数器 PC 的内容是（　　）。

A．0003H　　B．000BH　　C．00013H　　D．001BH

19．MCS-51 单片机特殊功能寄存器 TCON 的地址是（　　）。

A．88H　　B．89H　　C．80H　　D．E0H

20．已知 IE=84H，则 CPU 允许的中断源是（　　）。

A．外部中断 0　　B．定时/计数中断 0

C．外部中断 1　　D．串行口中断

四、综合题

1．请补充完整如图 4-7 所示 MCS-51 单片机中断系统结构图。

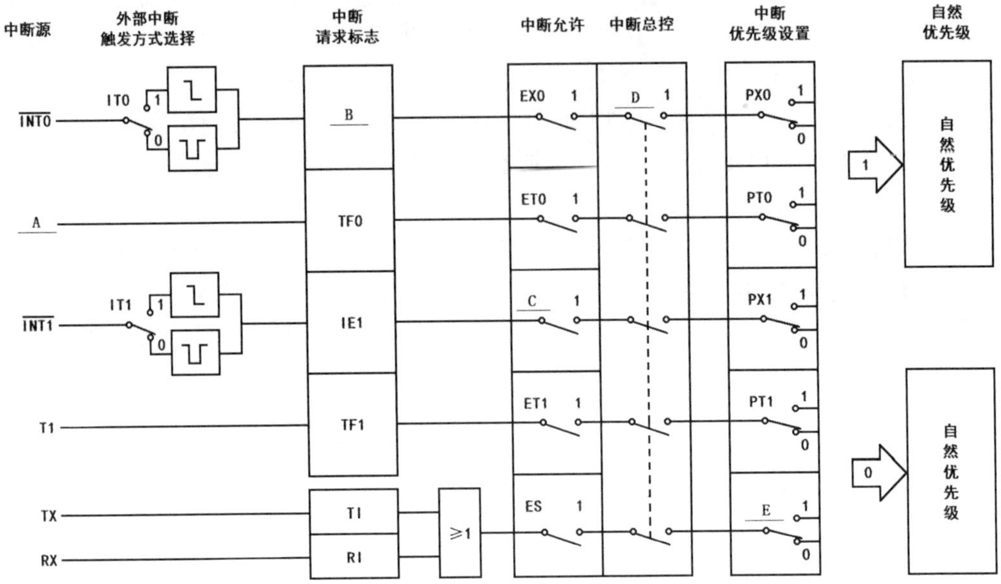

图 4-7　题 1

（1）A 处应填入______。

（2）B 处应填入______。

（3）C 处应填入______。

（4）D 处应填入______。

（5）E 处应填入______。

2．如图 4-8 所示，程序的功能是中断法实现按键按下的瞬间，LED 灯的状态取反。

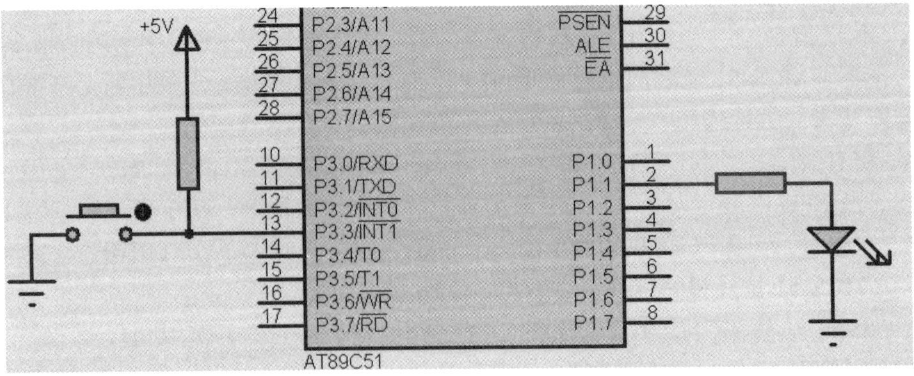

图 4-8　题 2

```
ORG 0000H
LJMP MAIN
```

```
        ORG ___A___          ;中断入口地址
        CPL ___B___          ;LED 状态取反
        ___C___              ;中断返回
MAIN:
        ___D___              ;设置按键按下瞬间触发中断
        SETB PX1
        ___E___              ;开 CPU 中断允许
        SETB EX1
        SJMP $
        END
```

（1）A 处应填入______。

（2）B 处应填入______。

（3）C 处应填入______。

（4）D 处应填入______。

（5）E 处应填入______。

第二节 MCS-51单片机定时/计数器中断

MCS-51 单片机内部有两个 16 位加 1 定时/计数器，其核心是可编程控制的 16 位二进制计数器。对已知规律（机器周期<时钟信号 12 分频>）的脉冲进行计数时，则可推导出时间，即为定时器；对无规律的脉冲进行计数时，则无法推导出时间，即为计数器。

一、MCS-51 单片机定时/计数器中断结构图

MCS-51 单片机定时/计数器中断结构图如图 4-9 所示。

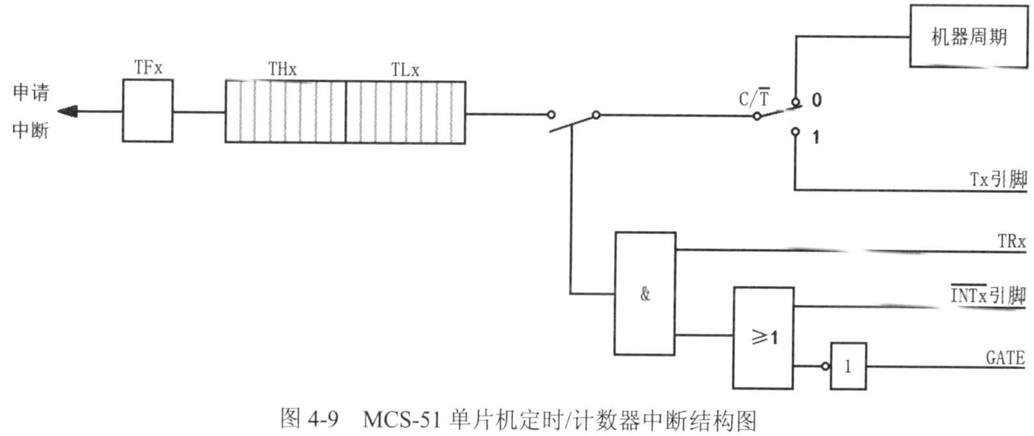

图 4-9 MCS-51 单片机定时/计数器中断结构图

二、特殊功能寄存器

1. 中断请求标志寄存器 TCON（Timer Control）（地址：88H）（见图 4-10）

TF1	TR1	TF0	TR0				

图 4-10　中断请求标志寄存器

（1）TF1（Timer1 Overflow Flag 1）：定时/计数器 1 溢出（中断请求）标志位。定时/计数器 1 计数溢出 TF1=1，CPU 响应中断后 TF1=0。

（2）TR1（Timer1 Run 1）：定时/计数器 1 启/停控制位（配合 GATE）。

①TR1=0：停止定时/计数器 1。

②TR1=1：启动定时/计数器 1。

（3）TF0（Timer1 Overflow Flag 0）：定时/计数器 0 溢出（中断请求）标志位。定时/计数器 0 计数溢出 TF0=1，CPU 响应中断后 TF0=0。

（4）TR0（Timer1 Run 0）：定时/计数器 0 启/停控制位（配合 GATE）。

①TR0=0：停止定时/计数器 0。

②TR0=1：启动定时/计数器 0。

2. 定时/计数器模式/方式控制寄存器 TMOD（Timer Mode）（地址：89H）（见图 4-11）

GATE	$C/\overline{T}$	M1	M0	GATE	$C/\overline{T}$	M1	M0

图 4-11　定时/计数器模式/方式控制寄存器

（1）GATE（Gate）：门控位。

①GATE=0 时，仅需 TRx=1 则启动定时/计数器。

②GATE=1 时，TRx=1 且 $\overline{INTx}$ 引脚为高电平（1）时才能启动定时/计数器。

（2）$C/\overline{T}$（Counter/Timer）：定时/计数器模式选择位。

①$C/\overline{T}$=0，计数器对机器周期计数，为定时器（机器周期有规律可间接计算出时间）。

②$C/\overline{T}$=1，计数器对 Tx 引脚脉冲计数，为计数器（引脚脉冲不一定有规律）。

（3）M1/M0（Mode 1/0）：定时/计数器工作方式选择位，如表 4-1 所示。

表 4-1　定时/计数器工作方式选择位

M1	M0	定时/计数器工作方式	特点
0	0	方式 0	13 位定时/计数方式 溢出值 2^{13}=8192
0	1	方式 1	16 位定时/计数方式 溢出值 2^{16}=65536
1	0	方式 2	8 位定时/计数方式（自动重装载方式） 溢出值 2^{8}=256
1	1	方式 3	只有 T0 能够工作在此方式，将 T0 拆为两个 8 位计数器 T1 在此方式下无效

三、MCS-51 单片机的定时/计数器中断

定时/计数器中断程序设计步骤如下：

（1）设置定时/计数器的工作模式与方式；

（2）根据要求装入定时/计数器的计数初值；

（3）设置定时/计数器的优先级（只有一个中断源时，可不设置）；

（4）使能定时/计数器中断（使能中断总控位、使能外部中断控制位）；

（5）启动定时/计数器。

四、MCS-51 单片机定时/计数器的工作方式

1. 方式 0

如图 4-12 所示，THx（8 位）与 TLx（低 5 位）用于计数，故最大计数值（溢出值）$=2^{13}=8192$。

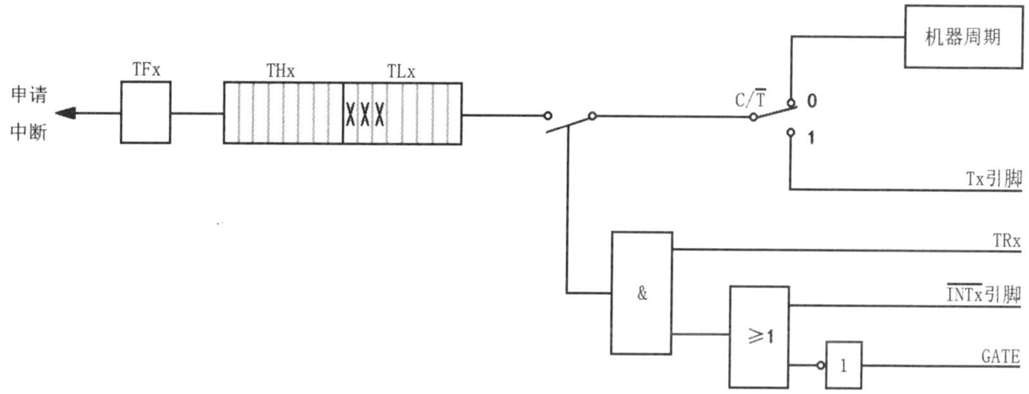

图 4-12 定时/计数器 T0/T1 工作于方式 0 的基本结构

例：使用定时/计数器 0（T0），方式 0 在 P1.0 引脚输出频率为 1kHz 的方波。（已知 f_{osc}=6MHz）

解题思路：

频率=1kHz → 周期=1ms → 每隔 500μs 取反（定时时间为 500μs）

f_{osc}=6MHz → 机器周期=2μs

方式 0 → 计数值（溢出值）为 8192

$$\text{初值}=8192-\frac{500\mu s}{2\mu s}=7942=1F06H$$

装入：TH0=F8H,TL0=06H

```
ORG 0000H
LJMP MAIN
ORG 000BH
MOV TH0,#0F8H
```

```
    MOV TL0,#06H
    CPL P1.0                ;定时时间到，则将 P1.0 引脚的输出取反
    RETI
MAIN:
    MOV TMOD,#00H           ;T0 工作于方式 0
    MOV TH0,#0F8H
    MOV TL0,#06H
    SETB ET0
    SETB EA
    SETB TR0                ;启动 T0 开始计数
    SJMP $
    END
```

例：使用 T1 方式 0 在 P1.0 引脚上输出频率为 10kHZ,占空比为 1/3 的矩形波。（已知 f_{osc}=24MHz）

解题思路：

频率=10kHz → 周期=0.1ms=100μs；占空比为 1/3 → 高电平$=100\times\frac{1}{3}\approx 33\mu s$，低电平$=100\times\frac{2}{3}\approx 67\mu s$

f_{osc}=24MHz → 机器周期=0.5μs；方式 0 → 计数值（溢出值）为 8192 →

定时 33μs 的初值$=8192-\frac{33\mu s}{0.5\mu s}$=8126=1FBEH

定时 67μs 的初值$=8192-\frac{67\mu s}{0.5\mu s}$=8058= 1F7AH

装入 33μs 的初值：TH0=FDH,TL0=1EH

装入 67μs 的初值：TH0=FBH,TL0=1AH

```
    ORG 0000H
    LJMP MAIN
    ORG 001BH
    JNB P1.0,L1
    MOV TH1,#0FBH           ;定时 67μs 的初值
    MOV TL1,#01AH
    LJMP EXT0
L1:
    MOV TH1,#0FDH           ;定时 33μs 的初值
    MOV TL1,#01EH
EXT0:
    CPL P1.0
```

```
    RETI
MAIN:
    SETB P1.0
    MOV TMOD,#00H          ;设置 T1 工作于方式 0
    MOV TH1,#0FDH          ;定时 33μs 的初值
    MOV TL1,#01EH
    SETB EA
    SETB ET1
    SETB TR1
    SJMP $
    END
```

2. 方式 1

如图 4-13 所示，THx（8 位）与 TLx（8 位）用于计数，故最大计数值（溢出值）$=2^{16}=65536$。

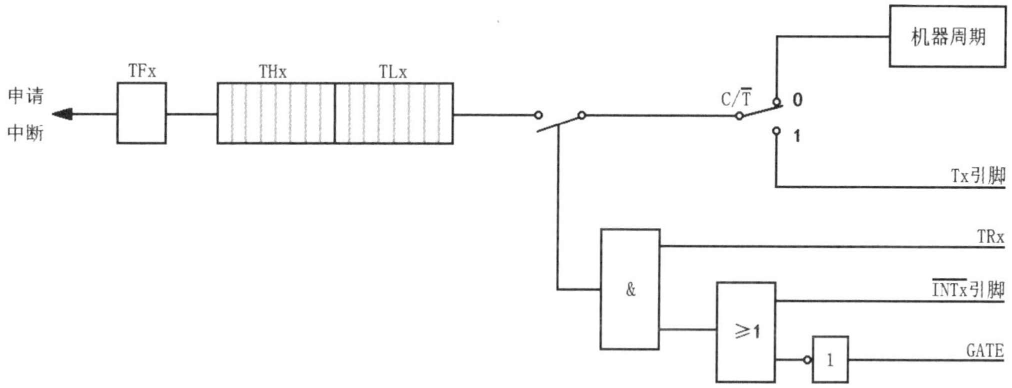

图 4-13　定时/计数器 T0/T1 工作于方式 1 的基本结构

例：使用定时/计数器 1（T1），方式 1 在 P1.0 引脚输出频率为 1kHz 的方波。（已知 f_{osc}=6MHz）

解题思路：

频率=1kHz　→　周期=1ms　→　每隔 500μs 取反（定时时间为 500μs）

f_{osc}=6MHz　→　机器周期=2μs

方式 1　→　计数值（溢出值）为 65536

$$初值 = 65536 - \frac{500\mu s}{2\mu s} = 65286 = FF06H$$

装入：TH1=FFH,TL1=06H

```
    ORG 0000H
    LJMP MAIN
    ORG 001BH
    MOV TH1,#0FFH
```

```
    MOV TL1,#06H
    CPL P1.0                ;定时时间到，则将 P1.0 引脚的输出取反
    RETI
MAIN:
    MOV TMOD,#10H           ;T1 工作于方式 1
    MOV TH1,#0FFH
    MOV TL1,#06H
    SETB ET1
    SETB EA
    SETB TR1                ;启动 T1 开始计数
    SJMP $
    END
```

3. 方式 2

TLx（8 位）为计数寄存器，用于计数，故最大计数值（溢出值）$=2^8=256$。

THx（8 位）为重装载寄存器，用于保护初值，即当 TLx 溢出时由硬件自动将 THx 中的数重装载至 TLx 中。

因方式 2 的重装载由硬件自动完成（不消耗指令周期），故定时精度相较方式 0、1 更加精确。其基本结构如图 4-14 所示。

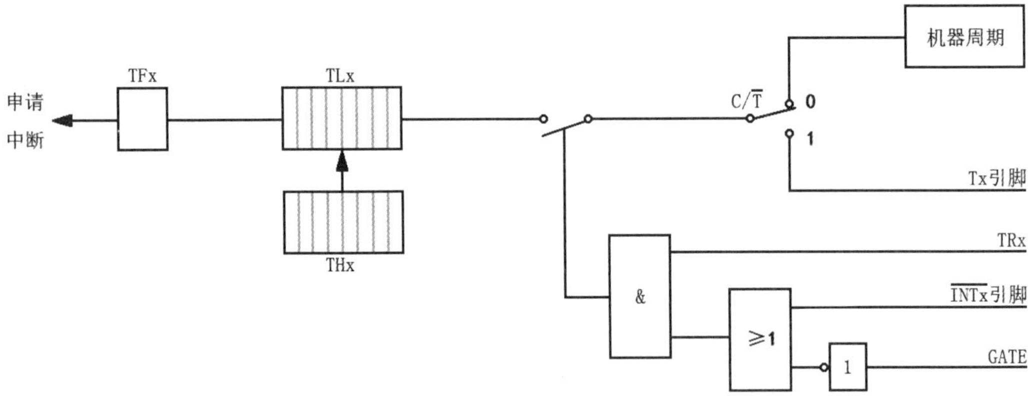

图 4-14　定时/计数器 T0/T1 工作于方式 2 的基本结构

例：使用定时/计数器 1（T1），方式 2 在 P1.0 引脚输出频率为 1kHz 的方波。（已知 f_{osc}=6MHz）

解题思路：

频率=1kHz → 周期=1ms → 每隔 500μs 取反（定时时间为 500μs）

f_{osc}=6MHz → 机器周期=2μs

方式 2 → 计数值（溢出值）为 256

$$初值=256-\frac{500\mu s}{2\mu s}=6$$

装入：TL1=06H

保护初值：TH1=06H

```
        ORG 0000H
        LJMP MAIN
        ORG 001BH
        CPL P1.0
        RETI
MAIN:
        MOV TMOD,#20H
        MOV TH1, #06H
        MOV TL1,#06H
        SETB ET1
        SETB EA
        SETB TR1
        SJMP $
        END
```

例：使用定时/计数器 1（T1），方式 2 在 P1.0 引脚输出频率为 10kHz 占空比为 2/5 的矩形波。（已知 f_{osc}=24MHz）

解题思路：

频率=10kHz → 周期=100μs

空比为 2/5 → 高电平时间为 40μs、低电平时间为 60μs

f_{osc}=24MHz → 机器周期=0.5μs

方式 2 → 计数值（溢出值）为 256

高电平对应的定时初值 $=256-\dfrac{40\mu s}{0.5\mu s}=176=B0H$

低电平对应的定时初值 $=256-\dfrac{60\mu s}{0.5\mu s}=136=88H$

```
        ORG 0000H
        LJMP MAIN
        ORG 001BH
        JNB P1.0,L1              ;根据 P1.0 的当前电平，决定重装载寄存器的值
        MOV TH1,#0B0H            ;重装载值为高电平对应的定时初值 B0H
        LJMP EXT0
L1:
        MOV TH1,#88H             ;重装载值为低电平对应的定时初值 88H
EXT0:
        CPL P1.0                 ;P1.0 引脚取反
        RETI
MAIN:
```

```
SETB P1.0           ;设置 P1.0 的初始状态为输出高电平
MOV TMOD,#20H       ;设置 T1 工作于方式 2
MOV TH1,#88H        ;重装载值为低电平对应的定时初值 88H
MOV TL1,#0B0H       ;装入高电平对应的定时初值 B0H
SETB EA
SETB ET1
SETB TR1
SJMP $
END
```

4. *方式 3*

将 T0 拆为两个 8 位定时/计数器，T1 工作于方式 3 时处于停止状态。具体分配如下：

TL0 为其中一个 8 位定时/计数器的计数装置，占用 T0 的控制资源（TF0、TR0 等），能够工作于定时模式或计数模式；TH0 为另一个 8 位定时/计数器的计数装置，占用 T1 的控制资源（TF1、TR1 等），只能够工作于定时模式。

此时，因 T1 的控制资源被占用，故此时 T1 仅能用作波特率发生器。其基本结构如图 4-15 所示。

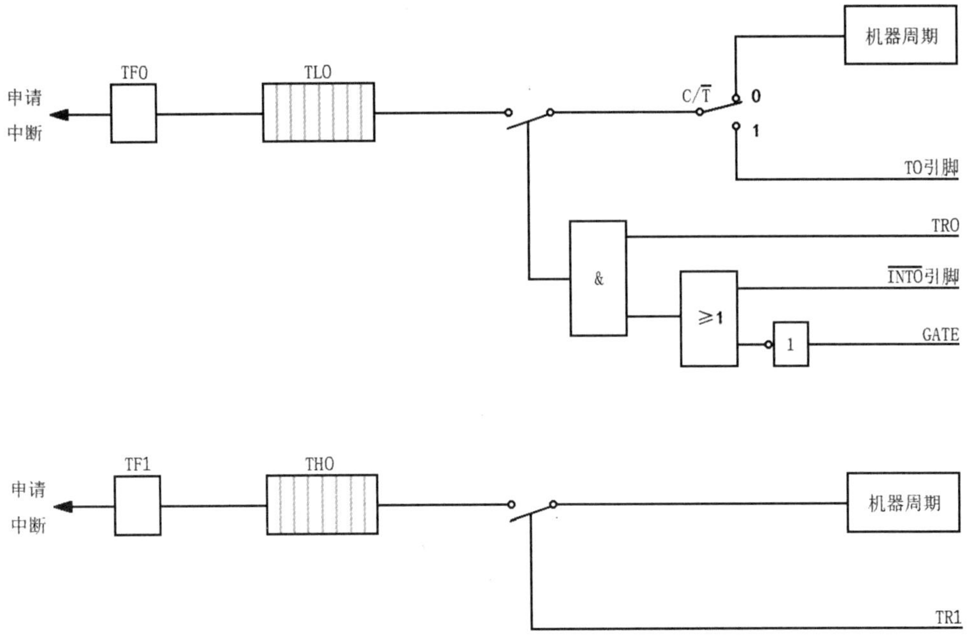

图 4-15　定时/计数器 T0 工作于方式 3 的基本结构

例：使用 T0 方式 3 中的 TH0，编程实现从 P1.0 引脚输出频率为 1kHz 的方波。（已知 f_{osc}=6MHz）。

解题思路：

频率=1kHz → 周期=1ms → 每隔 500μs 取反（定时时间为 500μs）

f_{osc}=6MHz → 机器周期=2μs

方式 3 → 计数值（溢出值）为 256

$$初值=256-\frac{500\mu s}{2\mu s}=6$$

装入：TH0=06H

```
      ORG 0000H
      LJMP MAIN
      ORG 001BH              ; T0 方式 3 时 TH0 的中断入口地址
      MOV TH0,#06H
      CPL P1.0
      RETI
MAIN:
      MOV TMOD,#03H          ;T0 工作于方式 3
      MOV TH0,#06H
      SETB EA
      SETB ET1               ;允许 TH0 中断
      SETB TR1               ;启动 TH0 开始计数
      SJMP $
      END
```

思考及练习

一、填空题

1．MCS-51 单片机内部有______个 16 位加 1 定时/计数器，可通过编程决定它们的工作方式。

2．TCON 的全称叫______，用于存放各中断源的中断请求标志。

3．当定时/计数器 T0 发生溢出时，置位_______，从而向 CPU 申请中断。

4．定时/计数器 1 工作于计数模式时，被计数脉冲从第______引脚输入计数器。

5．$C/\overline{T}=1$ 时，定时/计数器工作于______模式。

6．定时/计数器工作方式 1 是______位计数方式。

7．定时器 1 溢出中断被响应后，请求标志位______被硬件清零。

8．若 MCS-51 单片机外接晶振频率为 4MHZ，则方式 0 最大定时时间为_______μs。

9．若 MCS-51 单片机外接晶振频率为 24MHZ，则方式 2 最大定时时间为______μs。

10．若 8051 单片机外接晶振频率为 12MHz，且定时/计数器工作在方式 1 时，则最大定时间为___________μs。

11．定时/计数器 0 溢出标志位是________。

12．定时/计数器 1 启动/停止控制位是________。

13．定时/计数器有 4 种工作方式，其中自动重装初值的方式是________。

14．定时器/计数器 T0 用作外部计数时，计数脉冲从________（填写引脚英文缩写）引脚输入单片机。

15．若 TMOD=01H，单片机外接晶振频率为 6MHZ，且 TH0TL0=0000H，则启动 T0 后 50ms，TH0TL0=________H。

二、判断题

1．（　　）C/$\overline{\text{T}}$=0 时，定时/计数器工作于计数模式。

2．（　　）定时/计数器的工作方式，由特殊功能寄存器 TMOD 中的 SM1、SM0 位设置。

3．（　　）定时/计数器工作方式 0 是 13 位计数方式，其溢出值为 2^{13}=8192。

4．（　　）定时/计数器工作方式 2 是 13 位计数方式，其溢出值为 2^{13}=8192。

5．（　　）定时/计数器 1 工作于方式 2 时，TH1 用于计数，TL1 用于保护初值。

6．（　　）定时器/计数器 T0 的外部启动引脚是 $\overline{\text{INT0}}$。

7．（　　）定时/计数器的实质是加 1 计数器，对有规则的脉冲进行计数则可用于定时。

8．（　　）定时/计数器的实质是加 1 计数器，工作于计数模式时，若被计数脉冲为已知频率的矩形波，则也可用于定时。

9．（　　）TMOD 可以进行位寻址，而 TCON 不可以进行位寻址。

10．（　　）仅定时器/计数器 1 能够工作在方式 3。

11．（　　）TMOD 中 GATE=1 时，表示由两个信号控制定时器的启停。

12．（　　）定时/计数器 1 溢出标志位是 TR1。

三、选择题

1．当定时/计数器 T1 发生溢出时，置位（　　），从而向 CPU 申请中断。

A．IT0　　B．IT1　　C．TF1　　D．IE1

2．MCS-51 单片机内部有（　　）个（　　）位加 1 定时/计数器

A．1、8　　B．1、16　　C．2、8　　D．2、16

3．定时/计数器工作方式控制寄存器是（　　）。

A．SCON　　B．TMOD　　C．TCON　　D．TH0

4．GATE=0 时，定时/计数器 0 的启动条件是：（　　）。

A．T0=1　　B．$\overline{\text{INT0}}$引脚为高电平

C．TR0=1　　D．TF0=1

5．GATE=1 时，定时/计数器 0 的启动条件是：（　　）。

A．TF0=1　　B．$\overline{\text{INT0}}$引脚为高电平

C．TR0=1　　D．TR0=1 且$\overline{\text{INT0}}$引脚为高电平

6．定时/计数器 0 有（　　）种工作方式。

A．0　　B．1　　C．3　　D．4

7．定时/计数器 1 有（　　）种工作方式。

A．0　　B．1　　C．3　　D．4

8．定时/计数器工作方式 0 是（　　）位计数方式。

A．8　　B．13　　C．16　　D．12

9．定时/计数器工作方式 1 是（　　）位计数方式，其溢出值为（　　）。

A．8、256 B．13、8192 C．16、65536 D．4、16

10．定时/计数器工作方式2是（ ）位计数方式。

A．8 B．13 C．16 D．12

11．启动定时/计数器1开始计数的指令是（ ）。

A．SETB TF1 B．CLR TF1 C．SETB TR1 D．CLR TR0

12．使定时/计数器0停止计数的指令是（ ）。

A．SETB TF0 B．CLR TF0 C．SETB TR1 D．CLR TR0

13．若TMOD=01H，单片机外接晶振频率为6MHZ，且TH0=00H、TL0=00H，则启动T0后100ms，TH0=（ ）、TL0=（ ）。

A．TH0=3CH、TL0=B0H B．TH0=00H、TL0=00H

C．TH0=FFH、TL0=FFH D．TH0=C3H、TL0=50H

14. 定时/计数器0工作于方式0，现欲计数1000，则初值TH0=（ ），TL0=（ ）。

A．TH0=1CH、TL0=18H B．TH0=00H、TL0=00H

C．TH0=E0H、TL0=18H D．TH0=FCH、TL0=18H

15．定时/计数器1工作于方式1，已知外接晶振频率为6MHz，现欲定时1ms，TH1=（ ），TL1=（ ）。

A．TH1=FEH、TL1=0CH B．TH1=1EH、TL1=0CH

C．TH1=F0H、TL1=0CH D．TH1=FCH、TL1=18H

16．已知f_{osc}=6MHz，定时/计数器1工作于方式0，且TH1=0F6H，TL1=0AH，则定时时间为（ ）μs。

A．310 B．500 C．1000 D．620

17．8051单片机的定时器T0用作定时方式时，是（ ）。

A．由内部时钟频率定时，一个时钟周期加1

B．由外部计数脉冲计数，一个机器周期加1

C．外部定时脉冲由T0（P3.4）输入定时

D．由内部时钟频率计数，一个机器周期加1

18．下列指令判断若定时器T0计满数就转至标号LP处的是（ ）。

A．JB T0,LP B．JNB TF0,LP

C．JNB TR0，LP D．JB TF0,LP

19．用定时器T1方式1计数，要求每计满10次产生溢出标志，则TH1、TL1的初始值是（ ）。

A．FFH、F6H B．F6H、F6H

C．F0H、F0H D．FFH、F0H

20．下列定时器/计数器的工作方式中，不需要每次重新赋初值的是（ ）

A．方式0 B．方式1 C．方式2 D．方式3

四、综合题

1．若单片机的晶振频率为6MHz，从P1.0输出周期为200ms的连续方波，定时器用T0工作在方式1，试将下列程序补充完整。

```
        DA8H EQU  ___A___
        DA8L EQU  ___B___
        ORG 0000H
        AJMP MAIN
        ORG  ___C___                ;中断入口
        LJMP DVT0
        ORG 0030H
MAIN:
        MOV TMOD, ___D___           ;设置 T0 工作在方式 1
        MOV TH0, #DA8H
        MOV TL0, #DA8L
        SETB  ___E___               ;CPU 开中断
        SETB ET0
        SETB TR0
        SJMP $
DVT0:
        CPL P1.0
        MOV TH0, #DA8H
        MOV TL0, #DA8L
        RETI
        END
```

（1）A 入应填入______。

（2）B 入应填入______。

（3）C 入应填入______。

（4）D 入应填入______。

（5）E 入应填入______。

2. 如图 4-16 所示，以下程序的功能是：上电后数码管显示 59 秒到 00 秒的循环倒计时。

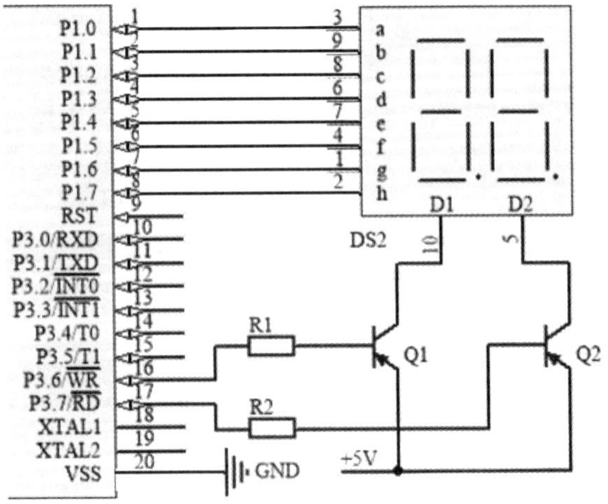

图 4-16　题 2

```
        ORG 0000H
        LJMP MAIN
        ORG ____①____
        LJMP TIM1
MAIN:
        MOV R0,____②____             ;存放循环倒计时初值
        MOV R7,#20
        MOV TMOD,#10H                ;设置 T1 工作于方式 1，定时模式
        MOV TH1,#3CH
        MOV TL1,#0B0H
        SETB EA
        SETB ET1
        SETB TR1
NEXT:
        ______③______                ;长调用 DIS2 子程序，刷新两只数码管
        LJMP NEXT
TIM1:
        MOV TH1,#3CH
        MOV TL1,#0B0H
        DJNZ R7,ETIM1                ;判断是否中断 20 次，是则顺序执行，否则跳至
                                     ETIM1 处
        MOV R7,#20
        DEC R0
        CJNE R0, ____④____,ETIM1     ;判断是否自减到-1，是则顺序执行，否则跳至
                                     ETIM1 处
        MOV R0,#59
ETIM1:
        RETI
DIS2:
        MOV A,R0
        MOV B,#10
        ______⑤______                ;将被显示数的十位与个位分离
        MOV 30H,#0
        MOV 31H,A
        LCALL DIS1
        MOV 30H,#1
        MOV 31H, B
        LCALL DIS1
        RET
```

```
DIS1:
      MOV P1,#0FFH
      MOV A,30H
      MOV DPTR,#WEI
      MOVC A,@A+DPTR
      MOV P3,A
      MOV A,31H
      MOV DPTR,#DUAN
      MOVC A,@A+DPTR
      MOV P1,A
      RET
WEI:DB 0BFH,07FH
DUAN:DB 0C0H,0F9H,0A4H,0B0H,99H,92H,82H,0F8H,80H,90H
      END
```

（1）①处应填：______。

（2）②处应填：______。

（3）③处应填：______。

（4）④处应填：______。

（5）⑤处应填：______。

3．补充完整如图 4-17 所示定时/计数器 0、1 结构图。

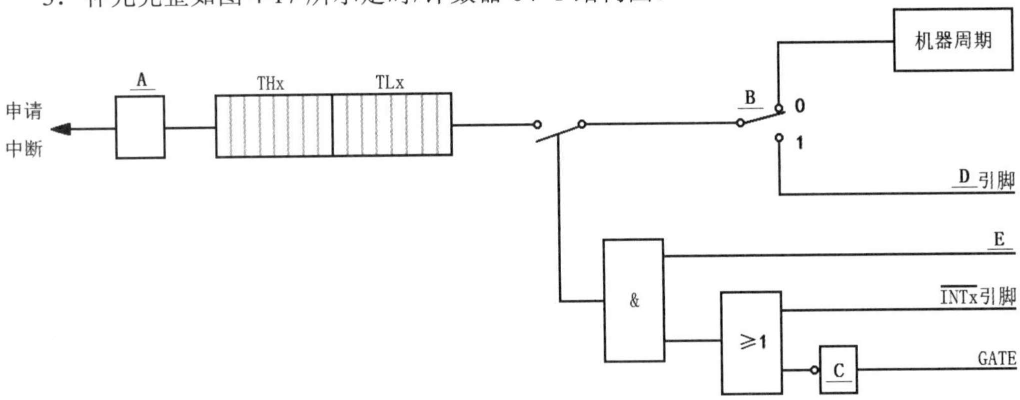

图 4-17　题 3

（1）A 处应填入（　　）。

A．TRX　　B．TFX　　C．ITX　　D．IEX

（2）B 处应填入（　　）。

A．ETX　　B．PTX　　C．$C/\overline{T}$　　D．REN

（3）C 处应填入（　　）。

A．&　　B．1　　C．≥1　　D．=1

（4）D 处应填入（　　）。

A. TX　　B. TRX　　C. $\overline{WR}$　　D. TB8

（5）E 处应填入（　　）。

A. CLK　　B. TFX　　C. EA　　D. TRX

4. 以下程序的功能是使用 T0 方式 2，从 P1.1 引脚输出 100kHz 的方波（f_{osc}=12MHz）。请根据注释填空。

```
    T0H EQU  ___①___
    T0L EQU  ___②___
    ORG 0000H
    LJMP MAIN
    ORG 000BH
    LJMP TI0
MAIN:
    MOV TMOD, ___③___        ;规划 T0 为内部启动，定时模式，方式 2
    MOV TH0,T0H               ;保护初值
    MOV TL0,T0L               ;产生 100kHz 方波所需初值
    SETB ET0
    SETB EA
    ___④___                   ;启动 T0 开始计数
    SJMP $
TI0:
    ___⑤___                   ;P1.1 引脚电平取反
    RETI
    END
```

（1）①处应填入（　　）。

A. #0FBH　　B. #0F6H　　C. 0FFH　　D. 0FBH

（2）②处应填入（　　）。

A. 0FBH　　B. #0F6H　　C. 00H　　D. #0FBH

（3）③处应填入（　　）。

A. 02H　　B. #20H　　C. #02H　　D. #60H

（4）④处应填入（　　）。

A. SETB TR1　　B. SETB T0　　C. SETB TR0　　D. CLR T0

（5）⑤处应填入（　　）。

A. CLR P1.0　　B. CPL P1.0　　C. CPL P1.1　　D. MOV P1,#00H

5. 如图 4-18 所示为 LED 与单片机之间的连接关系，图 4-19 为 LED 灯的状态。已知晶振频率为 12MHz，每只 LED 灯亮 50ms，请补充完整以下程序。

```
    ORG 0000H
    LJMP MAIN
    ORG ___①___
```

```
    LJMP TIM0
MAIN:
    MOV TMOD,____②____          ;设置 T0 工作于方式 1
```

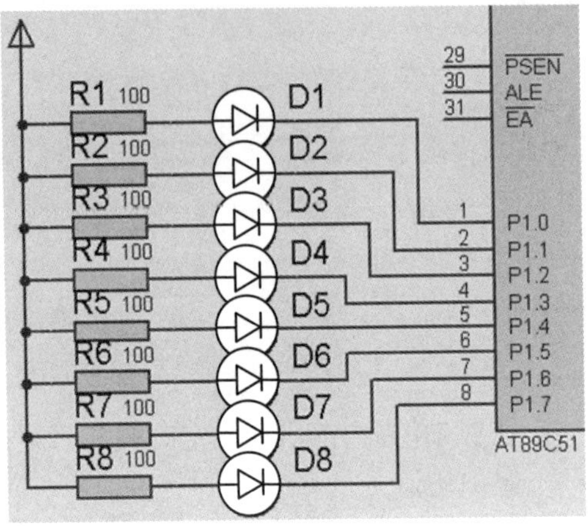

图 4-18　LED 电路原理图

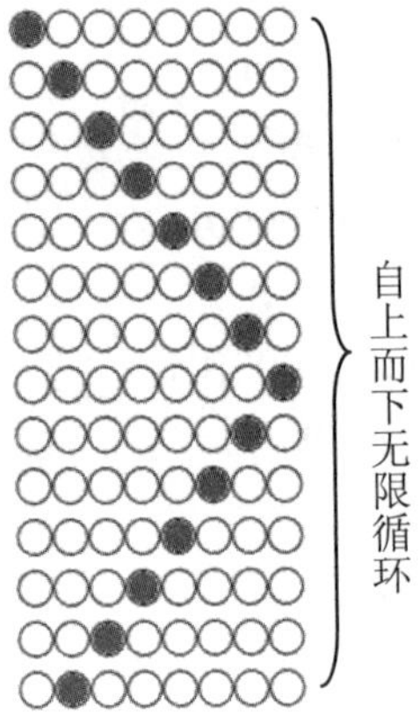

图 4-19　LED 状态

```
    MOV TH0,#3CH                ;以下两条指令为装入初值
    MOV TL0,#0B0H
    SETB EA                     ;开中断总允许
    SETB ET0                    ;允许 T0 中断
    SETB TR0                    ;启动 T0
    MOV DPTR,____③____          ;将 LED 状态表的首地址送 DPTR
    MOV R0,#0                   ;给 R0 送初值，准备查找第一个 LED 状态数据
NEXT:
    MOV A,R0                    ;以下两条指令是根据 R0 中的数查找对应的 LED 状态
                                数据
    MOVC A,@A+DPTR
    MOV P1,A                    ;将查找到的 LED 状态数据送 P1 口控制 LED
    LJMP NEXT
TIM0:
    MOV TH0,#3CH                ;以下两条指令为重新装入初值
    MOV TL0,#0B0H
    INC R0                      ;R0 中的数自加 1，准备查找下一个 LED 状态
    ____④____                   ;当 R0 中的数为 14 时，即第一轮数据查找结束，否
                                则未结束
    MOV R0,#0                   ;第一轮数据查找结束，则清零 R0，准备第二轮查找
EXIT:
    RETI
```

```
TAB:                    ;以下为 LED 状态数据表
    DB 0FEH,0FDH,0FBH,0F7H,___⑤___,0DFH,0BFH,07FH,0BFH,0DFH,0EFH,0F7H
    DB 0FBH,0FDH
    END
```

（1）①处应填入（ ）。

A．00003H　　B．000BH　　C．0013H　　D．001BH

（2）②处应填入（ ）。

A．#10H　　B．#00H　　C．#01H　　D．#03H

（3）③处应填入（ ）。

A．#MAIN　　B．#TIM0　　C．#EXIT　　D．#TAB

（4）④处应填入（ ）。

A．DJNZ R0,#14,EXIT　　B．CJNE R0,#14,EXIT

C．CJNE R0,#14　　D．DJNZ R0,#14

（5）⑤处应填入（ ）。

A．0EFH　　B．0FEH　　C．0DFH　　D．0FDH

第三节　MCS-51单片机串行通信中断

一、通信相关概念

1．并行、串行通信

根据数据传输时的排列规则不同，通信可分为并行通信与串行通信。

（1）并行通信：数据通过 N（N>1）条线同时传输。

（2）串行通信：数据通过 1 条线分时传输。

2．单工、半双工、全双工

根据收发双方数据传输的方向与时间关系，通信可分为单工通信、半双工通信和全双工通信。

（1）单工通信：任意时刻发送端只能发送，接收端只能接收。

（2）半双工通信：某一时刻双方均可发送或接收，但收、发不能同时进行。

（3）全双工通信：任意时刻双方均可发送或接收，即收、发可以同时进行。

3．同步、异步

根据收发双方是否使用同一时钟源，通信可分为同步通信与异步通信。

（1）同步通信：收、发双方使用同一时钟源，故不需要同步信号。

（2）异步通信：收、发双方使用不同时钟源，为确保收发双方同步，故需要同步信号。

异步通信常用通信格式如图 4-20 所示。

第 n+1 帧数据					第 n 帧数据					第 n–1 帧数据				
1	Dn	…	D0	0	1	Dn	…	D0	0	1	Dn	…	D0	0

图 4-20　异步通信常用通信格式

通常空闲时通信线为 1。

发送方发送起始信号 0 使通信线变为 0，接收方接收到通信线从 1 变为 0，则知道发送方接下来要发送数据。

发送方发送数据（数据位数由收、发双方共同约定，MCS-51 单片机数据位数根据串行口的工作方式不同有 8 位、10 位、11 位），低位在前高位在后。

发送方发送停止信号 1，使通信线处于空闲状态。

注：MCS-51 单片机内部拥有四个并行 I/O 口、一个全双工异步串行通信接口。

二、MCS-51 单片机串行通信结构图

MCS-51 单片机串行通信结构图如图 4-21 所示。

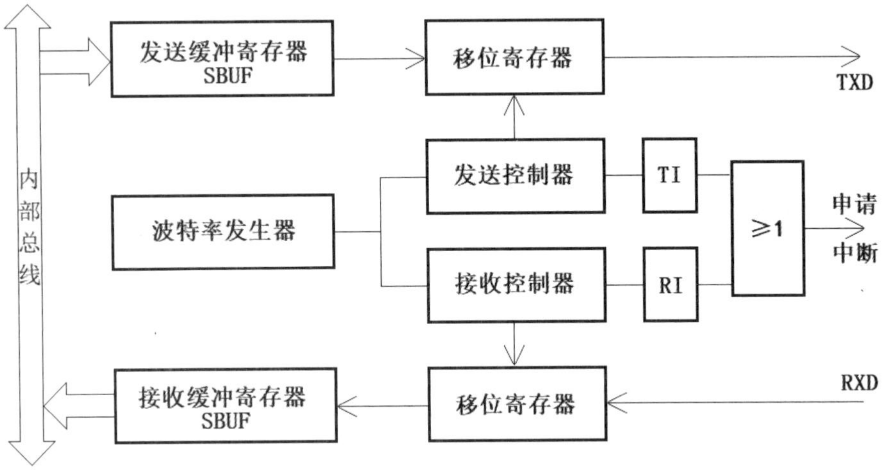

图 4-21　MCS-51 单片机串行通信结构图

（1）内部总线：

内部 RAM 中的数据通过内部总线传至发送缓冲寄存器 SBUF 中。

接收缓冲寄存器 SBUF 中的数据通过内部总线传至内部 RAM 中。

（2）发送缓冲寄存器 SBUF（Serial Buffer）：

并行数据（8 位二进制）通过内部总线传至发送缓冲寄存器 SBUF 中，然后一位一位地串行输出。

（3）接收缓冲寄存器 SBUF（Serial Buffer）：

一位一位的串行数据传至接收缓冲寄存器 SBUF 中，当接收缓冲寄存器 SBUF 满（8 位）后通过内部总线并行传至内部 RAM 中

（4）移位寄存器：

在移位信号的控制下一位一位地将数据从输入端移至输出端。

（5）发送控制器：

控制移位寄存器按照串行口的四种方式工作。

（6）接收控制器：

控制移位寄存器按照串行口的四种方式工作。

（7）波特率发生器：

根据串行口的四种方式提供串行通信所需的移位信号。

（8）TI：

发送完一帧（数据位数视四种方式而不同）数据后被硬件置 1 从而申请中断，当 CPU 响应中断请求后需软件清零。

（9）RI：

接收完一帧（数据位数视四种方式而不同）数据后被硬件置 1 从而申请中断，当 CPU 响应中断请求后需软件清零。

三、特殊功能寄存器

1. 串行口（方式）控制寄存器 SCON（Serial Control）（98H）（见图 4-22）

SM0	SM1	SM2	REN	TB8	RB8	TI	RI

图 4-22 串行口（方式）控制寄存器

其中：

（1）SM0/SM1（Serial Mode 0/1）：串行口工作方式选择位，如表 4-2 所示。

表 4-2 串行口工作方式选择位

SM0	SM1	串行口工作方式	特点
0	0	方式 0	8 位数据格式 波特率= $\frac{f_{osc}}{12}$ 通常用于串行扩展 I/O 口
0	1	方式 1	10 位数据格式 波特率= $\frac{2^{SMOD}}{32}\times\frac{f_{osc}}{12(2^n-x)}$ 通常用于点对点通信
1	0	方式 2	11 位数据格式 波特率= $\frac{2^{SMOD}}{64}\times f_{osc}$ 通常用于多机通信
1	1	方式 3	11 位数据格式 波特率= $\frac{2^{SMOD}}{32}\times\frac{f_{osc}}{12(2^n-x)}$ 通常用于多机通信

注：串行口工作于方式 1/3 时，T1 作为其波特率发生器，此时 T1 工作于方式 2，即 2^n=256。

（2）SM2（Serial Mode 2）：多机通信控制位，用于方式 2、3。

①SM2=0：不论收到的 RB8 为 0、1，均可以使收到的信息进入接收缓冲寄存器 SBUF 中，并使 RI 为 1。

②SM2=1：仅在 RB8 为 1 时，使收到的信息进入接收缓冲寄存器 SBUF 中，并使 RI

为 1；若 RB8 为 0 时，则丢弃收到的信息，且保持 RI 为 0。

（3）REN（Receive Enable）：允许接收控制位，REN=1 允许接收串行数据，REN=0 不允许接收串行数据。

（4）TB8（Transmit Bit 8）：在方式 2、3 中欲发送的 D8 位数据，可以用于数据的奇偶校验位，或在多机通信中作为地址/数据帧的标志位。

（5）RB8（Receive Bit 8）：在方式 2、3 中接收到的 D8 位数据。

（6）TI（Transmit Interrupt）：发送中断标志位，发送完一帧（数据位数视四种方式而不同）数据后被硬件置 1 从而申请中断，当 CPU 响应中断请求后需软件清零。

（7）RI（Receive Interrupt）：接收中断标志位，接收完一帧（数据位数视四种方式而不同）数据后被硬件置 1 从而申请中断，当 CPU 响应中断请求后需软件清零。

2. 电源控制寄存器 PCON（Power Control）（87H）（见图 4-23）

SMOD							

图 4-23　电源控制寄存器

其中：

SMOD（Select Mode）：波特率加倍控制位，SMOD=1，波特率加倍；SMOD=0，波特率不加倍。

四、MCS-51 单片机串行通信的工作方式

1. 方式 0

通信格式如图 4-24 所示。

第 n+1 帧数据			第 n 帧数据								第 n−1 帧数据		
D7	…	D0	D7	D6	D5	D4	D3	D2	D1	D0	D7	…	D0

图 4-24　方式 0 通信格式

波特率：$\frac{f_{osc}}{12}$，其中 f_{osc} 为外接晶体振荡器的频率，故该方式波特率为固定值。

RXD 引脚：数据输入/输出。

TXD 引脚：输出移位脉冲。

作用：常用于串行扩展 I/O 口等。

例：如图 4-25 所示，编程实现将按钮按下的次数显示在数码管上。

```
ORG 0000H
LJMP MAIN
ORG 0003H        ;外部中断 0 中断服务程序，用于记录按键按下的次数
INC R7
CJNE R7,#10,EINT0
MOV R7,#0
```

```
EINT0:
    RETI
    ORG 0023H          ;串行通行中断服务程序，用于循环发送按键次数对应的段码
    CLR TI
```

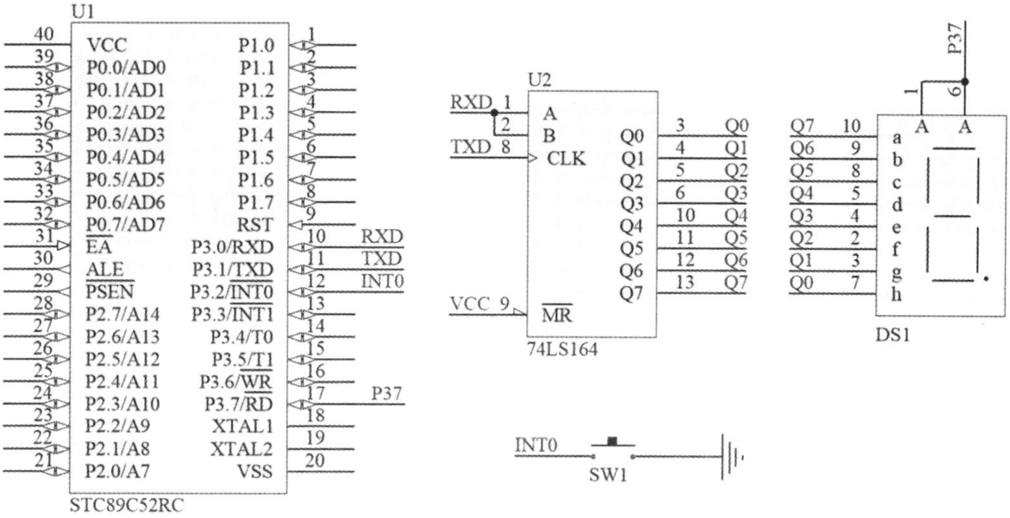

图 4-25　方式 0 通信电路原理图

```
    SETB P3.7              ;发送完一帧数据，则使 P3.7 置 1 显示相应的数字
    MOV A,R7
    MOVC A,@A+DPTR
    CLR P3.7               ;使 P3.7 清 0，为发送下一帧数据做准备
    MOV SBUF,A             ;发送一帧数据
    RETI
MAIN:
    SETB IT0               ;设置外部中断 0 为下降沿有效
    MOV SCON,#00H          ;设置串行口工作于方式 0
    SETB EA
    SETB EX0
    SETB ES
    MOV DPTR,#DUAN
    MOV SBUF,#0C0H         ;将 0 的段码 C0H 通过串行口发送
    SJMP $
DUAN:DB 0C0H,0F9H,0A4H,0B0H,99H,92H,82H,0F8H,80H,90H
    END
```

2. 方式 1

通信格式如图 4-26 所示。

第 n+1 帧数据					第 n 帧数据										第 n–1 帧数据				
1	D7	…	D0	0	1	D7	D6	D5	D4	D3	D2	D1	D0	0	1	D7	…	D0	0

图 4-26 方式 1 通信格式

波特率：$\dfrac{2^{SMOD}}{32}\times\dfrac{f_{osc}}{12(2^n-x)}$

其中：f_{osc} 为外接晶体振荡器的频率；

SMOD 为电源控制寄存器中的波特率加倍控制位；

2^n 为定时/计数器 T1 三种工作方式下的溢出值，通常 T1 工作于方式 2，故 2^n=256；

x 为定时/计数器 T1 的计数初值。

RXD 引脚：数据输入。

TXD 引脚：数据输出。

作用：常用于点对点通信。

例：如图 4-27 所示，编程实现将 U1 内部 RAM 30H 单元中的数循环通过串行口发送至 U2 的 P2 口显示在 8 位 LED 上。（f_{osc}=11.0592MHz，要求使用串行口方式 1，波特率为 9600bps）

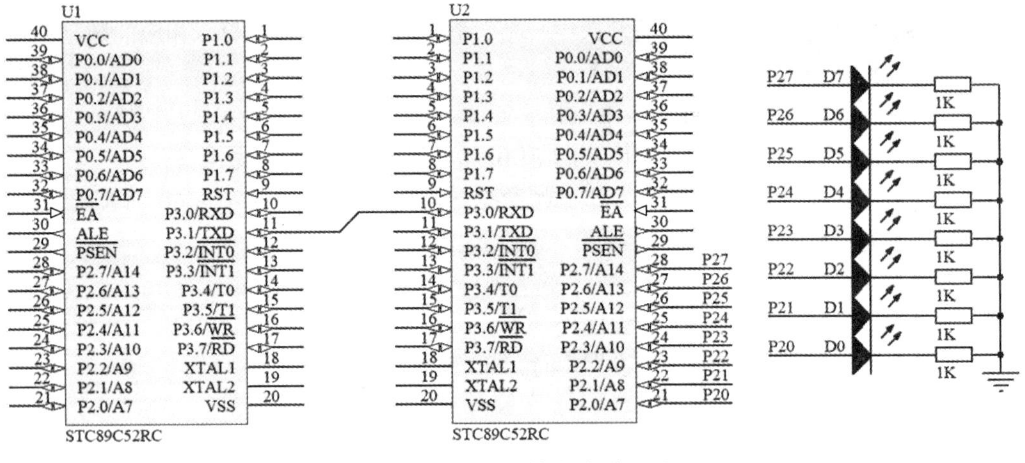

图 4-27 方式 1 通信电路原理图

解题思路：

$$\frac{2^{SMOD}}{32}\times\frac{f_{osc}}{12(2^n-x)}=9600$$

波特率不加倍，则 SMOD=0

使用定时器 T1 工作于方式 2，则 2^n=256

已知 f_{osc}=11.0592MHz

代入上式，解出 x=253=FDH

发送端程序如下：

```
    ORG 0000H
    LJMP MAIN
    ORG 0023H
    CLR TI               ;清除发送标志位
    MOV SBUF,30H         ;将 30H 单元中的数送至发送缓冲寄存器 SBUF，启动发送
    RETI
MAIN:
    MOV 30H,#0C5H
    MOV SCON,#40H        ;规划串行口工作于方式 1，不允许接收
    MOV TMOD,#20H        ;规划 T1 工作于方式 2
    MOV TH1,#0FDH        ;设置波特率为 9600bps
    MOV TL1,#0FDH
    SETB EA
    SETB ES
    SETB TR1
    MOV SBUF,30H         ;将 30H 单元中的数送至发送缓冲寄存器 SBUF，启动发送
    SJMP $
    END
```

接收端程序如下：

```
    ORG 0000H
    LJMP MAIN
    ORG 0023H
    CLR RI
    MOV P2,SBUF          ;将接收缓冲寄存器 SBUF 中的数传至 P2 口
    RETI
MAIN:
    MOV SCON,#50H        ;规划串行口工作于方式 1，允许接收
    MOV TMOD,#20H        ;规划 T1 工作于方式 2
    MOV TH1,#0FDH        ;设置波特率为 9600bps
    MOV TL1,#0FDH
    SETB EA
    SETB ES
    SETB TR1
    SJMP $
    END
```

3. 方式 2

通信格式如图 4-28 所示。

第 n+1 帧数据						第 n 帧数据											第 n–1 帧数据					
1	D8	D7	…	D0	0	1	D8	D7	D6	D5	D4	D3	D2	D1	D0	0	1	D8	D7	…	D0	0

图 4-28　方式 2 通信格式

波特率：$\dfrac{2^{SMOD}}{64}\times f_{osc}$

其中：f_{osc} 为外接晶体振荡器的频率；

SMOD 为电源控制寄存器中的波特率加倍控制位。

RXD 引脚：数据输入。

TXD 引脚：数据输出。

作用：常用于固定波特率的多机通信。

4. 方式 3

通信格式如图 4-29 所示。

第 n+1 帧数据						第 n 帧数据											第 n–1 帧数据					
1	D8	D7	…	D0	0	1	D8	D7	D6	D5	D4	D3	D2	D1	D0	0	1	D8	D7	…	D0	0

图 4-29　方式 3 通信格式

波特率：$\dfrac{2^{SMOD}}{32}\times\dfrac{f_{osc}}{12(2^n-x)}$

其中：f_{osc} 为外接晶体振荡器的频率；

SMOD 为电源控制寄存器中的波特率加倍控制位；

2^n 为定时/计数器 T1 三种工作方式下的溢出值，通常 T1 工作于方式 2 故 2^n=256；

x 为定时/计数器 T1 的计数初值。

RXD 引脚：数据输入。

TXD 引脚：数据输出。

作用：常用于可变波特率的多机通信。

例：如图 4-30 所示，编程实现如下功能。

按下 SW0 时，主机（U0）将 SW1～SW8 的状态串行发送到从机 1（U1）后从其 P1 口输出；

未按下 SW0 时，主机（U0）将 SW1～SW8 的状态串行发送到从机 2（U2）后从其 P1 口输出。

主机 U0 程序：

```
SW0 BIT P3.7           ;目标从机选择控制位
ADDR1 EQU 41H          ;从机 1 地址为 41H
ADDR2 EQU 42H          ;从机 2 地址为 42H
ORG 0000H
```

```
    LJMP MAIN
    ORG 0023H
    CLR TI              ;清除发送中断请求标志位
    CPL TB8             ;取反 TB8（地址/数据标志位）
    JB TB8,ADDRESS      ;TB8=1 则发送地址帧、TB8=0 则发送数据帧
```

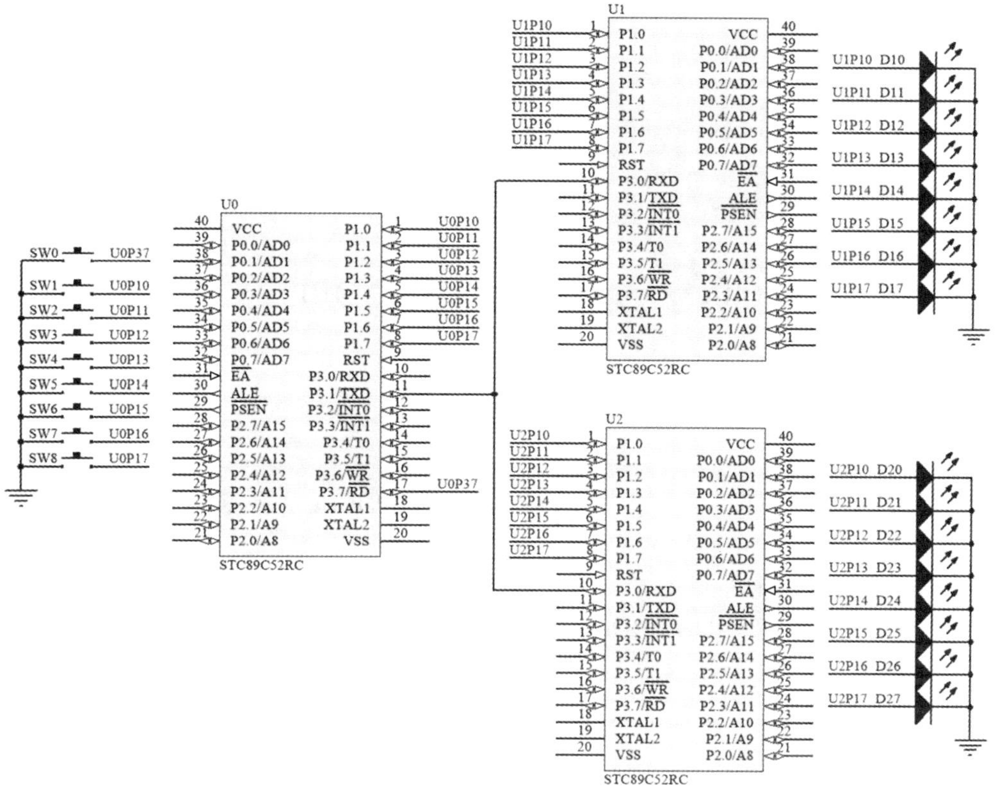

图 4-30　方式 3 通信电路原理图

```
    MOV SBUF,P1         ;发送 P1 口外接按键产生的数据
    LJMP EXIT
ADDRESS:
    JB SW0,DIV2         ;SW0=1 则发送从机 2 的地址、SW0-0 则发送从机 1 的
                        地址
    MOV SBUF,#ADDR1
    LJMP EXIT
DIV2:
    MOV SBUF,#ADDR2
    LJMP EXIT
EXIT:
    RETI
```

```
MAIN:
    MOV SCON,#0C0H       ;设置串口工作于方式 3（主机 SM2 可随意设置）
    MOV TMOD,#20H        ;设置波特率为 9600bps
    MOV TH0,#253
    MOV TL0,#253
    SETB EA
    SETB ES
    SETB TR1                   ;启动波特率发生器
    SETB TI                    ;置位发送中断请求标志位
    SJMP $
    END
```

从机 U1 程序：

```
    ADDR1 EQU 41H              ;设置本从机地址为 41H
    ORG 0000H
    LJMP MAIN
    ORG 0023H
    CLR RI                     ;清除接收标志位
    JNB RB8,DAT                ;RB8=1 则接收到的为地址帧、RB8=0 则接收到的为数
                               据帧
    MOV R7,SBUF
    CJNE R7,#ADDR1,ERROR ;将接收到的地址与本机地址对比
    CLR SM2                    ;清除 SM2 以便接收数据帧
    LJMP EXIT
ERROR:                         ;对比错误，则退出中断
    LJMP EXIT
DAT:
    MOV P1,SBUF                ;将接收到的数据帧从 P1 口输出
    SETB SM2                   ;置位 SM2 以便接收地址帧
EXIT:
    RETI
MAIN:
    MOV SCON,#0F0H             ;设置串口工作于方式 3、多机通信、允许接收
    MOV TMOD,#20H              ;设置波特率为 9600bps
    MOV TH0,#253
    MOV TL0,#253
    SETB EA
    SETB ES
    SETB TR1                   ;启动波特率发生器
```

```
    SJMP $
    END
```

从机 U2 程序：

```
    ADDR1 EQU 42H           ;设置本从机地址为 42H
    ORG 0000H
    LJMP MAIN
    ORG 0023H
    CLR RI                  ;清除接收标志位
    JNB RB8,DAT             ;RB8=1 则接收到的为地址帧、RB8=0 则接收到的为数
                            据帧
    MOV R7,SBUF
    CJNE R7,#ADDR1,ERROR    ;将接收到的地址与本机地址对比
    CLR SM2                 ;清除 SM2 以便接收数据帧
    LJMP EXIT
ERROR:                      ;对比错误，则退出中断
    LJMP EXIT
DAT:
    MOV P1,SBUF             ;将接收到的数据帧从 P1 口输出
    SETB SM2                ;置位 SM2 以便接收地址帧
EXIT:
    RETI
MAIN:
    MOV SCON,#0F0H          ;设置串口工作于方式 3、多机通信、允许接收
    MOV TMOD,#20H           ;设置波特率为 9600bps
    MOV TH0,#253
    MOV TL0,#253
    SETB EA
    SETB ES
    SETB TR1                ;启动波特率发生器
    SJMP $
    END
```

思考及练习

一、填空题

1．SCON 的全称叫______，用于规划串行口的工作方式。

2．串行口控制寄存器 SCON 中的______用于发送中断申请。

3. 串行口控制寄存器 SCON 中的______用于接收中断申请。

4. 当串行口发送完一帧串行数据时置位______，从而向 CPU 申请中断。

5. 根据数据传输时的排列规则不同，通信可分为并行通信与______。

6. 根据收发双方数据传输的方向与时间关系，通信可分为单工通信、半双工通信和______。

7. 根据收发双方是否使用同一时钟源，通信可分为同步通信与______。

8. 若想设置 MCS-51 单片机串行口为：工作方式 1，允许接收，则 SCON=______H。

9. 若想设置中断优先级从高到低依次为：T0→ $\overline{INT0}$ → $\overline{INT1}$ →T1→TI/RI，则 IP=______H。

10. MOV SBUF,A 是启动串行口______（发送/接收）指令。

二、判断题

1. （　　）串行口中断源由发送中断与接收中断的逻辑或共同组成。

2. （　　）MCS-51 单片机可作为串行通信波特率发生器的只能是 T1。

3. （　　）在串行通信中，任意时刻收发双方均可收、发数据，这种通信方式是全双工通信。

4. （　　）在 MCS-51 单片机串行通信中总线空闲时的状态是低电平 0。

5. （　　）在 MCS-51 单片机串行通信中，起始位为高电平 1。

6. （　　）在 MCS-51 单片机串行通信中，停止位为高电平 1。

7. （　　）已知 f_{osc}=12MHz 且串行口工作于方式 0，则波特率为 1Mbps。

8. （　　）串行口方式 2 与方式 3 均为 11 位异步通信。

9. （　　）MCS-51 单片机特殊功能寄存器 SCON=00H 时，串行口工作在方式 0，波特率为 $f_{osc}/12$。

三、选择题

1. 当串行口接收完一帧串行数据时置位（　　），从而向 CPU 申请中断。

A．RXD　　B．TXD　　C．TI　　D．RI

2. 以下是波特率的单位的是（　　）。

A．bps　　B．sbp　　C．spd　　D．位

3. MCS-51 单片机内部有一个（　　）通信接口。

A．半双工同步并行　　B．全双工异步串行

C．单工同步串行　　D．全双工同步并行

4. 串行口控制寄存器的英文缩写是（　　）。

A．TCON　　B．PCON　　C．TMOD　　D．SCON

5. 已知 SM1SM0=10，则串行口工作于（　　）。

A．方式 0　　B．方式 1　　C．方式 2　　D．方式 3

6. 串行口工作方式 0，一帧数据格式为（　　）位。

A．8　　B．10　　C．11　　D．16

7. 串行口工作方式 1，一帧数据格式为（　　）位。

A. 8　　B. 10　　C. 11　　D. 16

8. 串行口工作方式 2，一帧数据格式为（　　）位。

A. 8　　B. 10　　C. 11　　D. 16

9. 串行口工作方式 3，一帧数据格式为（　　）位。

A. 8　　B. 10　　C. 11　　D. 16

10. 以下是串行口方式 1 波特率的是（　　）。

A. $\frac{f_{osc}}{12}$　　B. $\frac{2^{SMOD}}{32}\times\frac{f_{osc}}{12(2^n-x)}$　　C. $\frac{12}{f_{osc}}$　　D. $\frac{2^{SMOD}}{64}\times f_{osc}$

11. 以下是串行口方式 0 波特率的是（　　）。

A. $\frac{f_{osc}}{12}$　　B. $\frac{2^{SMOD}}{32}\times\frac{f_{osc}}{12(2^n-x)}$　　C. $\frac{12}{f_{osc}}$　　D. $\frac{2^{SMOD}}{64}\times f_{osc}$

12. 以下是串行口方式 3 波特率的是（　　）。

A. $\frac{f_{osc}}{12}$　　B. $\frac{2^{SMOD}}{32}\times\frac{f_{osc}}{12(2^n-x)}$　　C. $\frac{12}{f_{osc}}$　　D. $\frac{2^{SMOD}}{64}\times f_{osc}$

13. 串行通信中一帧数据为 11 位，且波特率可变的方式是（　　）。

A. 方式 0　　B. 方式 1　　C. 方式 2　　D 方式 3

14. 各中断源发出的中断请求信号，都会标记在（　　）中。

A. TMOD　　B. TCON/SCON　　C. IE　　D. IP

15. 在串行通信中，8051 中发送和接收的寄存器是（　　）。

A. TMOD　　B. SBUF　　C. SCON　　D. DPTR

第五章　MCS-51单片机扩展应用

学习目标

（1）了解并行 I/O 扩展芯片 8255A。

（2）了解模数转换芯片 ADC0809。

（3）了解数模转换芯片 DAC0832。

（4）了解 MCS-51 单片机扩展控制相关引脚在扩展中的作用。

重点内容

（1）并行 I/O 扩展芯片 8255A 的结构、相关寄存器及地址的计算。

（2）模数转换芯片 ADC0809 的结构、及转换结果的计算。

（3）数模转换芯片 DAC0832 的结构、及转换结果的计算。

第一节　并行I/O口扩展芯片8255A

MCS-51 单片机共有 4 组并行 I/O 口（32 条 I/O 线），但在实际生活中往往需要更多的 I/O 口。因此，在 I/O 口不够使用的情况下需要对其进行扩展。实际生活中除了可以使用串行通信接口（串行口方式 0）串行扩展 I/O 口外，还可以使用并行 I/O 扩展芯片 8255A 扩展并行 I/O 口。

一、引脚功能图

如图 5-1 所示为芯片 8255A 的引脚功能图。

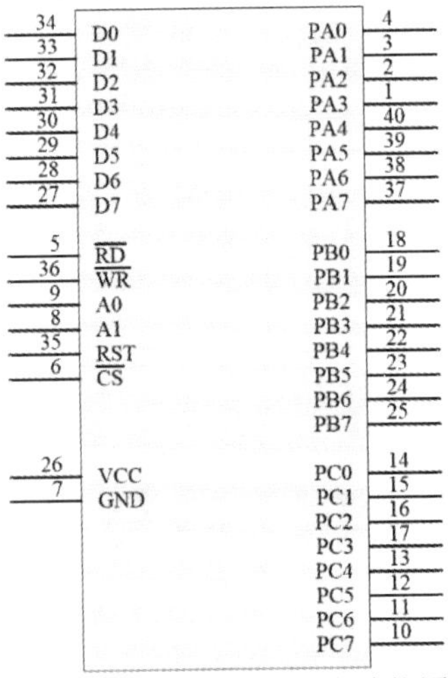

图 5-1　芯片 8255A 引脚功能图

二、内部结构框图

如图 5-2 所示，8255A 在用作扩展并行 I/O 口时，可将其看作是数据选择器与数据分配器的组合体。

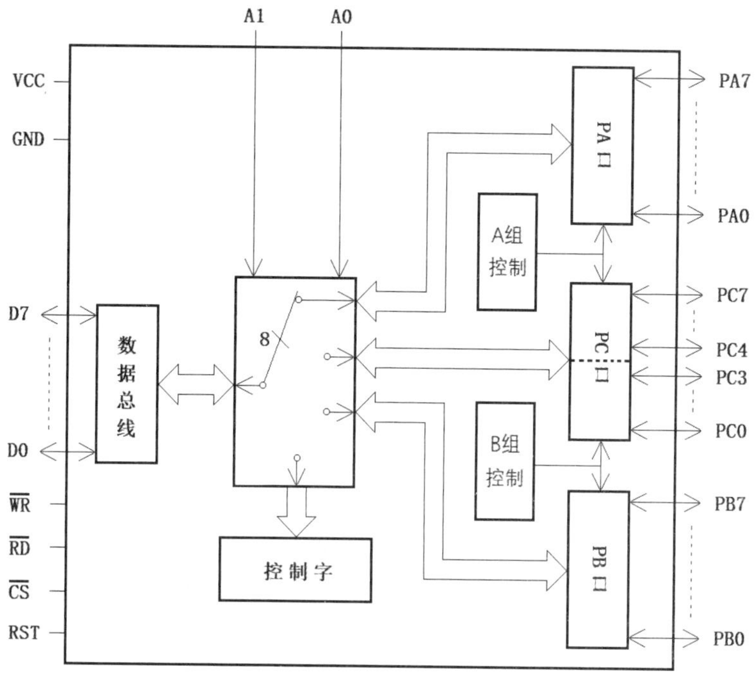

图 5-2　8255A 内部结构

PA 口、PB 口、PC 口、控制字可看作四个 8 位数据存储空间，因此在软/硬件设计时可以将其视作仅有四个 8 位二进制存储空间的外部数据存储器。

对比框图与引脚图，具体引脚功能如下：

（1）VCC、GND：电源引脚。

（2）$\overline{CS}$（Chip Select）：片选引脚，低电平有效。

（3）RST：复位引脚，高电平复位 8255A 内部寄存器（控制字、PA 口、PB 口、PC 口）。

（4）D7～D0：数据总线。

（5）A1、A0：地址线，四种地址组合对应选中三组并行 I/O 口与控制口之一，如表 5-1 所示。

表 5-1　A0/A0 地址线

A1	A0	选中对象
0	0	PA 口
0	1	PB 口
1	0	PC 口
1	1	控制字

（6）$\overline{WR}$、$\overline{RD}$：写、读控制线，控制数据传输方向，如表 5-2 所示。

表 5-2 写、读控制线

$\overline{WR}$	$\overline{RD}$	数据方向
0	1	数据总线→端口
1	0	数据总线←端口

（7）PA 口：8 位并行 I/O 口，只能整体设置为输入或输出模式；只能 8 位整体读/写。

（8）PB 口：8 位并行 I/O 口，只能整体设置为输入或输出模式；只能 8 位整体读/写。

（9）PC 口：8 位并行 I/O 口，高 4 位（PC7～PC4）与低 4 位（PC3～PC0）可分别设置为输入或输出模式；能够按位写（置位/复位）。

二、8255A 控制字

8255A 控制字最高位为 1 时，该控制字为 8255A 工作方式控制字；8255A 控制字最高位为 0 时，该控制字为 PC 口按位置位/复位控制字。

1. 8255A 工作方式控制字（见表 5-3）

表 5-3 8255A 工作方式控制字

D7	D6	D5	D4	D3	D2	D1	D0
1	A 组工作方式 00：方式 0 01：方式 1 1X：方式 2		PA 口数据方向 0：输出 1：输入	PC 口高 4 位数据方向 0：输出 1：输入	B 组工作方式 0：方式 0 1：方式 1	PB 口数据方向 0：输出 1：输入	PC 口低 4 位数据方向 0：输出 1：输入

（1）方式 0：基本方式，不需要联络信号，直接输入或者输出数据。

（2）方式 1：选通方式，需要联络信号（输入/输出操作的同步信号）。联络信号用于数据传输过程中状态查询、应答和产生中断。只有 PA 口和 PB 口可以工作在选通方式，此时 PC 口的高 4 位作为 PA 口的联络信号（A 组），PC 口的低 4 位作为 PB 口的联络信号（B 组）。

（3）方式 2：双向通信方式。

注：本书仅重点介绍方式 0 的使用方法。

例：欲设置 8255A 的 A 组工作在方式 0，PA 口输出，B 组工作在方式 0，PB 口输入，PC 口高 4 位输入，PC 口低 4 位输出，则应向 8255A 的工作方式控制字写入<u> 8A </u>H。

2. PC 口按位置位/复位控制字（见表 5-4）

例：欲将 8255A 的 PC3 置 1，则应向 8255A 的 PC 口按位置位/复位控制字写入<u> 07 </u>H。

表 5-4 PC 口按位置位/复位控制字

D7	D6	D5	D4	D3	D2	D1	D0
0	不用（默认为 0）			PC 口位选择 000：PC0 001：PC1 010：PC2 011：PC3 100：PC4 101：PC5 110：PC6 111：PC7			被选中位复位/置位 0：复位 1：置位

例：如图 5-3 所示，编程实现将按钮的状态实时反映在 LED 上。

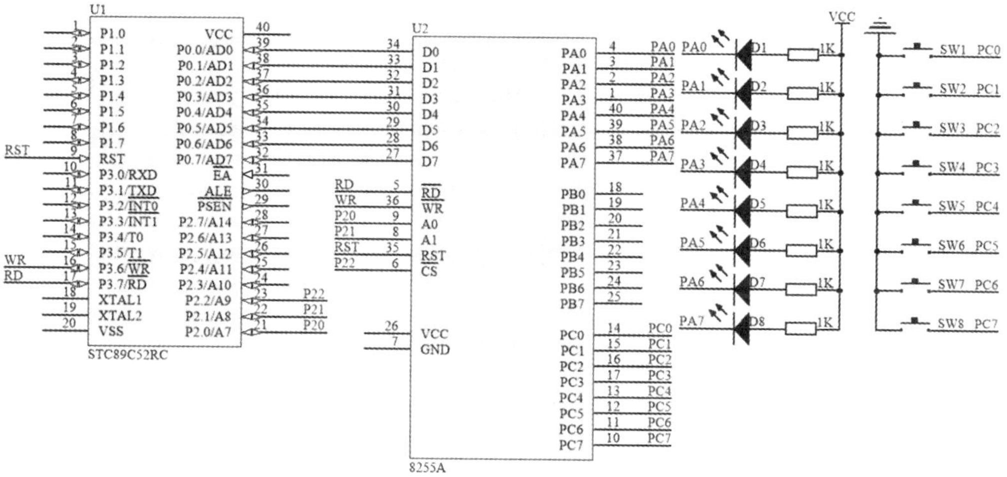

图 5-3 8255A 扩展接线图（1）

```
    ORG 0000H
    MOV A,#89H            ;A 组与 B 组均工作于方式 0、PA 口输出、PC 口输入
    MOV DPTR,#0FBFFH      ;CS=0、A1=1、A0=1，其余未使用地址线全为 1
    MOVX @DPTR,A          ;向地址 FBFFH（控制字）写入 89H
NEXT:
    MOV DPTR,#0FAFFH
    MOVX A,@DPTR          ;读地址 FAFFH（PC 口）中的数送 A 中
    MOV DPTR,#0F8FFH
    MOVX @DPTR,A          ;向地址 F8FFH（PA 口）写 A 中的数
    LJMP NEXT
    END
```

思考：P0 口与 8255A 数据总线相连为何未加上拉电阻？

例：如图 5-4 所示，编程实现将按钮的状态实时反映在 LED 上。

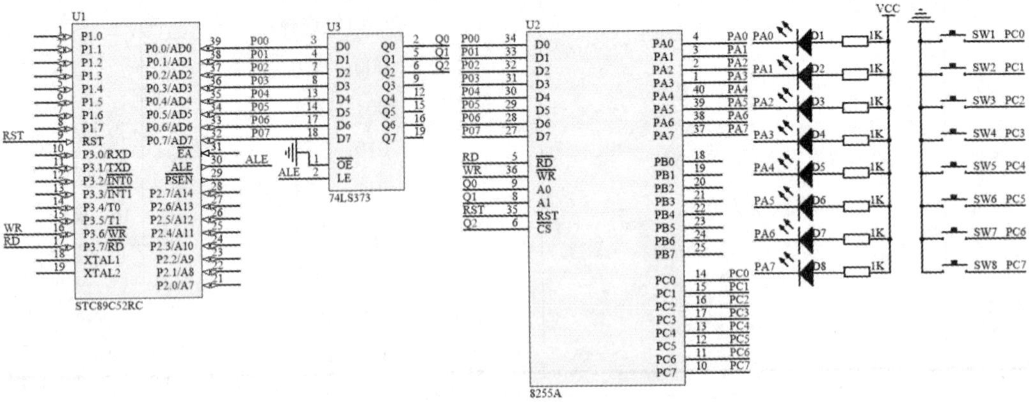

图 5-4　8255A 扩展接线图（2）

```
    ORG 0000H
    MOV A,#89H              ;A 组与 B 组均工作于方式 0、PA 口输出、PC 口输入
    MOV DPTR,#0FFFBH        ;CS=0、A1=1、A0=1，其余未使用地址线全为 1
    MOVX @DPTR,A            ;向地址 FFFBH（控制字）写入 89H
NEXT:
    MOV DPTR,#0FFFAH
    MOVX A,@DPTR            ;读地址 FFFAH（PC 口）中的数送 A 中
    MOV DPTR,#0FFF8H
    MOVX @DPTR,A            ;向地址 FFF8H（PA 口）写 A 中的数
    LJMP NEXT
    END
```

思考：对比以上两个例题的电路图，理解两者的区别。

思考及练习

一、填空题

1．8255A 可以扩展______组并行 I/O 口。

2．8255A 的引脚中用于片选的是______。

3．欲使 8255A 的 PC5 输出低电平 ，则应向 PC 口按位置位/复位控制字写入______。

4．8255A 控制字的最高位 D7=_______时，表示该控制字为方式控制字。

5．向 8255A 的控制字写入_______H，其作用是使 8255A 工作于方式 0、PA 口输出、PB 口输入、PC 口输出。

二、判断题

1. （ ）向 8255A 控制字写入 0DH，其作用是将 PC6 置 1。

2. （ ）8255A 的引脚 $\overline{RD}$ =0、$\overline{WR}$ =1 时，则表示数据从数据总线传至某一端口上。

3. （ ）8255A 的 A、B 组均有三种工作方式。

4. （ ）8255A 的有效复位信号为高电平，复位完成后所有端口（PA、PB、PC）均为输入方式。

三、选择题

1. 欲设置 8255A 工作于方式 0，PA 口输出、PB 口输出、PC 口输入，则应向控制字写入（ ）。

A. 89H　　B. 09H　　C. 92H　　D. 12H

2. 8255A 的地址线 A1A1=11 时，选中的对象是（ ）。

A. PA 口　　B. PB 口　　C. PC 口　　D. 控制口

3. 8255A 的 PA 口有（ ）种工作方式。

A. 0　　B. 1　　C. 2　　D. 3

4. 以下选项中能够将 8255 的 PB 口的数据传送至数据总线的是（ ）。

A. $\overline{CS}$=0　A1=0　A0=0　$\overline{WR}$ =1　$\overline{RD}$ =0

B. $\overline{CS}$=0　A1=0　A0=0　$\overline{WR}$ =0　$\overline{RD}$ =1

C. $\overline{CS}$=0　A1=0　A0=1　$\overline{WR}$ =0　$\overline{RD}$ =1

D. $\overline{CS}$=0　A1=0　A0=1　$\overline{WR}$ =1　$\overline{RD}$ =0

5. 8255A 引脚信息 CS=0,A1=0,A0=1, $\overline{WR}$ =1，$\overline{RD}$ =0 时，表示（ ）。

A. CPU 向控制口写控制字　　B. CPU 读 8255A 端口 PB 上的数

C. CPU 向 8255A 端口 PC 写数据　　D. 无效操作

6. 将 8255A 端口 PC 中的 PC7 复位，则需向控制字写入（ ）。

A. 8EH　　B. 3BH　　C. 9BH　　D. 0EH

7. 以下对 8255A 方式 0 描述正确的是（ ）

A. 选通输入/输出方式　　B. 双向传送方式

C. 13 位定时/计数方式　　D. 基本输入/输出方式

四、综合题

1. 如图 5-5 所示，程序的功能是将 4 位按键输入的四位二进制数对应的十六进制数实时显示在 1 位共阴数码管上。请补充完整以下程序（未使用到的引脚或软件位均为 0）。

```
        ORG 0000H
        MOV DPTR,   ①___        ;指向 8255A 的控制字
        MOV A,   ___②___        ;规划 8255A 工作于方式 0，PA 口输出，PC 口输入
        MOVX @DPTR,A
NEXT:
```

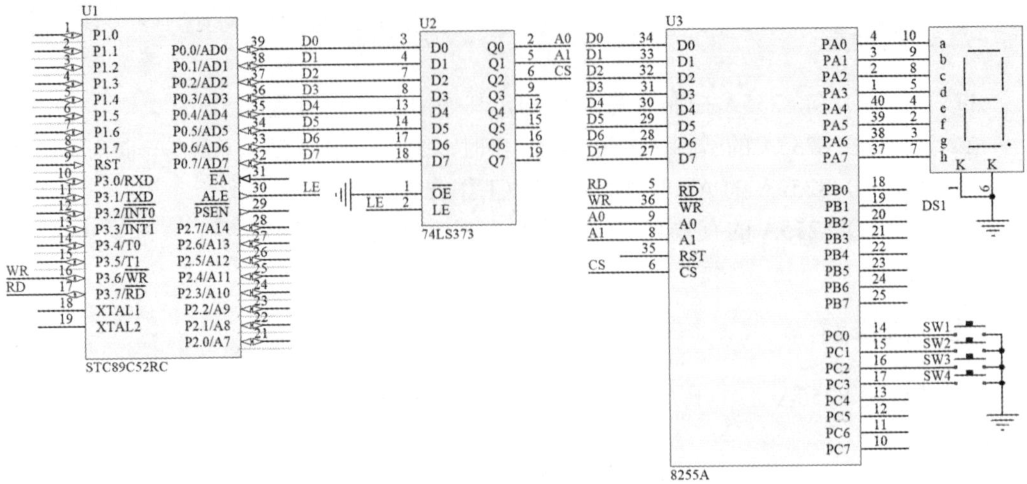

图 5-5 题 1

MOV DPTR, ___③___ ;指向 8255A 的 PC 口
MOVX A,@DPTR
MOV DPTR, ___④___ ;指向 0-F 对应的段码表
MOVC A,@A+DPTR
MOV DPTR,#0000H
MOVX @DPTR,A
LJMP ___⑤___ ;跳转，从而实现实时效果
TAB:DB 3FH,06H,5BH,4FH,66H,6DH,7DH,07H,7FH,6FH,77H,7CH,39H,5EH,79H,71H
END

（1）①处应填：______。

（2）②处应填：______。

（3）③处应填：______。

（4）④处应填：______。

（5）⑤处应填：______。

2. 单片机与 8255A 的连接如图 5-6 所示，请回答以下问题。（无关位为高电平）

（1）PA 口的地址为（　　）。

A. 0000H　　B. CFFFH　　C. FFFFH　　D. 2FFFH

（2）PB 口的地址为（　　）。

A. 0001H　　B. AFFFH　　C. FFFFH　　D. FFAFH

（3）PC 口的地址为（　　）。

A. 0002H　　B. 6FFFH　　C. FFFFH　　D. FFAFH

（4）控制字的地址为（　　）。

A. 0003H　　B. F5FFH　　C. FFFFH　　D. EFFFH

（5）若欲规划 8255A 工作于方式 0，PA 口输入、PB 口输出、PC 口高 4 位输入、PC 口低 4 位输出，则应向控制字写入（　　）。

A．98H　　　B．83H　　　C．18H　　　D．85H

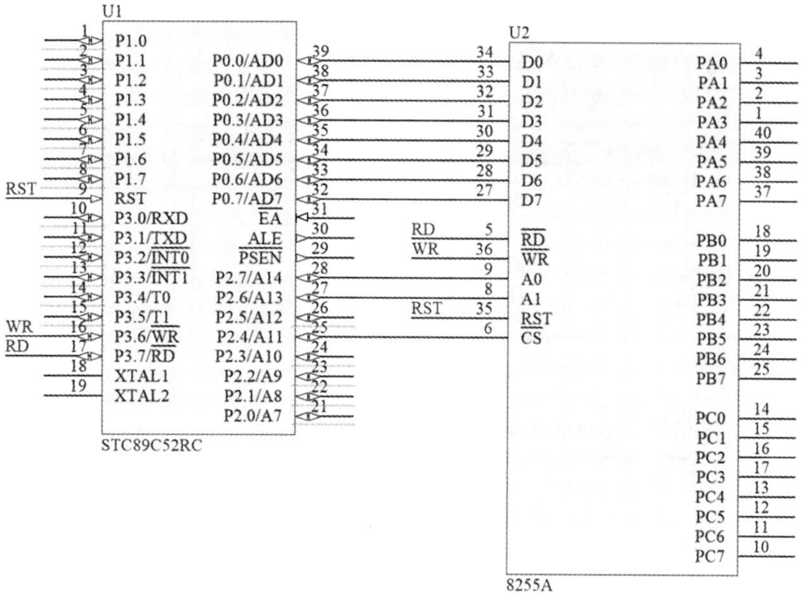

图 5-6　题 2

第二节　模数转换芯片ADC0809

在日常生活中我们往往要将模拟信号转换为数字信号，以便于处理与存储。此时我们就会用到模数转换芯片。

ADC0809 是美国国家半导体公司生产的 CMOS 工艺的 8 通道、8 位逐次逼近式 A/D（Analog/ Digital）模数转换器。其内部有一个 8 通道多路开关，它可以根据地址码锁存译码后的信号，只选通 8 路模拟输入信号中的一路进行 A/D 转换。

一、引脚功能图

ADC0809 的引脚功能图如图 5-7 所示。

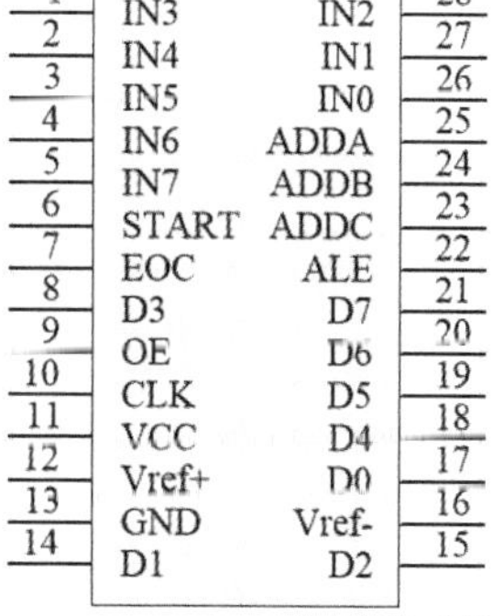

图 5-7　ADC0809 的引脚功能图

二、内部结构框图

ADC0809 内部结构框图如图 5-8 所示。

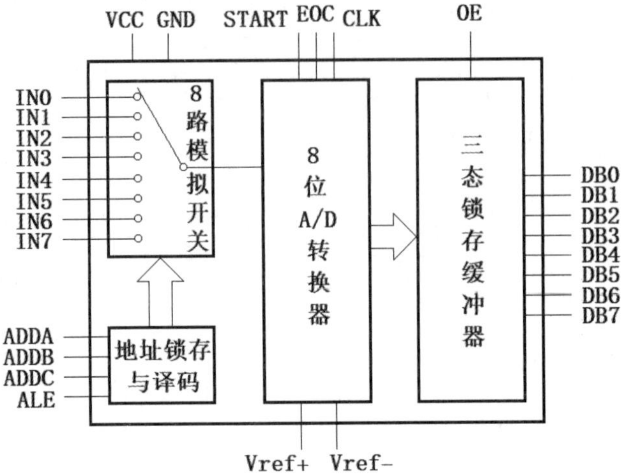

图 5-8　ADC0809 内部结构框图

对比框图与引脚图，具体引脚功能如下：

（1）VCC、GND：电源引脚。

（2）IN0～IN7：8 路模拟信号输入引脚。

（3）ADDC、ADDB、ADDA：地址线，8 种组合状态对应选中 8 路模拟信号中的一路，具体如表 5-5 所示。

表 5-5　地址线

ADDC	ADDB	ADDA	选中对象
0	0	0	IN0
0	0	1	IN1
0	1	0	IN2
0	1	1	IN3
1	0	0	IN4
1	0	1	IN5
1	1	0	IN6
1	1	1	IN7

ALE：地址锁存允许信号，产生一个上升沿锁存地址。

START：A/D 转换启动脉冲输入端，输入一个正脉冲（至少 100ns 宽）使其启动（脉冲上升沿使 0809 复位，下降沿启动 A/D 转换）。

EOC（End Output Convert）：A/D 转换结束信号，输出端，当 A/D 转换结束时，此端输出一个高电平（转换期间一直为低电平）。

OE（Open Enable）：数据输出允许信号，输入端，高电平有效。当 A/D 转换结束时，此端输入一个高电平，才能打开输出三态门，输出数字量。

DB7～DB0：8 位数字量输出端。

CLK（Clock）：时钟脉冲输入端。要求时钟频率不高于 640kHz。

V_{ref+}、V（Voltage Reference）：基准电压，被转换电压不得超出基准电压范围。

三、转换公式

$$Y = \frac{255}{V_{ref+} - V_{ref-}} X$$

其中：Y 为输出的数字量；

X 为输入的模拟电压；

V_{ref+} 为参考正电位；

V_{ref-} 为参考负电位。

例：如图 5-9 所示，编程实现实时将 R_{P1} 产生的电压转换成相应的 8 位数字量，并从单片机 P1 口输出（f_{osc}=12MHz）。

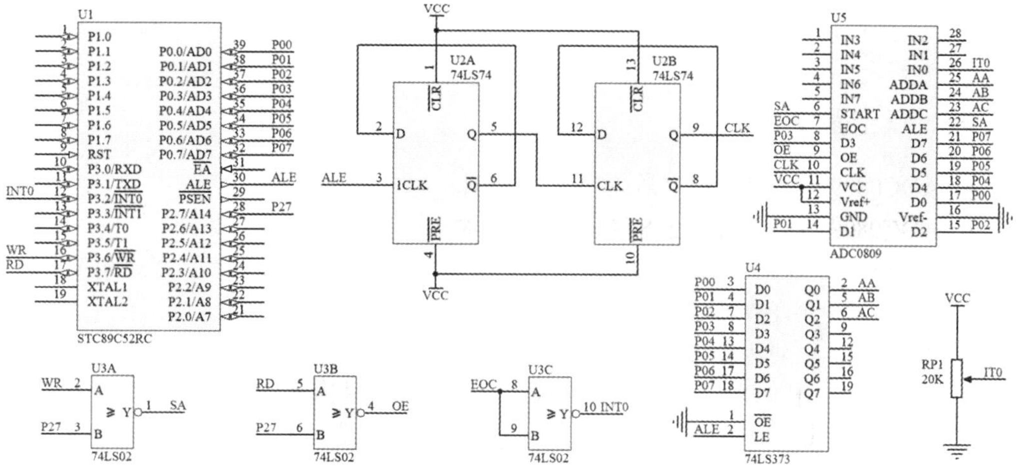

图 5-9 ADC0809 接线图

解题思路：

ALE 在未输出低 8 位地址存锁信号时输出频率为 $f_{osc}/6$=2MHz 的方波（使用 Proteus 软件进行仿真时，需要相关设置后方有 ALE 信号输出），而 ADC0809 的时钟频率最高为 640kHz，因此需对 ALE 输出信号进行 4 分频后得到 500kHz 的方波，图中 U2A、U2B 组成的即为 4 分频电路。

ADC0809 的 EOC 引脚，正在转换时为低电平，转换结束为高电平，即上升降。而 MCS-51 单片机外部中断触发方式为下降沿/低电平。因此，需要将 EOC 输出信号取反后送入单片机 $\overline{\text{INT0}}$ 引脚。图中 U3C 为两输入或门组成的反相电路。

```
ORG 0000H
LJMP MAIN
```

```
    ORG 0003H                ;进入外部中断则表示转换已经结束
    MOVX A,@DPTR             ; WR =1， RD =0，以将转换结果传累加器 A
    MOV P1,A                 ;将转换结果从 P1 口输出
    MOVX @DPTR,A             ; WR =0， RD =1，以启动下一次转换
    RETI
MAIN:
    SETB IT0
    SETB EA
    SETB EX0
    MOV DPTR,#7FF8H          ;P2.7=0 为地址锁存及启动转换作准备；P0.2～
                             P0.0=000 选中 IN0
    MOVX @DPTR,A             ; WR =0， RD =1，以锁存地址并启动转换
    SJMP $
    END
```

思考及练习

一、填空题

1．ADC0809 转换时钟频率最高为______kHz。

2．ADC0809 启动转换是在 START 引脚上输入______（正/负）脉冲。

3．目前应用广泛的 A/D 转换器类型有：_______式、双积分式、Σ-△式和 V/F 式。

4．ADC0809 允许数据输出引脚是_______。

5．ADC0809 启动转换引脚是_______。

6．ADC0809 引脚 OE=_______时，输出数据线为高阻状态。

7．ADC0809 是一块 8 通道、8 位_______式模数转换器。

8．ADC0809 内部包含：8 路模拟开关、地址锁存与译码、_______位 AD 转换器和三态锁存缓冲器。

二、判断题

1．（　　）ADC0809 的作用是从 8 路模拟电压输入中选择某一路转换为 8 位数字量。

2．（　　）ADC0809 正在进行 A/D 转换时，EOC 引脚为高电平，转换结束时跳变为低电平。

3．（　　）MCS-51 单片机的 ALE 引脚在未访问外部存储器时输出频率为 $\frac{f_{osc}}{6}$ 的方波，故可将该信号进行 4 分频后作为 ADC0809 的时钟信号（已知 $f_{osc}=12MHz$）。

4．（　　）ADC0809 转换时钟最高不超过 640kHz。

5．（　　）ADC0809 正在转换时，EOC 引脚为低电平，当转换结束时为高电平。

因此，若 MCS-51 单片机采用外部中断法编程，需要在 EOC 引脚与外部中断信号输入引脚间接入一个非门。

6．（　　）ADC0809 地址锁存 ALE 引脚为下降沿有效。

三、选择题

1．ADC0809 的输入量为（　　）。

A．8 位数字量　　B．8 路模拟电压　　C．模拟电流　　D．频率

2．ADC0809 参考电压 V_{R+}=5V、V_{R-}=0V 时，若输出的数字量为 66H，则对应的输入电压为（　　）V。

A．0V　　B．2V　　C．2.5　　D．5V

3．ADC0809 转换结束后产生结束信号的引脚是（　　）。

A．EOC　　B．START　　C．OE　　D．Vref

4．使用外部中断法读取 ADC0809 转换结果时，需在 ADC0809 的 EOC 引脚上接入一个（　　）后再连接至 MCS-51 单片机的外部中断信号输入引脚上。

A．与门　　B．或门　　C．非门　　D．异或门

5．以下芯片中是模数转换芯片的是（　　）。

A．STC89C51　　B．8255　　C．ADC0809　　D．DAC0832

6．ADC0809 三条地址线 ADDA、ADDB、ADDC 分别为 011 时，选中（　　）路模拟信号。

A．IN6　　B．IN3　　C．IN4　　D．IN1

7．以下信号能够启动 ADC0809 开始转换的是（　　）。

A．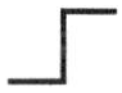　　B．　　C．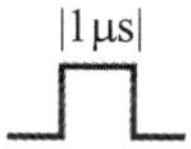

　　D．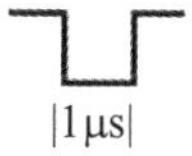

8．已知 ADC0809 的 V_{ref-}接地，V_{ref+}接 10V，输出的数字量为 30H，则此时输入的模拟量约为（　　）

A．1.88V　　B．0.53V　　C．0.94V　　D．1.04V

9．以下不属于 ADC0809 内部结构的是（　　）。

A．8 位 A/D 转换器　　B．三态输出锁存器

C．8 位 ADC 寄存器　　D．8 路模拟量开关

10．ADC0809 输出允许 OE 为低电平时，其数字信号输出端口呈（　　）状态。

A．高电平　　B．高阻　　C．低电平　　D．悬空

第三节　数模转换芯片DAC0832

在日常生活中经处理（运算、存取）后的数字信号往往需要进行数模（D/A）转换后以模拟量的形式传输给后续电路（如功放等）。

DAC0832 是 8 位的 D/A（Digital / Analog）转换集成芯片，在单片机应用系统中得到

广泛的应用。D/A 转换器由 8 位输入锁存器、8 位 DAC 寄存器、8 位 D/A 转换电路及转换控制电路构成。

一、引脚功能图

DAC0832 的引脚功能图如图 5-10 所示。

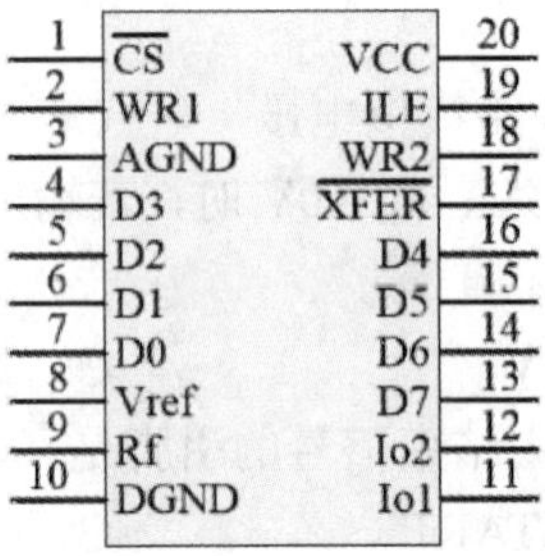

图 5-10　DAC0832 的引脚功能图

二、内部结构框图

DAC0832 的内部结构框图如图 5-11 所示。

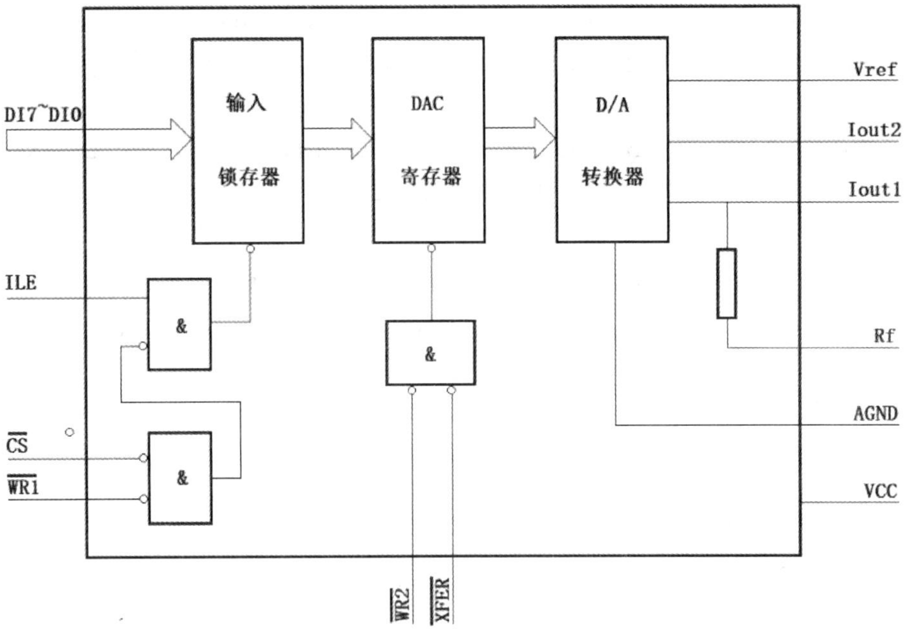

图 5-11　DAC0832 内部结构框图

对比框图与引脚图，具体引脚功能如下：

DI0～DI7：8 位数据输入线，TTL 电平，有效时间应大于 90ns（否则锁存器的数据会出错）；

ILE（Input Latch Enable）：数据锁存允许控制信号输入线，高电平有效；

$\overline{CS}$：片选信号输入线（选通数据锁存器），低电平有效；

$\overline{WR1}$：数据锁存器写选通输入线，负脉冲（脉宽应大于 500ns）有效。由 ILE、$\overline{CS}$、$\overline{WR1}$ 的逻辑组合产生 LE1，当 LE1 为高电平时，数据锁存器状态随输入数据线变换，LE1 的负跳变时将输入数据锁存；

$\overline{XFER}$（Xfer）：数据传输控制信号输入线，低电平有效，负脉冲（脉宽应大于 500ns）有效；

$\overline{WR2}$：DAC 寄存器选通输入线，负脉冲（脉宽应大于 500ns）有效。由 $\overline{WR2}$、$\overline{XFER}$ 的逻辑组合产生 LE2，当 LE2 为高电平时，DAC 寄存器的输出随寄存器的输入而变化，LE2 的负跳变时将数据锁存器的内容打入 DAC 寄存器并开始 D/A 转换。

Io1：电流输出端 1，其值随 DAC 寄存器的内容线性变化；

Io2：电流输出端 2，其值与 Io1 值之和为一常数；

Rf（Resistance Feedback）：反馈信号输入线，改变 Rfb 端外接电阻值可调整转换满量程精度；

VCC：电源输入端，Vcc 的范围为+5V～+15V；

Vref：基准电压输入线，Vref 的范围为–10V～+10V；

AGND：模拟信号地；

DGND：数字信号地。

三、DAC0832 的三种工作方式

1. 直通方式

当 ILE 为高电平、$\overline{CS}$ 与 $\overline{WR1}$ 为低电平、$\overline{WR2}$ 与 $\overline{XFER}$ 为低电平，此时输入寄存器与 DAC 寄存器均处于通路状态。数字量由 DI0～DI7 直接送入 DAC 转换器转换。

2. 单缓冲方式

输入寄存器与 DAC 寄存器两者之一处于通路状态，而另一者根据需要进行控制。这种工作方式即为单缓冲方式。

3. 双缓冲方式

输入寄存器与 DAC 寄存器均根据需要进行控制。这种工作方式即为双缓冲方式。

四、转换公式

DAC0832 是将数字输入量转换为模拟电流输出量。如欲得到输出模拟电压，需加入一级集成运放把模拟电流量转换为模拟电压量。以下是加入一级集成运放后的转换公式

$$V_{out} = -\frac{XV_{ref}}{255}$$

其中：V_{out} 为输出电压；

X 为输入的数字量；

V_{ref} 为参考电压。

例：如图 5-12 所示，编程实现从 OUT2 输出锯齿波。

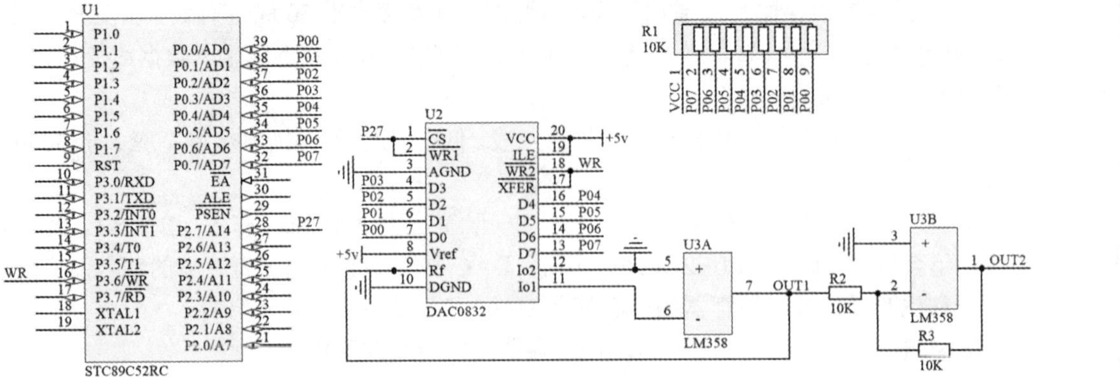

图 5-12　DAC0832 接线图（1）

解题思路：

从以上原理图可知：DAC0832 的 ILE 接电源+5v；DAC0832 的 $\overline{CS}$ 与 $\overline{WR1}$ 接单片机 P2.7；DAC0832 的 $\overline{WR2}$ 与 $\overline{XFER}$ 接单片机 $\overline{WR}$；故若使用 CLR P2.7、CLR P3.6 指令，则 DAC0832 工作在直通方式。

因 DAC0832 输出为模拟电流量，故上图中加入的第一级集成运放，则是将模拟电流量转换为模拟电压量。根据 DAC0832 转换公式可知，在参考电压 V_{ref} 为正时，第一级集成运放输出的模拟电压为负。欲得到正电压输出，需再加入一级反向运算放大器（放大倍数为 1）。

直通方式：

```
    ORG 0000H
    CLR P3.6
    CLR P2.7
    MOV A,#00H
NEXT:
    MOV P0,A
    INC A
    LJMP NEXT
    END
```

单缓冲方式：

```
    ORG 0000H
    MOV DPTR,#7FFFH
    MOV A,#00H
NEXT:
    MOVX @DPTR,A
    INC A
    LJMP NEXT
    END
```

例：如图 5-13 所示，编程实现从 V_o 输出频率为 100Hz、峰-峰值为 3V 的三角波（已知 f_{osc}=12MHz）。

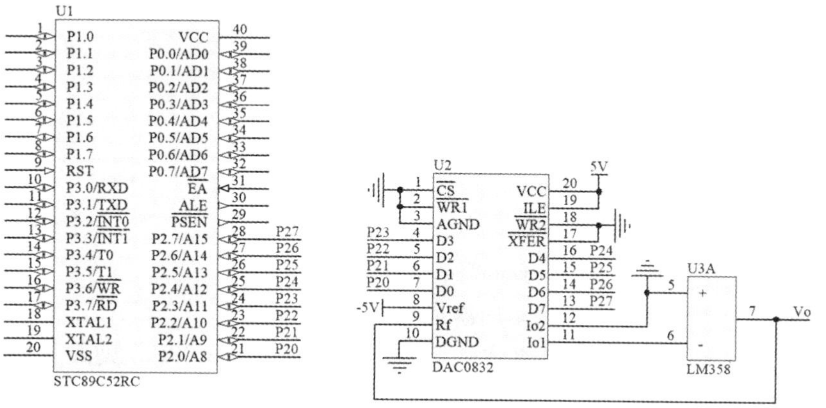

图 5-13　DAC0832 接线图（2）

解题思路：

频率为 100Hz、峰-峰值为 3V 的三角波波形如图 5-14 所示。

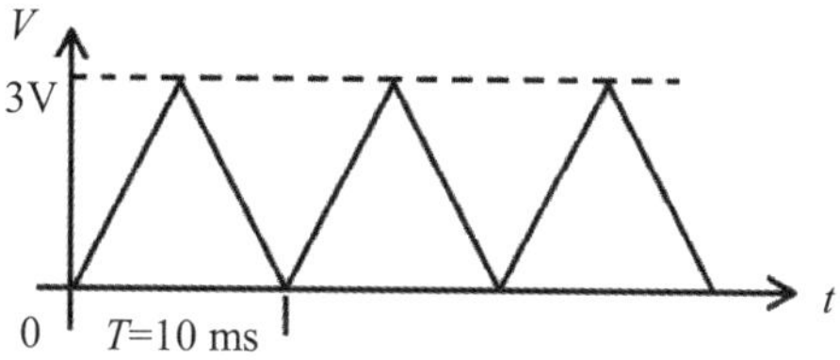

图 5-14　三角波波形

从电路原理图中可知：参考电压 V_{ref}= −5V，则 3V 对应的数字量=$\frac{3}{-(-5)}\times 255=153$ =99H。

一个周期需要的数字量为：00H 到 99H 到 01H，共 306 个数字量，即每隔 $\frac{10ms}{306}\approx 32.7\mu s$ $\approx 33\mu s$ 修改一次数字量。

```
        ORG 0000H
        LJMP MAIN
        ORG 000BH               ;定时器 T0 中断入口，每隔 33μs 执行一次中断服务程序
        LCALL JJ
        RETI
MAIN:
        MOV TMOD,#02H           ;设置 T0 工作于方式 2
        MOV TH0,#223            ;设置 T0 定时时间为 33μs
        MOV TL0,#223
        SETB EA
        SETB ET0
```

```
        SETB TR0
        CLR 00H             ;00H 位地址中存放的是数据生长方向，(00H)=0：数据增
                            加、(00H)=1：数据减小
        MOV A,#0
NEXT:
        MOV P2,A            ;将累加器 A 中的数传至 P2 口
        LJMP NEXT
JJ:
        JB 00H,JIAN         ;判断数据生长方向
        INC A               ;累加器 A 中的数自加 1
        CJNE A,#99H,L1      ;若累加器 A 中的数等于 153(99H)，则改变数据生长方向
        SETB 00H
        LJMP L1
JIAN:
        DEC A               ;累加器 A 中的数自减 1
        CJNE A,#0,L1        ;若累加器 A 中的数等于 0，则改变数据生长方向
        CLR 00H
L1:     RET
        END
```

思考及练习

一、填空题

1．DAC0832 内部主要包含输入锁存器、DAC 寄存器、________。

2．DAC0832 有_______种工作方式。

3．DAC0832 共有_______只引脚。

4．DAC0832 引脚中，用于外部反馈信号输入的引脚是_______（填引脚名）。

5．DAC0832 输入量为_______。

二、判断题

1．（　　）DAC0832 是将输入的 8 位数字信号转换为模拟电压信号。

2．（　　）DAC0832 内部为倒 T 形电阻网络，欲得到模拟电压输出，通常需外接运算放大器。

3．（　　）DAC0832 需要数/模转换时钟信号才能进行数/模转换。

4．（　　）DAC0832 需要外接集成运算放大器，才能输出模拟电压信号。

5．（　　）DAC0832 是一块 8 路 8 位数模转换芯片。

三、选择题

1．DAC0832 的输出量是（　　）。

A．8 位数字　　　B．模拟电压　　　C．模拟电流　　　D．频率

2．以下不是 DAC0832 的引脚的是（　　）。

A．CLK　　　B．$\overline{\text{CS}}$　　　C．$\overline{\text{WR2}}$　　　D．$\overline{\text{WR1}}$

3．以下对 DAC0832 概念描述正确的是（　　）。

A．是一块将 8 位数字量转换为模拟电压的芯片

B．是一块将模拟电压转换为 8 位数字量的芯片

C．是一块 I/O 口扩展芯片

D．是一块将 8 位数字量转换为模拟电流的芯片

4．已知 DAC0832 的引脚 $\overline{\text{CS}}$=0、ILE=1、$\overline{\text{WR1}}$=0、$\overline{\text{WR2}}$=0、$\overline{\text{XFER}}$=0，则 DAC0832 工作于（　　）方式。

A．直通　　　B．单缓冲　　　C．双缓冲　　　D．方式 0

5．以下不属于 DAC0832 内部结构的是（　　）。

A．8 位输入寄存器　　　B．8 位 DAC 寄存器

C．8 位模拟量开关　　　D．8 位 D/A 转换电路

四、综合题

1. 已知 f_{osc}=6MHz，以下程序的功能是从 V_o 处输出如图 5-15 所示波形（频率为 2kHz，幅度为 2V 的方波），请将程序补充完整。

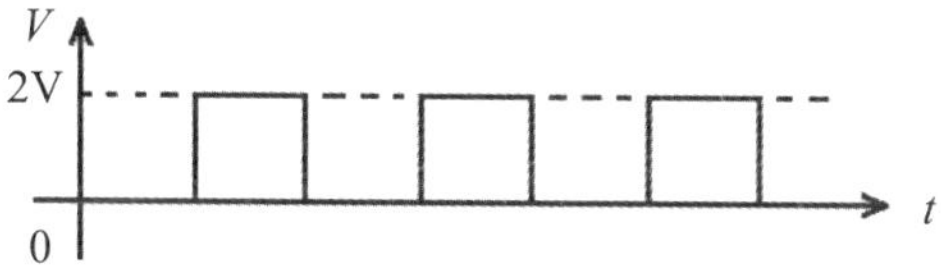

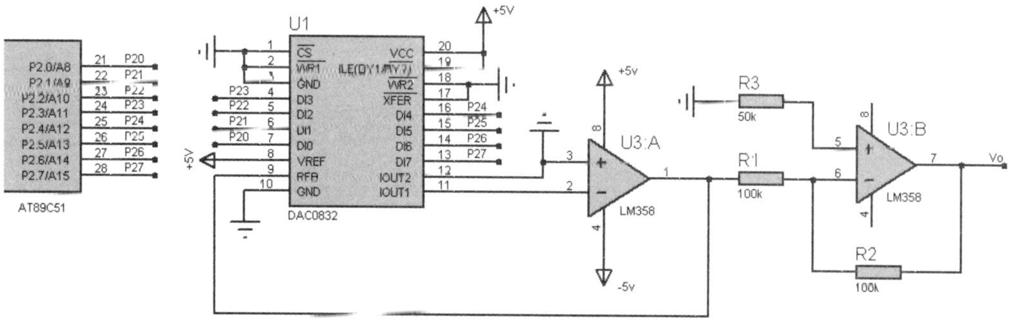

图 5-15　题 1

ORG 0000H

LJMP MAIN

______①______

CPL 00H

```
        JB 00H,L1
        MOV P2,#00H
        SJMP L2
L1:
        MOV P2, ____②____
L2:
        ____③____
MAIN:
        CLR 00H
        MOV TMOD, ____④____
        MOV TH1, ____⑤____
        MOV TL1, ____同⑤____
        SETB EA
        SETB ET1
        SETB TR1
        MOV P2,#00H
        SJMP $
        END
```

（1）①处应填：______。

（2）②处应填：______。

（3）③处应填：______。

（4）④处应填：______。

（5）⑤处应填：______。

第二部分　操 作 实 例

第六章　环境配置及上机操作指南

一、Keil 软件的安装

（1）从网络上（Keil 官网：www.keil.com）获取 Keil 5 软件安装包。

（2）运行安装文件，并按提示进行操作，直到安装完成。

二、Keil 软件界面的介绍

（1）未调试程序时的窗口如图 6-1 所示。

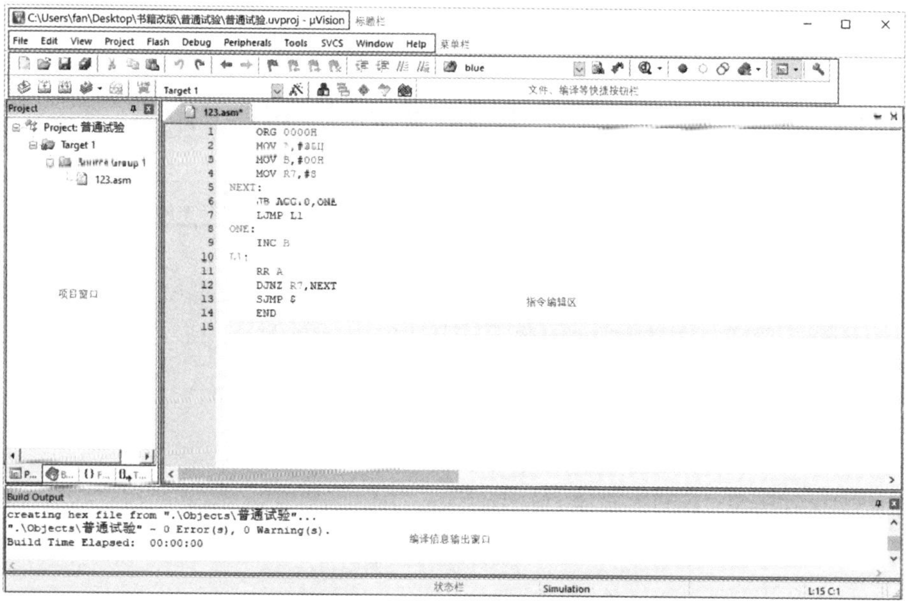

图 6-1　未调试程序时的窗口

（2）程序调试时的窗口如图 6-2 所示。

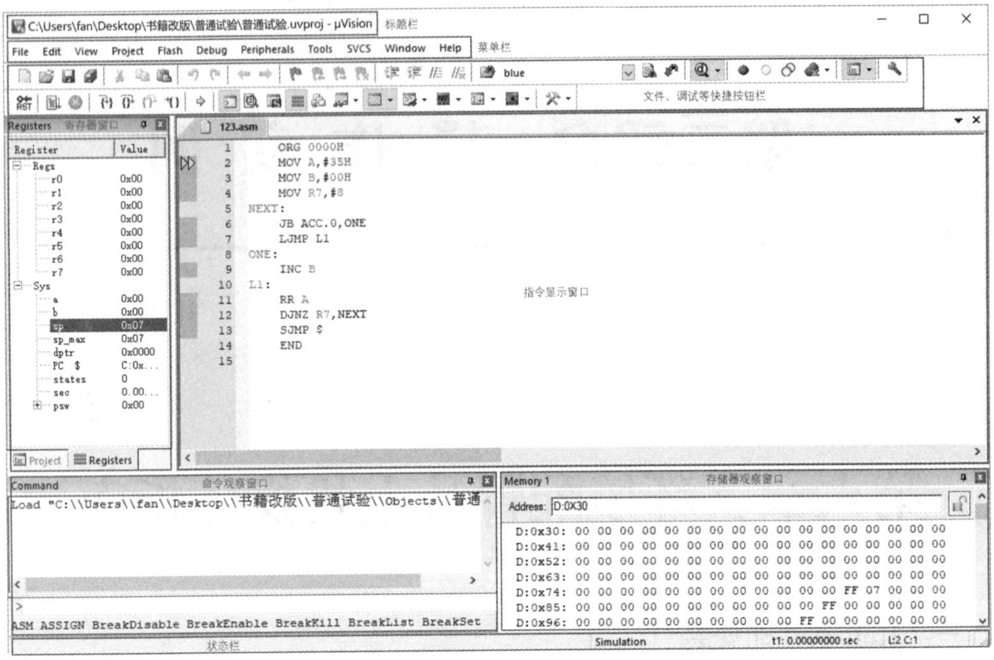

图 6-2　程序调试时的窗口

在此介绍如表 6-1 所示的几个常用快捷按钮。

表 6-1　常用快捷按钮

快捷按钮	作用	快捷按钮	作用
	编译当前活动的文件		构建目标文件
	重建所有目标文件		配置目标选项
	启动/停止调试按钮		项目窗口按钮
	复位按钮		连续运行按钮
	单步执行（会进入子程序）		单步执行（不会进入子程序）
	寄存器观察窗口按钮		存储器观察窗口按钮

若在使用过程中出现窗口位置错乱等，可通过点击 Window（窗口）菜单，选择“Reset View to Default”选项，在弹出的对话框中选择“Reset（重置）”或“Restart（重启）”。

三、项目创建

（1）双击“Keil µVision 5 图标”打开 Keil 软件。

（2）点击 Project（项目）菜单，选择“New Project”选项。

（3）在弹出的对话框中，选择存储位置。

（4）输入项目名，点击“保存”。

（5）在弹出的对话框中，选择“Atmel”，选择“AT89C51/AT89C52”，点击“OK”。

（注：此步骤 Keil 4 与 Keil 5 略有不同）

（6）在弹出的对话框中，选择“否”。

（7）点击“File（文件）”菜单，选择“New”选项。

（8）点击“File（文件）”菜单，选择“Save”选项。

（9）在弹出的对话框中，输入“文件名.asm”。

（10）依次展开“Project（项目）”窗口中的文件，双击“Source Group 1”。

（11）点击弹出的对话框中的“文件类型”后的“▼”，选择“All Files”，选中“文件名.asm”，点击“Add”，点击“Close”关闭对话框。

（12）展开“Project（项目）”窗口中的“Source Group 1”，查看文件“文件名.asm”是否添加成功。

四、编译文件

（1）程序编写完成后，点击“Tanslate”或“Build”或“Rebuild”按钮编译程序源文件。

（2）观察“Build Output”窗口，确保“0 Error（s），0 Warning（s）”。

注：若出现错误/警告，则需修改程序后再次重复以上步骤。

五、创建 HEX 文件

（1）确保程序“0 Error（s），0 Warning（s）”后，点击“Options for Target”按钮，打开对话框。

（2）选择“Output”标签，勾选“Create HEX File”前的复选框，点击“OK”按钮关闭对话框。

（3）点击“Build”或“Rebuild”按钮编译程序源文件并创建 HEX 文件。

（4）观察“Build Output”窗口，确保出现“creating hex file from ...”，则 HEX 创建成功。

六、下载 HEX 文件

（1）安装 USB 驱动：双击“CH341SER.EXE”文件，启动 USB 驱动安装软件。

（2）点击“安装”，弹出“驱动安装成功”则完成 USB 驱动的安装。（注：以上两步仅在首次使用时才需要执行）

（3）将“开发实训板”通过 USB 线与电脑 USB 接口相连。

（4）双击“stc-isp 图标”打开 STC 下载软件。

（5）单片机型号选择“STC89C52RC/LE52RC”

（6）串口号选择“USB-SERIAL CH340（COMx）”

（7）点击“打开程序文件”按钮，在弹出的对话框中找到相应项目文件中的“文件名.hex”文件并选中，点击“打开”按钮关闭对话框。

（8）点击“下载/编程”按钮，等待右下侧窗口出现“正在检测目标单片机...”。

（9）按下“开发实训板”上的电源按钮，等待右下侧窗口出现“操作成功!”。

第七章　实训任务书

任务一　用位操作指令点亮一只LED

一、文件建立

（1）在 D 盘以“座位号/考生号”为文件夹名，新建文件夹。
（2）以 Project 为项目名，新建项目并存于上面的文件夹中。
（3）以 Source.asm 为文件名，新建源程序文件，并添加于本项目中。

二、任务概述

上电后共阳 LED 模块 D31 亮。

三、硬件连接

（1）以网络标号的形式完成如图 7-1 所示的电路连接。
（2）电路原理图连接与实际电路相符。
（3）未使用到的引脚悬空。

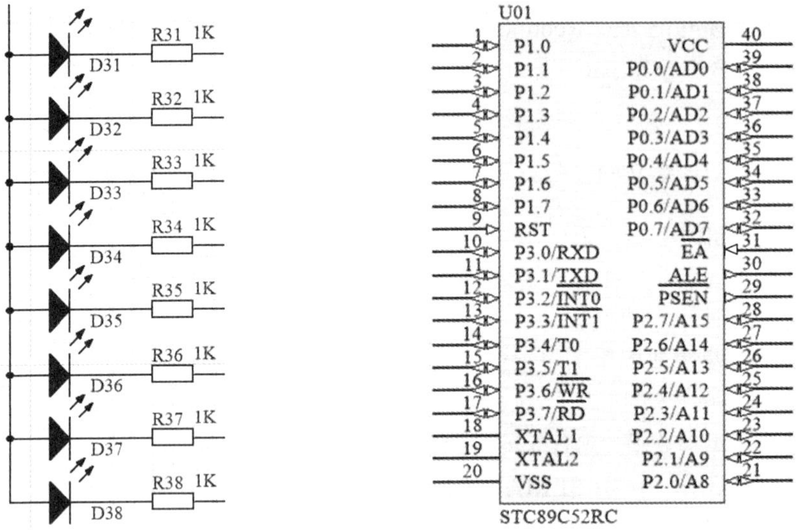

图 7-1　任务一电路连接图

四、程序编写

见参考程序。

任务二 用寄存器操作指令点亮一只LED

一、文件建立

（1）在 D 盘以“座位号/考生号”为文件夹名，新建文件夹。
（2）以 Project 为项目名，新建项目并存于上面的文件夹中。
（3）以 Source.asm 为文件名，新建源程序文件，并添加于本项目中。

二、任务概述

上电后共阳 LED 模块 D31 亮，其余灭。

三、硬件连接

（1）以网络标号的形式完成如图 7-2 所示电路连接。
（2）电路原理图连接与实际电路相符。
（3）未使用到的引脚悬空。

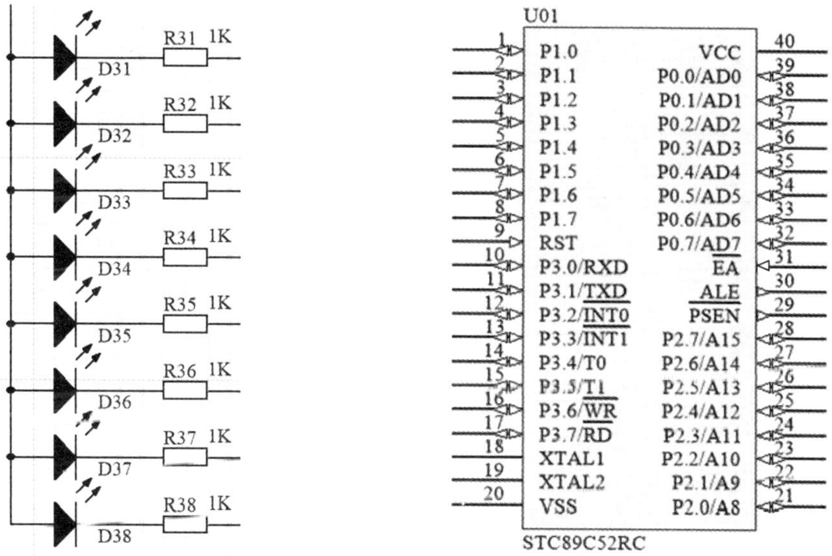

图 7-2 任务二电路连接图

四、程序编写

见参考程序。

任务三 用位操作指令点亮部分LED

一、文件建立

（1）在D盘以“座位号/考生号”为文件夹名，新建文件夹。
（2）以Project为项目名，新建项目并存于上面的文件夹中。
（3）以Source.asm为文件名，新建源程序文件，并添加于本项目中。

二、任务概述

上电后共阴LED模块D42\D44\D46\D48灭、D41\D43\D45\D47亮。

三、硬件连接

（1）以网络标号的形式完成如图7-3所示电路连接。
（2）电路原理图连接与实际电路相符。
（3）未使用到的引脚悬空。

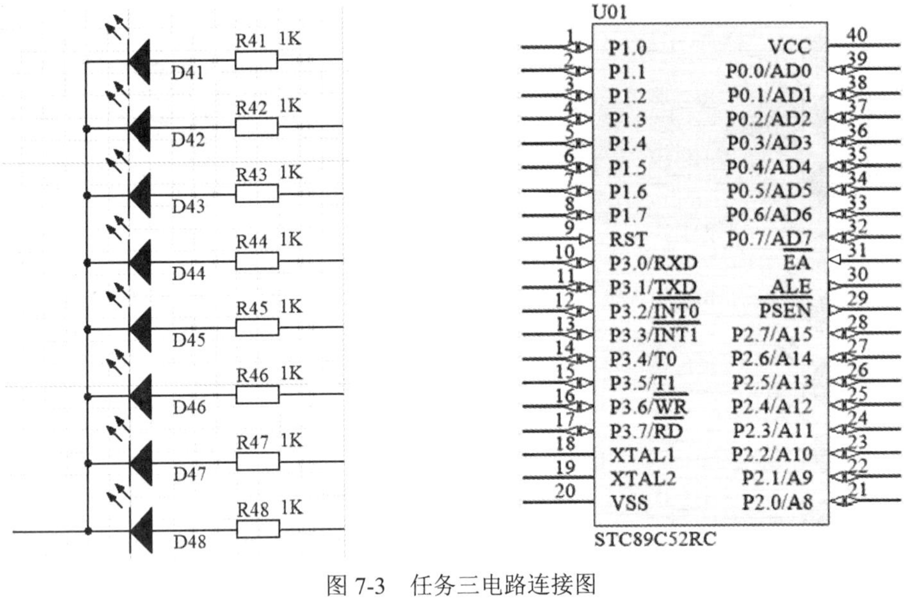

图7-3 任务三电路连接图

四、程序编写

见参考程序。

任务四 用寄存器操作指令点亮部分LED

一、文件建立

（1）在 D 盘以“座位号/考生号”为文件夹名，新建文件夹。
（2）以 Project 为项目名，新建项目并存于上面的文件夹中。
（3）以 Source.asm 为文件名，新建源程序文件，并添加于本项目中。

二、任务概述

上电后共阴 LED 模块 D42\D44\D46\D48 亮、D41\D43\D45\D47 灭。

三、硬件连接

（1）以网络标号的形式完成如图 7-4 所示电路连接。
（2）电路原理图连接与实际电路相符。
（3）未使用到的引脚悬空。

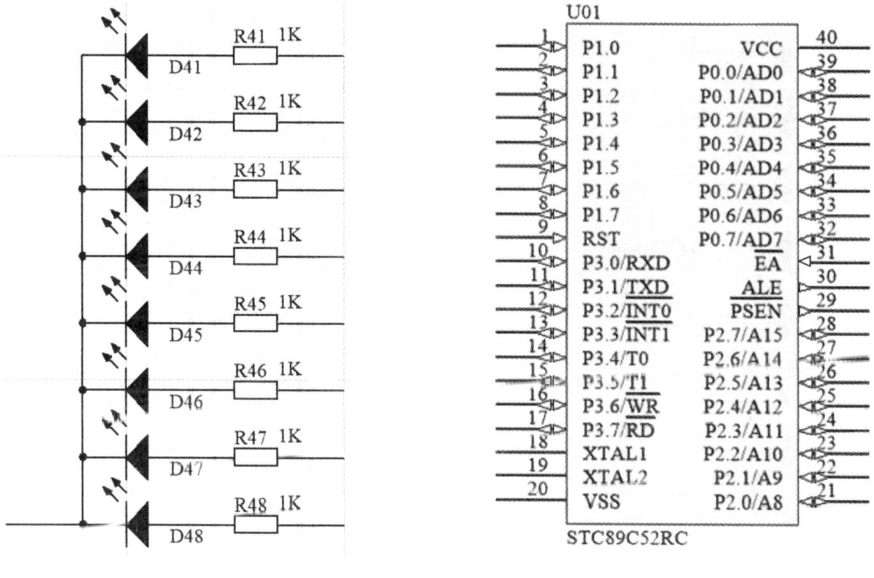

图 7-4 任务四电路连接图

四、程序编写

见参考程序。

任务五　单灯从左至右循环流水点亮（延时+移位法）

一、文件建立

（1）在 D 盘以“座位号/考生号”为文件夹名，新建文件夹。
（2）以 Project 为项目名，新建项目并存于上面的文件夹中。
（3）以 Source.asm 为文件名，新建源程序文件，并添加于本项目中。

二、任务概述

上电后共阳 LED 模块单灯从左至右循环流水点亮。

三、硬件连接

（1）以网络标号的形式完成如图 7-5 所示电路连接。
（2）电路原理图连接与实际电路相符。
（3）未使用到的引脚悬空。

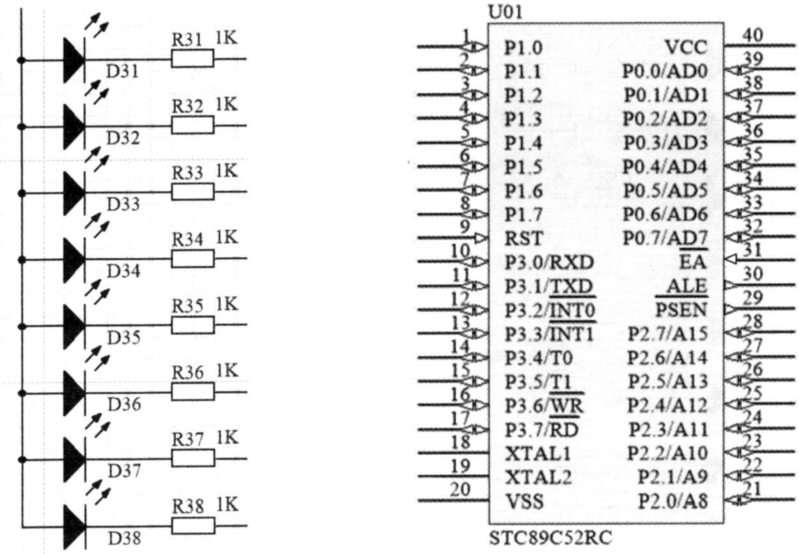

图 7-5　任务五电路连接图

四、程序编写

见参考程序。

任务六　单灯从左至右循环流水点亮（延时+查表法）

一、文件建立

（1）在 D 盘以“座位号/考生号”为文件夹名，新建文件夹。
（2）以 Project 为项目名，新建项目并存于上面的文件夹中。
（3）以 Source.asm 为文件名，新建源程序文件，并添加于本项目中。

二、任务概述

上电后共阴 LED 模块单灯从左至右循环流水点亮。

三、硬件连接

（1）以网络标号的形式完成如图 7-6 所示电路连接。
（2）电路原理图连接与实际电路相符。
（3）未使用到的引脚悬空。

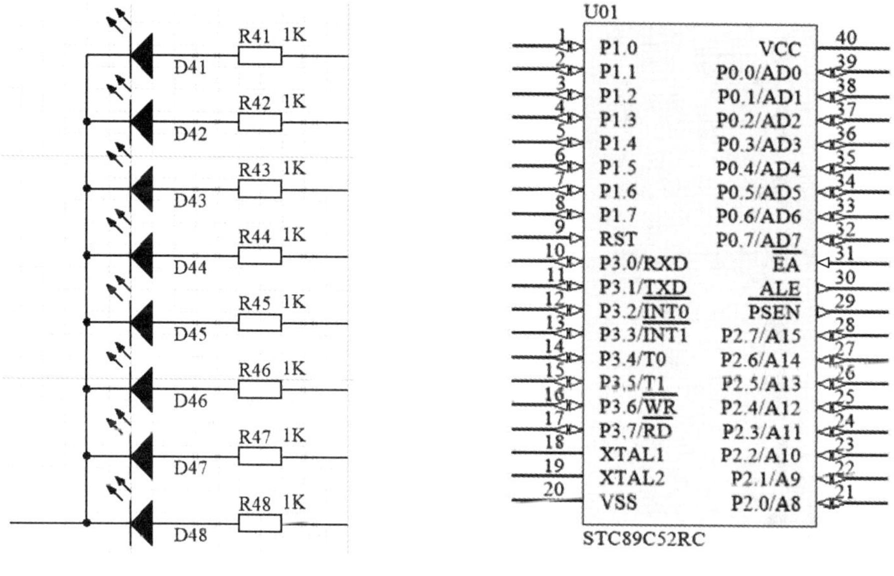

图 7-6　任务六电路连接图

四、程序编写

见参考程序。

任务七　单灯从左至右循环流水点亮（定时+移位）

一、文件建立

（1）在 D 盘以“座位号/考生号”为文件夹名，新建文件夹。

（2）以 Project 为项目名，新建项目并存于上面的文件夹中。

（3）以 Source.asm 为文件名，新建源程序文件，并添加于本项目中。

二、任务概述

上电后共阳 LED 模块单灯从左至右循环流水点亮。

三、硬件连接

（1）以网络标号的形式完成如图 7-7 所示电路连接。

（2）电路原理图连接与实际电路相符。

（3）未使用到的引脚悬空。

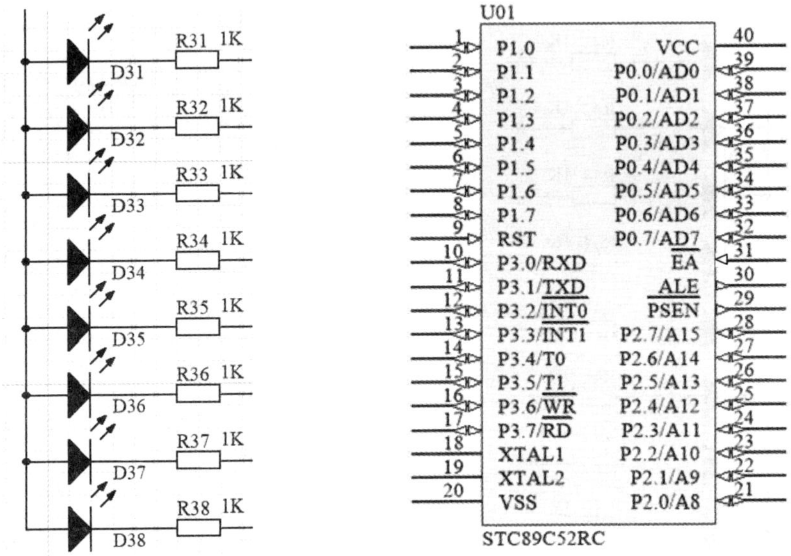

图 7-7　任务七电路连接图

四、程序编写

见参考程序。

任务八　单灯从左至右循环流水点亮（定时+查表）

一、文件建立

（1）在 D 盘以“座位号/考生号”为文件夹名，新建文件夹。
（2）以 Project 为项目名，新建项目并存于上面的文件夹中。
（3）以 Source.asm 为文件名，新建源程序文件，并添加于本项目中。

二、任务概述

上电后共阳 LED 模块单灯从左至右循环流水点亮。

三、硬件连接

（1）以网络标号的形式完成如图 7-8 所示电路连接。
（2）电路原理图连接与实际电路相符。
（3）未使用到的引脚悬空。

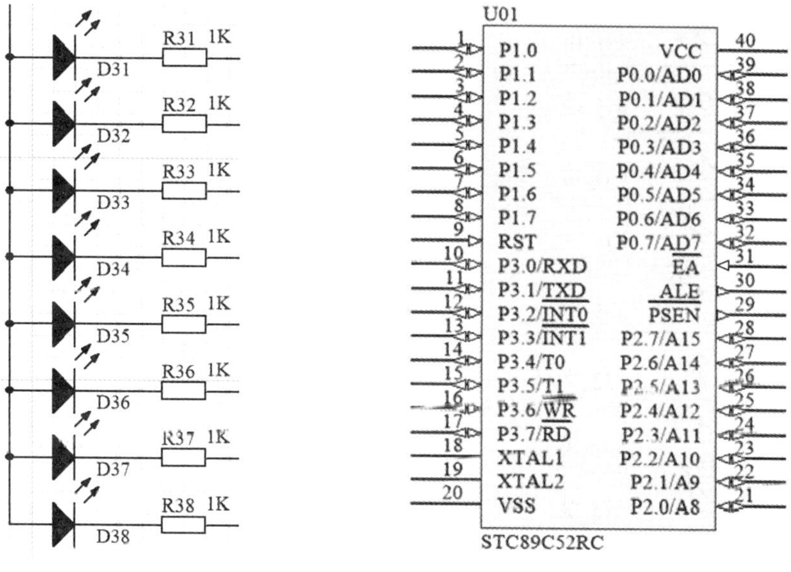

图 7-8　任务八电路连接图

四、程序编写

见参考程序。

任务九　单灯左右来回循环流水点亮（定时+查表）

一、文件建立

（1）在D盘以“座位号/考生号”为文件夹名，新建文件夹。

（2）以Project为项目名，新建项目并存于上面的文件夹中。

（3）以Source.asm为文件名，新建源程序文件，并添加于本项目中。

二、任务概述

上电后共阳LED模块单灯左右来回循环流水点亮。

三、硬件连接

（1）以网络标号的形式完成如图7-9所示电路连接。

（2）电路原理图连接与实际电路相符。

（3）未使用到的引脚悬空。

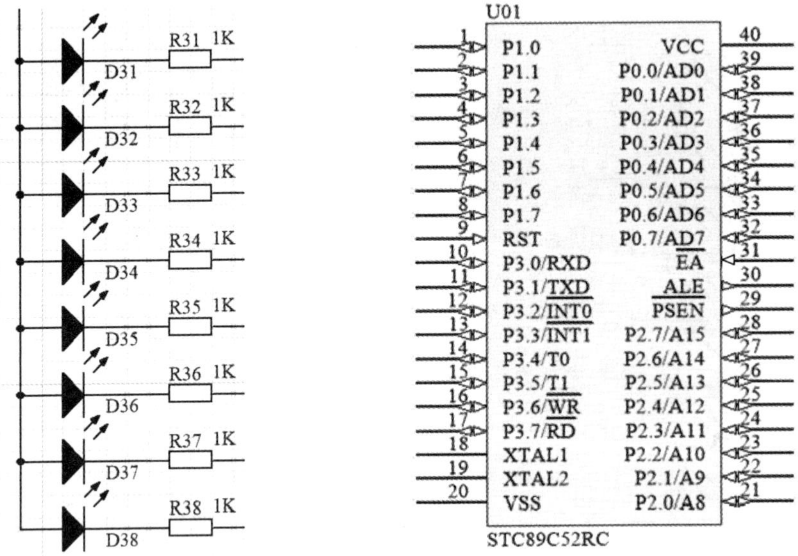

图7-9　任务九电路连接图

四、程序编写

见参考程序。

任务十 节 拍 灯

一、文件建立

(1)在D盘以"座位号/考生号"为文件夹名，新建文件夹。
(2)以Project为项目名，新建项目并存于上面的文件夹中。
(3)以Source.asm为文件名，新建源程序文件，并添加于本项目中。

二、任务概述

上电后共阳LED模块模拟节拍效果。

三、硬件连接

(1)以网络标号的形式完成如图7-10所示电路连接。
(2)电路原理图连接与实际电路相符。
(3)未使用到的引脚悬空。

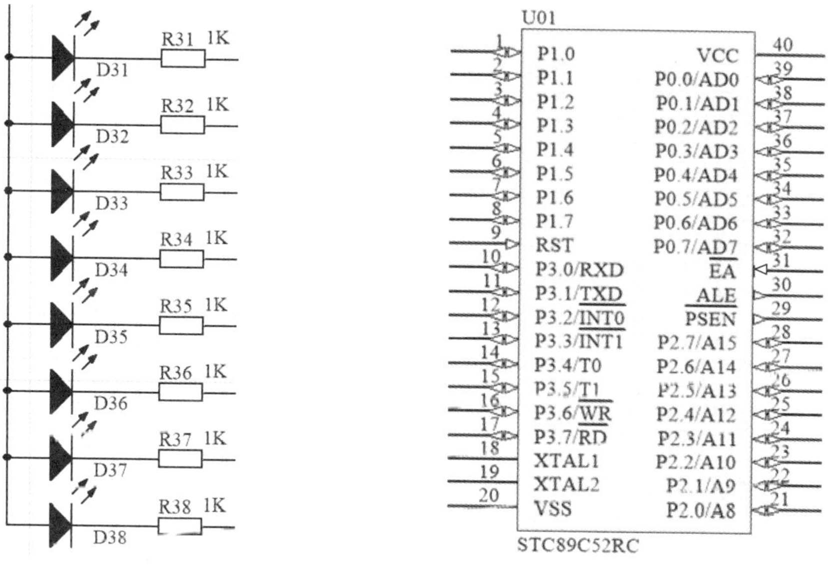

图7-10 任务十电路连接图

四、程序编写

见参考程序。

任务十一 点亮一位共阳数码管B段

一、文件建立

（1）在 D 盘以“座位号/考生号”为文件夹名，新建文件夹。

（2）以 Project 为项目名，新建项目并存于上面的文件夹中。

（3）以 Source.asm 为文件名，新建源程序文件，并添加于本项目中。

二、任务概述

上电后共阳数码管模块 B 段亮，其余段灭。

三、硬件连接

（1）以网络标号的形式完成如图 7-11 所示电路连接。

（2）电路原理图连接与实际电路相符。

（3）未使用到的引脚悬空。

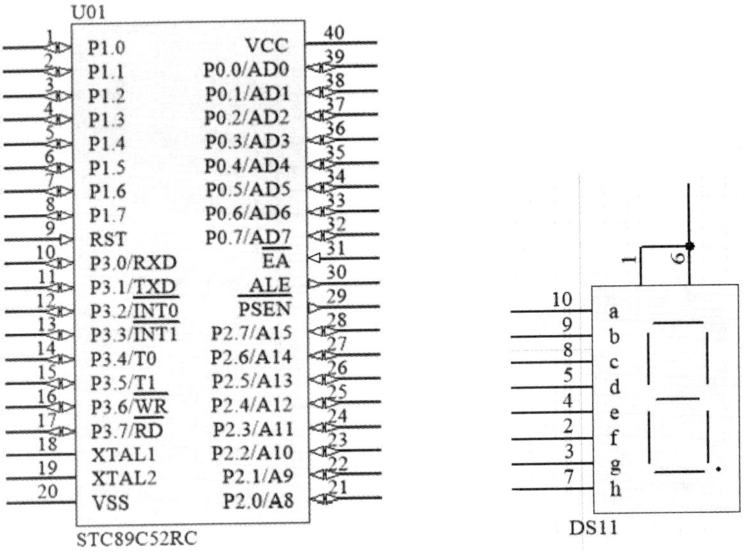

图 7-11 任务十一电路连接图

四、程序编写

见参考程序。

任务十二 点亮一位共阴数码管G段

一、文件建立

（1）在 D 盘以“座位号/考生号”为文件夹名，新建文件夹。
（2）以 Project 为项目名，新建项目并存于上面的文件夹中。
（3）以 Source.asm 为文件名，新建源程序文件，并添加于本项目中。

二、任务概述

上电后共阴数码管模块 G 段亮，其余段灭。

三、硬件连接

（1）以网络标号的形式完成如图 7-12 所示电路连接。
（2）电路原理图连接与实际电路相符。
（3）未使用到的引脚悬空。

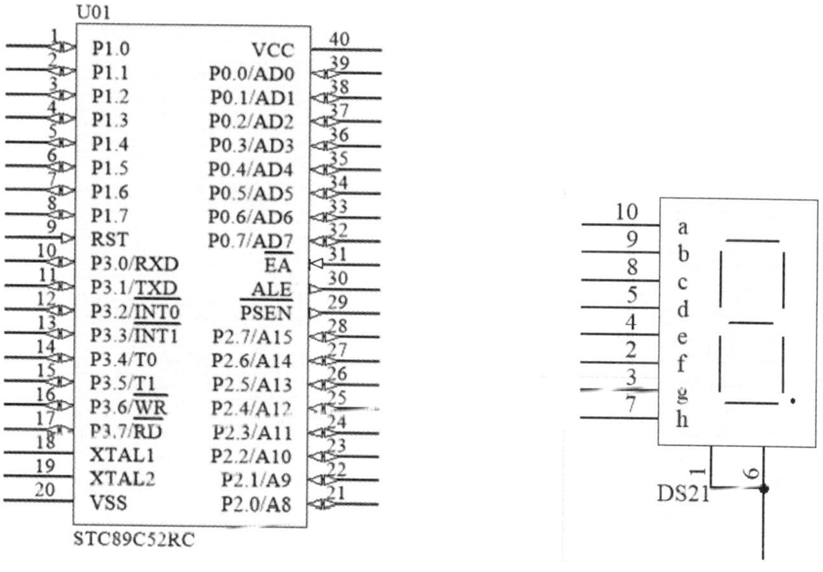

图 7-12 任务十二电路连接图

四、程序编写

见参考程序。

任务十三　一位共阳数码管外围段循环流水点亮

一、文件建立

（1）在 D 盘以“座位号/考生号”为文件夹名，新建文件夹。

（2）以 Project 为项目名，新建项目并存于上面的文件夹中。

（3）以 Source.asm 为文件名，新建源程序文件，并添加于本项目中。

二、任务概述

（1）上电后共阳数码管模块各段全亮。

（2）1s 后外围段循环流水点亮。

三、硬件连接

（1）以网络标号的形式完成如图 7-13 所示电路连接。

（2）电路原理图连接与实际电路相符。

（3）未使用到的引脚悬空。

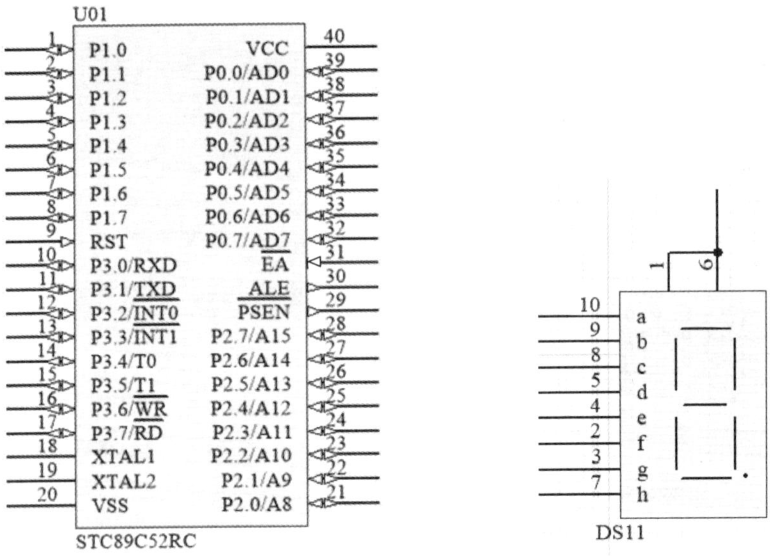

图 7-13　任务十三电路连接图

四、程序编写

见参考程序。

任务十四　两位共阳数码管外围段循环流水点亮

一、文件建立

（1）在 D 盘以“座位号/考生号”为文件夹名，新建文件夹。

（2）以 Project 为项目名，新建项目并存于上面的文件夹中。

（3）以 Source.asm 为文件名，新建源程序文件，并添加于本项目中。

二、任务概述

（1）上电后两位共阳数码管模块各段全亮。

（2）1s 后两位共阳数码管模块外围段循环流水点亮。

三、硬件连接

（1）以网络标号的形式完成如图 7-14 所示电路连接。

（2）电路原理图连接与实际电路相符。

（3）未使用到的引脚悬空。

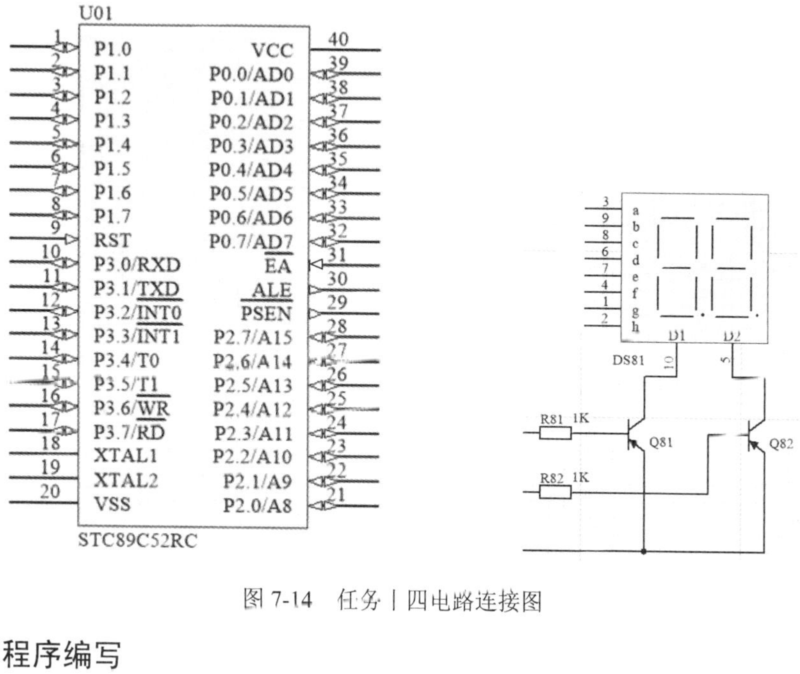

图 7-14　任务丨四电路连接图

四、程序编写

见参考程序。

任务十五　四位共阳数码管外围段循环流水点亮

一、文件建立

（1）在 D 盘以“座位号/考生号”为文件夹名，新建文件夹。
（2）以 Project 为项目名，新建项目并存于上面的文件夹中。
（3）以 Source.asm 为文件名，新建源程序文件，并添加于本项目中。

二、任务概述

（1）上电后两位共阳数码管模块各段全亮。
（2）1s 后两位共阳数码管模块外围段循环流水点亮。

三、硬件连接

（1）以网络标号的形式完成如图 7-15 所示电路连接。
（2）电路原理图连接与实际电路相符。
（3）未使用到的引脚悬空。

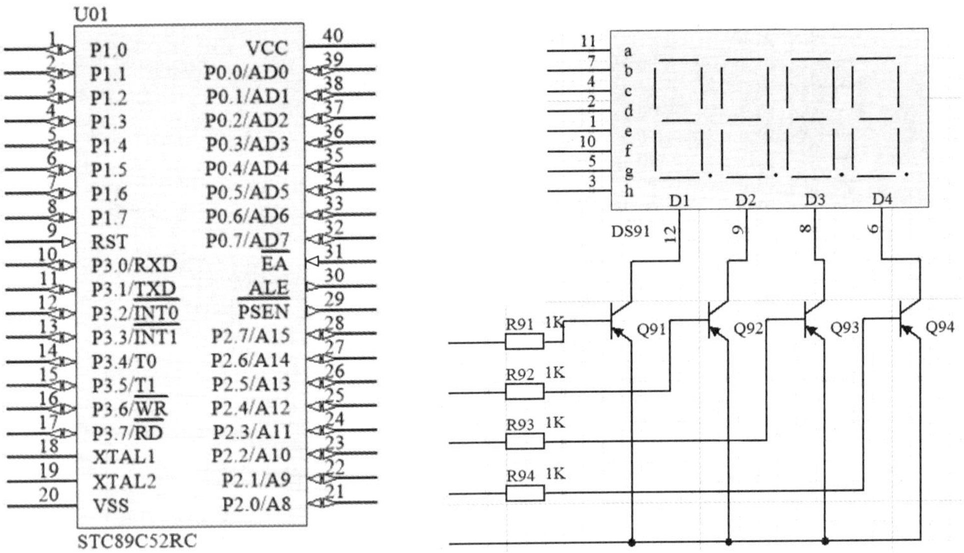

图 7-15　任务十五电路连接图

四、程序编写

见参考程序。

任务十六　一位共阳数码管模块显示数字3

一、文件建立

（1）在 D 盘以“座位号/考生号”为文件夹名，新建文件夹。
（2）以 Project 为项目名，新建项目并存于上面的文件夹中。
（3）以 Source.asm 为文件名，新建源程序文件，并添加于本项目中。

二、任务概述

上电后共阳数码管模块显示数字 3。

三、硬件连接

（1）以网络标号的形式完成如图 7-16 所示电路连接。
（2）电路原理图连接与实际电路相符。
（3）未使用到的引脚悬空。

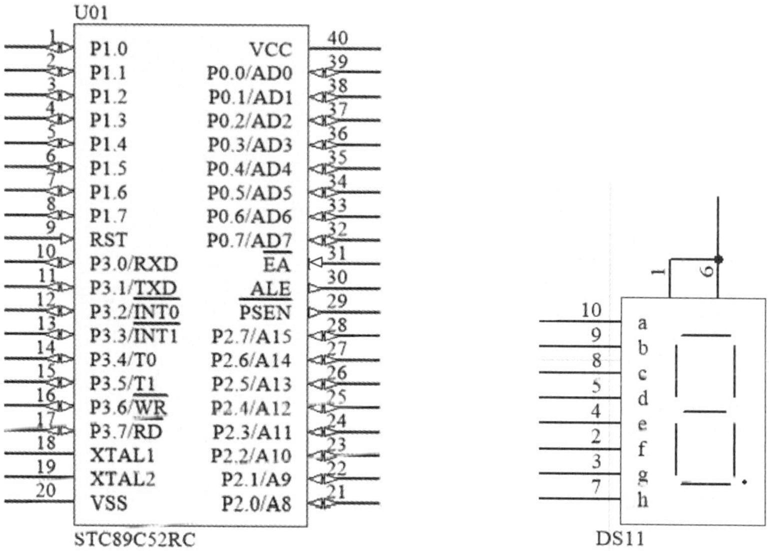

图 7-16　任务十六电路连接图

四、程序编写

见参考程序。

任务十七　一位共阳数码管模块显示未知数

一、文件建立

（1）在 D 盘以“座位号/考生号”为文件夹名，新建文件夹。
（2）以 Project 为项目名，新建项目并存于上面的文件夹中。
（3）以 Source.asm 为文件名，新建源程序文件，并添加于本项目中。

二、任务概述

上电后共阳数码管模块显示未知数（R0 中的一位十进制数）。

三、硬件连接

（1）以网络标号的形式完成如图 7-17 所示电路连接。
（2）电路原理图连接与实际电路相符。
（3）未使用到的引脚悬空。

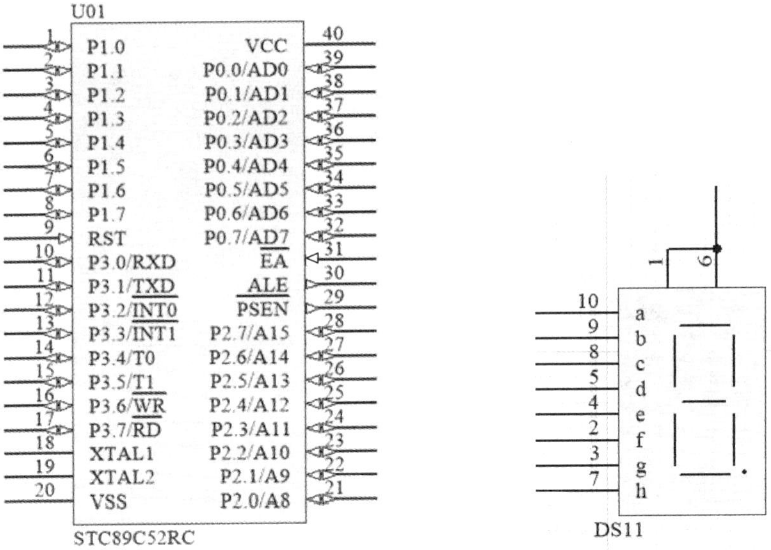

图 7-17　任务十七电路连接图

四、程序编写

见参考程序。

任务十八　一位共阳数码管模块显示按键次数（外部中断法）

一、文件建立

（1）在 D 盘以“座位号/考生号”为文件夹名，新建文件夹。
（2）以 Project 为项目名，新建项目并存于上面的文件夹中。
（3）以 Source.asm 为文件名，新建源程序文件，并添加于本项目中。

二、任务概述

（1）上电后共阳数码管模块显示 0。
（2）每按下 8 位独立按键模块中的 SW51 按钮，数码管显示的数字自加 1。
（3）当数码管上显示的数字为 9，再次按下按钮，数码管显示数字 0。
（4）循环以上步骤（2）（3）。

三、硬件连接

（1）以网络标号的形式完成如图 7-18 所示电路连接。
（2）电路原理图连接与实际电路相符。
（3）未使用到的引脚悬空。

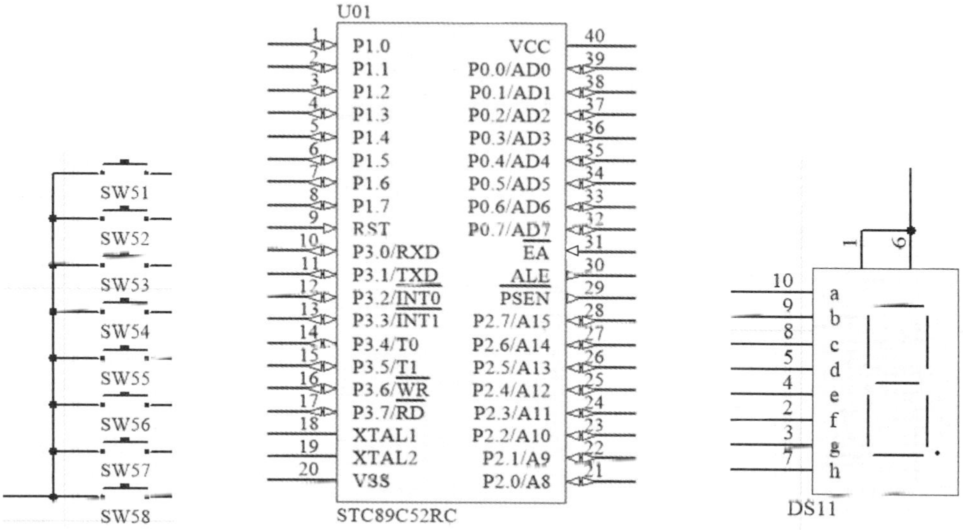

图 7-18　任务十八电路连接图

四、程序编写

见参考程序。

任务十九　一位共阳数码管模块显示按键次数（定时器计数模式）

一、文件建立

（1）在 D 盘以“座位号/考生号”为文件夹名，新建文件夹。
（2）以 Project 为项目名，新建项目并存于上面的文件夹中。
（3）以 Source.asm 为文件名，新建源程序文件，并添加于本项目中。

二、任务概述

（1）上电后共阳数码管模块显示 0。
（2）每按下 8 位独立按键模块中的 SW51 按钮，数码管显示的数字自加 1。
（3）当数码管上显示的数字为 9，再次按下按钮，数码管显示数字 0。
（4）循环以上步骤（2）（3）。

三、硬件连接

（1）以网络标号的形式完成如图 7-19 所示电路连接。
（2）电路原理图连接与实际电路相符。
（3）未使用到的引脚悬空。

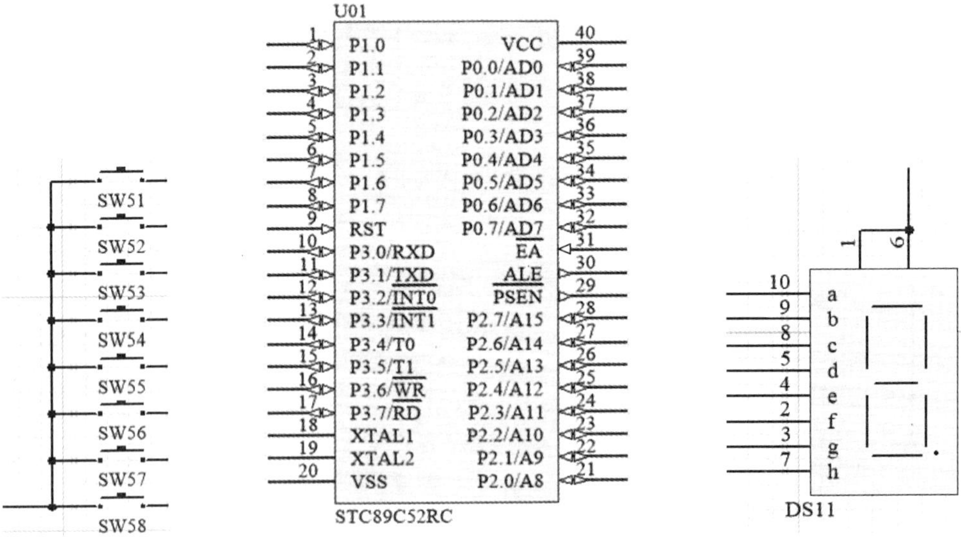

图 7-19　任务十九电路连接图

四、程序编写

见参考程序。

任务二十　一位共阳数码管模块显示按键次数（引脚查询法）

一、文件建立

（1）在 D 盘以“座位号/考生号”为文件夹名，新建文件夹。
（2）以 Project 为项目名，新建项目并存于上面的文件夹中。
（3）以 Source.asm 为文件名，新建源程序文件，并添加于本项目中。

二、任务概述

（1）上电后共阳数码管模块显示 0。
（2）每按下 8 位独立按键模块中的 SW51 按钮，数码管显示的数字自加 1。
（3）当数码管上显示的数字为 9，再次按下按钮，数码管显示数字 0。
（4）循环以上步骤（2）（3）。

三、硬件连接

（1）以网络标号的形式完成如图 7-20 所示电路连接。
（2）电路原理图连接与实际电路相符。
（3）未使用到的引脚悬空。

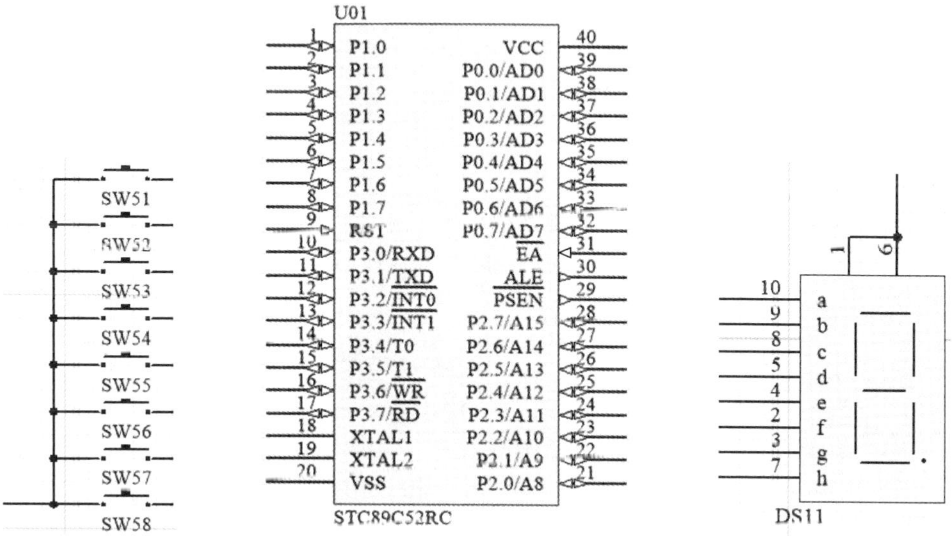

图 7-20　任务二十电路连接图

四、程序编写

见参考程序。

任务二十一　数码管AGD段流水

一、文件建立

（1）在 D 盘以“座位号/考生号”为文件夹名，新建文件夹。

（2）以 Project 为项目名，新建项目并存于上面的文件夹中。

（3）以 Source.asm 为文件名，新建源程序文件，并添加于本项目中。

二、任务概述

（1）上电后一位共阳数码管模块各段全亮。

（2）按下 8 位独立按键模块中的 SW53 按钮并松手后，一位共阳数码管 A-G-D 段循环流水点亮（每段亮 0.2s）。

三、硬件连接

（1）以网络标号的形式完成如图 7-21 所示电路连接。

（2）电路原理图连接与实际电路相符。

（3）未使用到的引脚悬空。

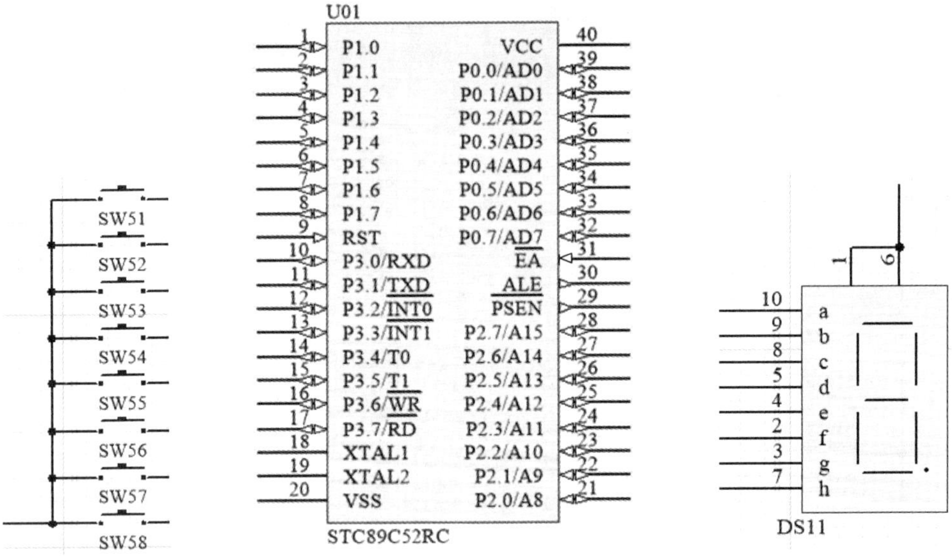

图 7-21　任务二十一电路连接图

四、程序编写

见参考程序。

任务二十二　剩余车位模拟系统（外部中断法）

一、文件建立

（1）在 D 盘以“座位号/考生号”为文件夹名，新建文件夹。
（2）以 Project 为项目名，新建项目并存于上面的文件夹中。
（3）以 Source.asm 为文件名，新建源程序文件，并添加于本项目中。

二、任务概述

（1）上电后共阳数码管模块显示 0。
（2）每按下一次 8 位独立按键模块中的 SW51 按钮（一辆车入库），数码管显示的数字自减 1。
（3）每按下一次 8 位独立按键模块中的 SW52 按钮（一辆车出库），数码管显示的数字自加 1。
（4）循环以上步骤（2）（3）。
（5）当数码管上显示的数字为 9，SW52 按钮失效。
（6）当数码管上显示的数字为 0，SW51 按钮失效。

三、硬件连接

（1）以网络标号的形式完成如图 7-22 所示电路连接。
（2）电路原理图连接与实际电路相符。
（3）未使用到的引脚悬空。

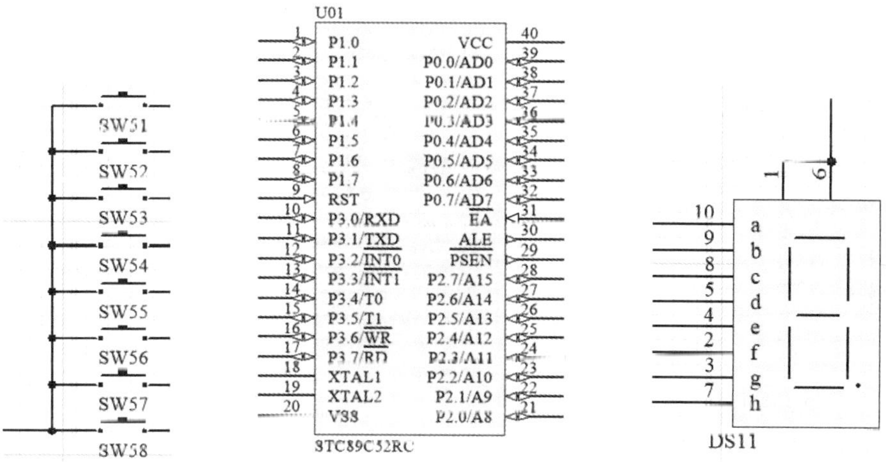

图 7-22　任务二十二电路连接图

四、程序编写

见参考程序。

任务二十三 每按5次数码管自加1（定时器计数模式）

一、文件建立

（1）在D盘以“座位号/考生号”为文件夹名，新建文件夹。

（2）以Project为项目名，新建项目并存于上面的文件夹中。

（3）以Source.asm为文件名，新建源程序文件，并添加于本项目中。

二、任务概述

（1）上电后两位共阳数码管模块显示数字00。

（2）8位独立按键模块中的SW52每按下5次，两位共阳数码管模块显示的数字加1。

（3）当两位共阳数码管模块显示数字99时，再加1则显示00。

（4）如此循环步骤（2）（3）。

三、硬件连接

（1）以网络标号的形式完成如图7-23所示电路连接。

（2）电路原理图连接与实际电路相符。

（3）未使用到的引脚悬空。

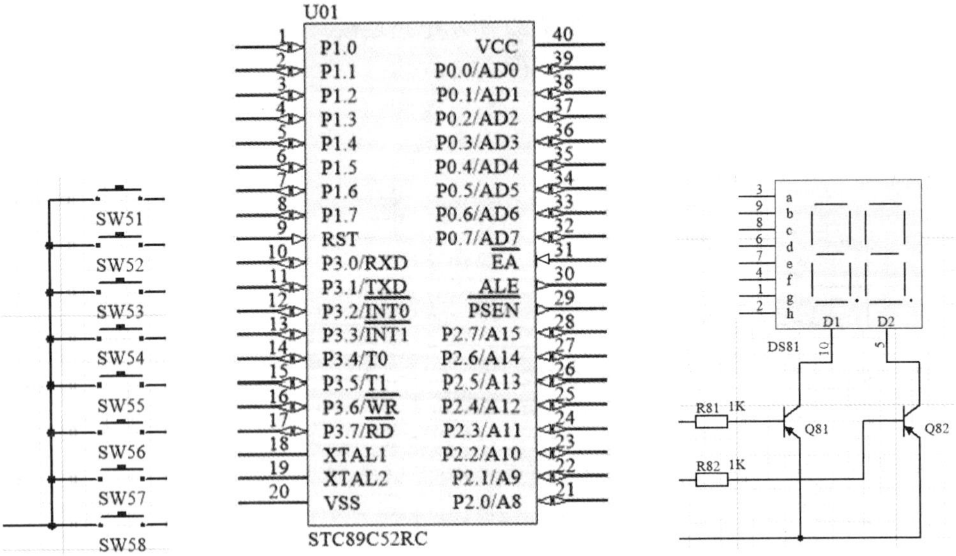

图7-23 任务二十三电路连接图

四、程序编写

见参考程序。

任务二十四　按键控制LED闪烁频率

一、文件建立

（1）在 D 盘以“座位号/考生号”为文件夹名，新建文件夹。
（2）以 Project 为项目名，新建项目并存于上面的文件夹中。
（3）以 Source.asm 为文件名，新建源程序文件，并添加于本项目中。

二、任务概述

（1）上电后共阳 LED 模块 D31 亮。
（2）按下 8 位独立按键模块 SW58 按钮后，共阳 LED 模块 D31 以亮/灭各 0.1s 闪烁。
（3）松开 8 位独立按键模块 SW58 按钮后，共阳 LED 模块 D31 以亮/灭各 1s 闪烁。
（4）循环以上步骤（2）（3）。

三、硬件连接

（1）以网络标号的形式完成如图 7-24 所示电路连接。
（2）电路原理图连接与实际电路相符。
（3）未使用到的引脚悬空。

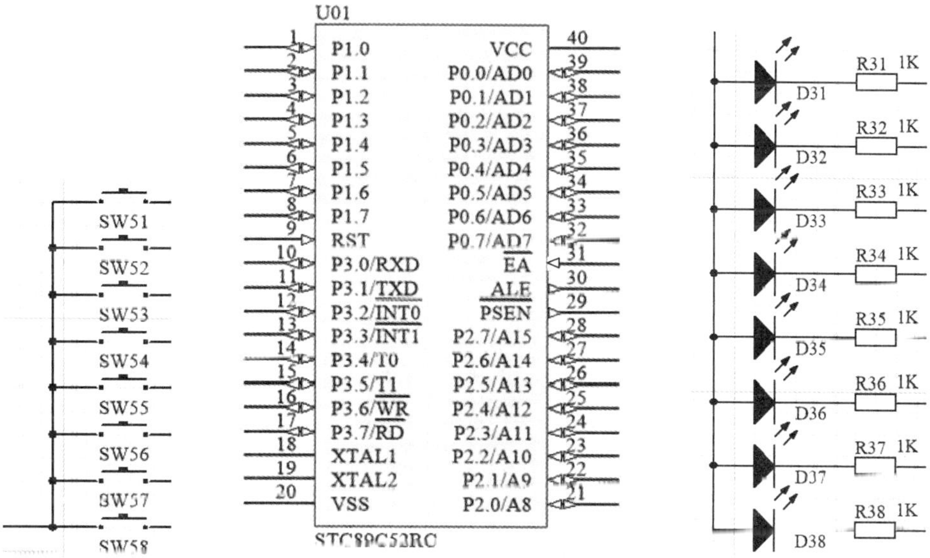

图 7-24　任务二十四电路连接图

四、程序编写

见参考程序。

任务二十五　花样流水灯

一、文件建立

（1）在 D 盘以“座位号/考生号”为文件夹名，新建文件夹。

（2）以 Project 为项目名，新建项目并存于上面的文件夹中。

（3）以 Source.asm 为文件名，新建源程序文件，并添加于本项目中。

二、任务概述

（1）8 位独立按键模块 SW51 未按下时，共阴 LED 模块两灯从左至右循环流水点亮。

（2）8 位独立按键模块 SW51 按下时，共阴 LED 模块两灯从右至左循环流水点亮。

（3）循环以上步骤（1）（2）。

三、硬件连接

（1）以网络标号的形式完成如图 7-25 所示电路连接。

（2）电路原理图连接与实际电路相符。

（3）未使用到的引脚悬空。

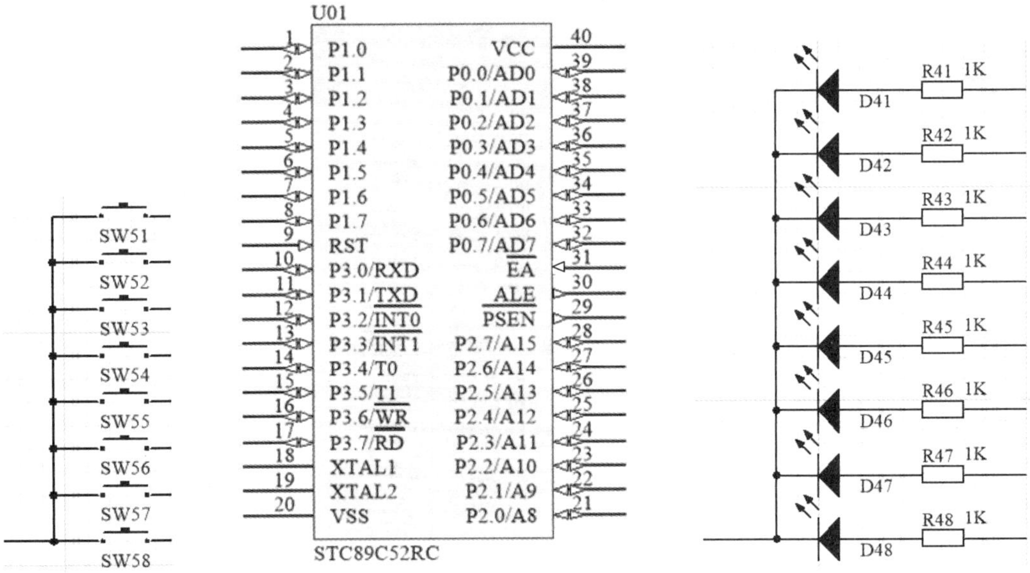

图 7-25　任务二十五电路连接图

四、程序编写

见参考程序。

任务二十六　一位共阳数码管模块显示0～9s循环计时

一、文件建立

（1）在 D 盘以“座位号/考生号”为文件夹名，新建文件夹。
（2）以 Project 为项目名，新建项目并存于上面的文件夹中。
（3）以 Source.asm 为文件名，新建源程序文件，并添加于本项目中。

二、任务概述

（1）上电后共阳数码管模块显示 0。
（2）每隔 1s 共阳数码管模块显示的数字自加 1。
（3）显示数字 9 后再过 1s 又显示 0。
（4）循环以上步骤（2）（3）。

三、硬件连接

（1）以网络标号的形式完成如图 7-26 所示电路连接。
（2）电路原理图连接与实际电路相符。
（3）未使用到的引脚悬空。

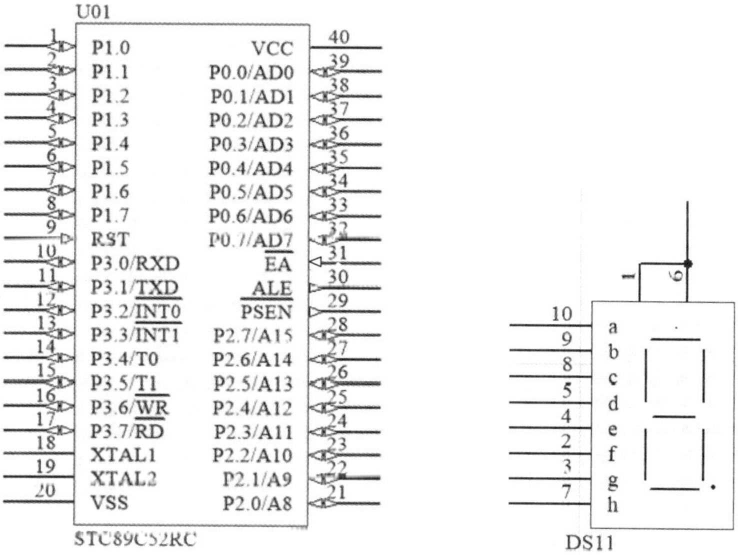

图 7-26　任务二十六电路连接图

四、程序编写

见参考程序。

任务二十七　一位共阳数码管模块显示9～0s循环倒计时

一、文件建立

（1）在 D 盘以“座位号/考生号”为文件夹名，新建文件夹。

（2）以 Project 为项目名，新建项目并存于上面的文件夹中。

（3）以 Source.asm 为文件名，新建源程序文件，并添加于本项目中。

二、任务概述

（1）上电后共阴数码管模块显示 9。

（2）每隔 1s 共阴数码管模块显示的数字自减 1。

（3）显示数字 0 后再过 1s 又显示 9。

（4）循环以上步骤（2）（3）。

三、硬件连接

（1）以网络标号的形式完成如图 7-27 所示电路连接。

（2）电路原理图连接与实际电路相符。

（3）未使用到的引脚悬空。

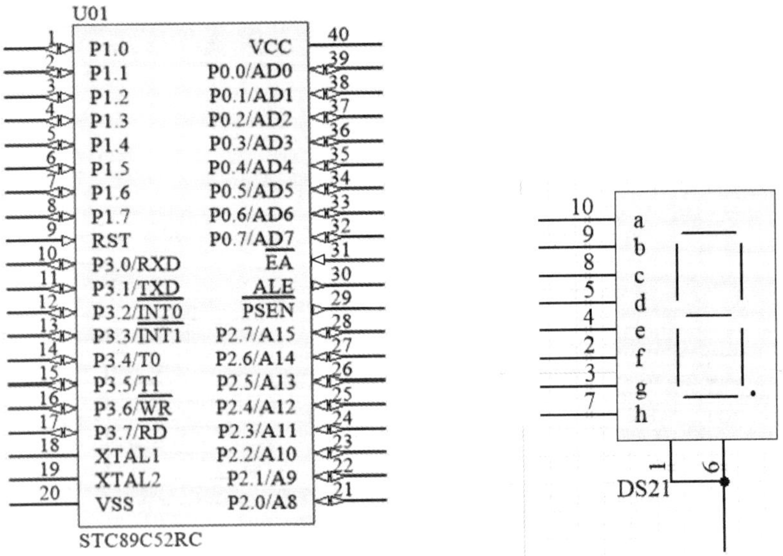

图 7-27　任务二十七电路连接图

四、程序编写

见参考程序。

任务二十八　两位共阳数码管模块显示00～59s循环计时

一、文件建立

（1）在 D 盘以“座位号/考生号”为文件夹名，新建文件夹。
（2）以 Project 为项目名，新建项目并存于上面的文件夹中。
（3）以 Source.asm 为文件名，新建源程序文件，并添加于本项目中。

二、任务概述

（1）上电后两位共阳数码管模块显示 00。
（2）每隔 1s 两位共阳数码管模块显示的数字自加 1。
（3）显示数字 59 后再过 1s 又显示 00。
（4）循环以上步骤（2）（3）。

三、硬件连接

（1）以网络标号的形式完成如图 7-28 所示电路连接。
（2）电路原理图连接与实际电路相符。
（3）未使用到的引脚悬空。

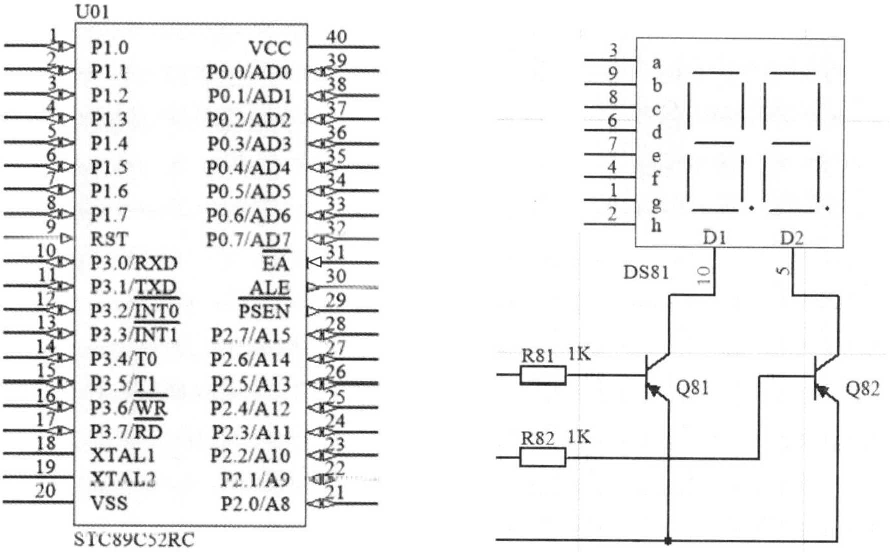

图 7-28　任务二十八电路连接图

四、程序编写

见参考程序。

任务二十九　两位共阳数码管模块显示59～00s循环倒计时

一、文件建立

（1）在 D 盘以“座位号/考生号”为文件夹名，新建文件夹。

（2）以 Project 为项目名，新建项目并存于上面的文件夹中。

（3）以 Source.asm 为文件名，新建源程序文件，并添加于本项目中。

二、任务概述

（1）上电后两位共阳数码管模块显示 59。

（2）每隔 1s 两位共阳数码管模块显示的数字自减 1。

（3）显示数字 00 后再过 1s 又显示 59。

（4）循环以上步骤（2）（3）。

三、硬件连接

（1）以网络标号的形式完成如图 7-29 所示电路连接。

（2）电路原理图连接与实际电路相符。

（3）未使用到的引脚悬空。

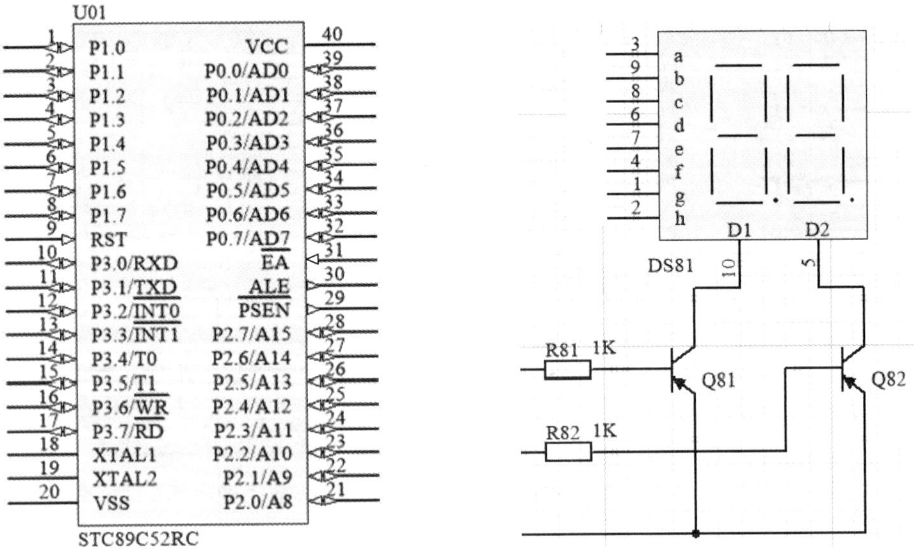

图 7-29　任务二十九电路连接图

四、程序编写

见参考程序。

任务三十　不可调时电子钟

一、文件建立

（1）在 D 盘以“座位号/考生号”为文件夹名，新建文件夹。
（2）以 Project 为项目名，新建项目并存于上面的文件夹中。
（3）以 Source.asm 为文件名，新建源程序文件，并添加于本项目中。

二、任务概述

（1）4 位共阳数码管模块左边两位为小时显示，上电后显示 00。
（2）4 位共阳数码管模块右边两位为分钟显示上，电后显示 00。
（3）共阳 LED 模块中 D31 为秒指示，上电后亮/灭各 0.5s 闪烁。
（4）D31 每闪烁 60 次，分加 1。
（5）分加至 60，时加 1 且分清零。
（6）时加至 24，时清零。

三、硬件连接

（1）以网络标号的形式完成如图 7-30 所示电路连接。
（2）电路原理图连接与实际电路相符。
（3）未使用到的引脚悬空。

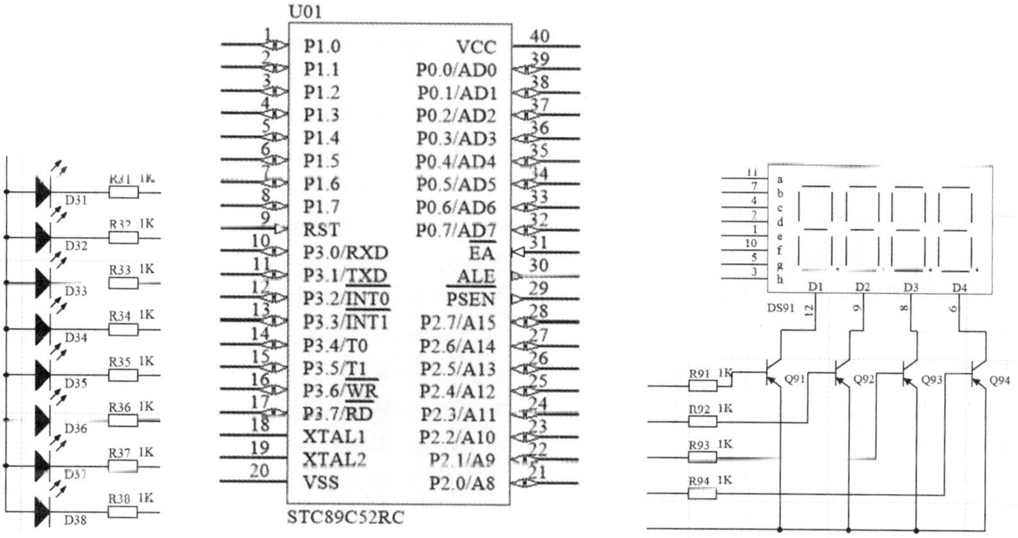

图 7-30　任务三十电路连接图

四、程序编写

见参考程序。

任务三十一　可调时电子钟

一、文件建立

（1）在 D 盘以“座位号/考生号”为文件夹名，新建文件夹。
（2）以 Project 为项目名，新建项目并存于上面的文件夹中。
（3）以 Source.asm 为文件名，新建源程序文件，并添加于本项目中。

二、任务概述

（1）4 位共阳数码管模块左边两位为小时显示上，电后显示 00。
（2）4 位共阳数码管模块右边两位为分钟显示上，电后显示 00。
（3）共阳 LED 模块中 D31 为秒指示，上电后亮/灭各 0.5s 闪烁。
（4）D31 每闪烁 60 次，分加 1。
（5）分加至 60，时加 1 且分清零。
（6）时加至 24，时清零。
（7）8 位独立按键模块中 SW54 暂停/启动。
（8）8 位独立按键模块中 SW53 选择，仅在暂停状态下才可进行选择操作。
（9）8 位独立按键模块 SW52 加、SW51 减，只有在选中状态下才可进行加/减操作。

三、硬件连接

（1）以网络标号的形式完成如图 7-31 所示电路连接。
（2）电路原理图连接与实际电路相符。
（3）未使用到的引脚悬空。

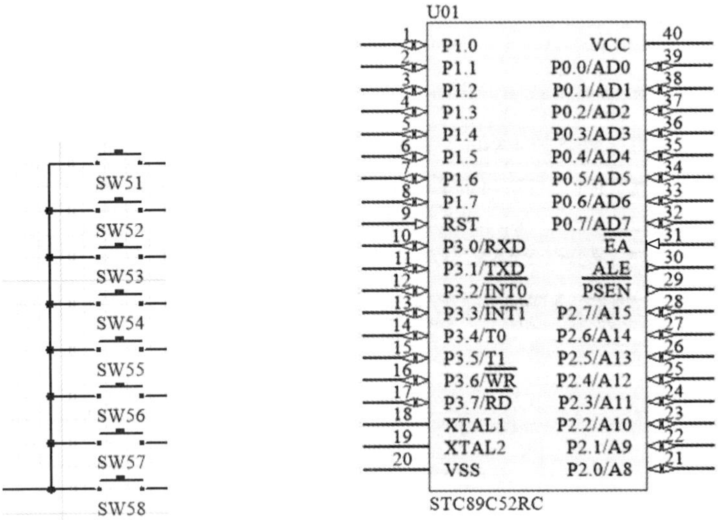

图 7-31　任务三十一电路连接图

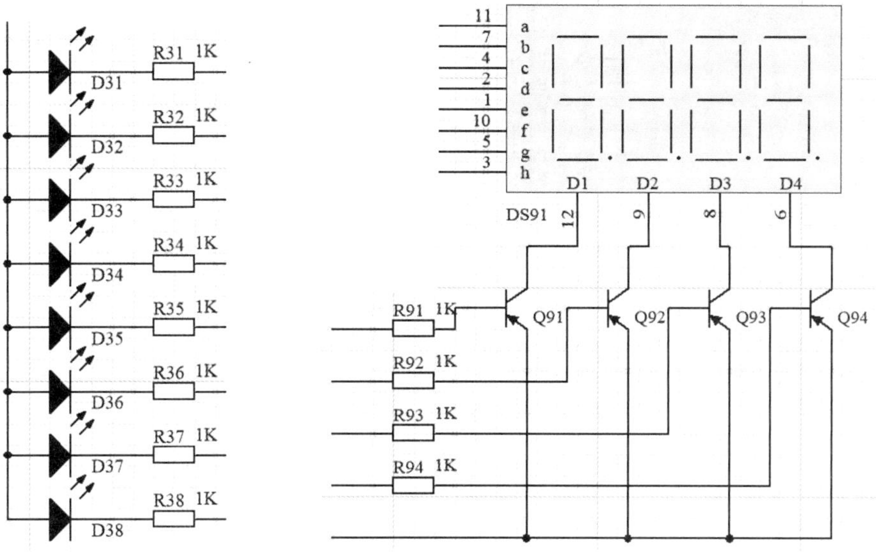

图 7-31 （续）

四、程序编写

见参考程序。

任务三十二 LED指示按钮状态

一、文件建立

（1）在 D 盘以“座位号/考生号”为文件夹名，新建文件夹。

（2）以 Project 为项目名，新建项目并存于上面的文件夹中。

（3）以 Source.asm 为文件名，新建源程序文件，并添加于本项目中。

二、任务概述

上电后将 8 个独立按键按下与否的状态实时反映在共阳 LED 上。

三、硬件连接

（1）以网络标号的形式完成如图 7-32 所示电路连接。

（2）电路原理图连接与实际电路相符。

（3）未使用到的引脚悬空。

四、程序编写

见参考程序。

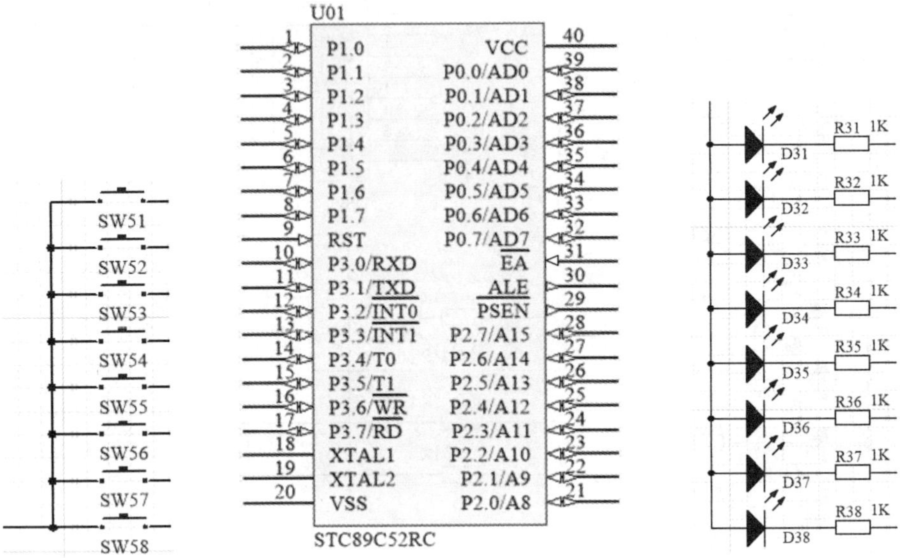

图 7-32　任务三十二电路连接图

任务三十三　三人表决器

一、文件建立

（1）在 D 盘以“座位号/考生号”为文件夹名，新建文件夹。

（2）以 Project 为项目名，新建项目并存于上面的文件夹中。

（3）以 Source.asm 为文件名，新建源程序文件，并添加于本项目中。

二、任务概述

（1）实现三人表决器功能。

（2）8 位独立按键模块中 SW51：主持人。（按下：开始表决，按下后 3s：表决结束）

（3）8 位独立按键模块中 SW52：评委一。（3s 内按下：同意，否则不同意）

（4）8 位独立按键模块中 SW53：评委二。（3s 内按下：同意，否则不同意）

（5）8 位独立按键模块中 SW54：评委三。（3s 内按下：同意，否则不同意）

（6）共阳数码管模块：倒计时。（主持人按下开始 3s 倒计时）

（7）共阳 LED 模块中 D31: 表决结果。（3s 内亮：通过，否则未通过）

三、硬件连接

（1）以网络标号的形式完成如图 7-33 所示电路连接。

（2）电路原理图连接与实际电路相符。

（3）未使用到的引脚悬空。

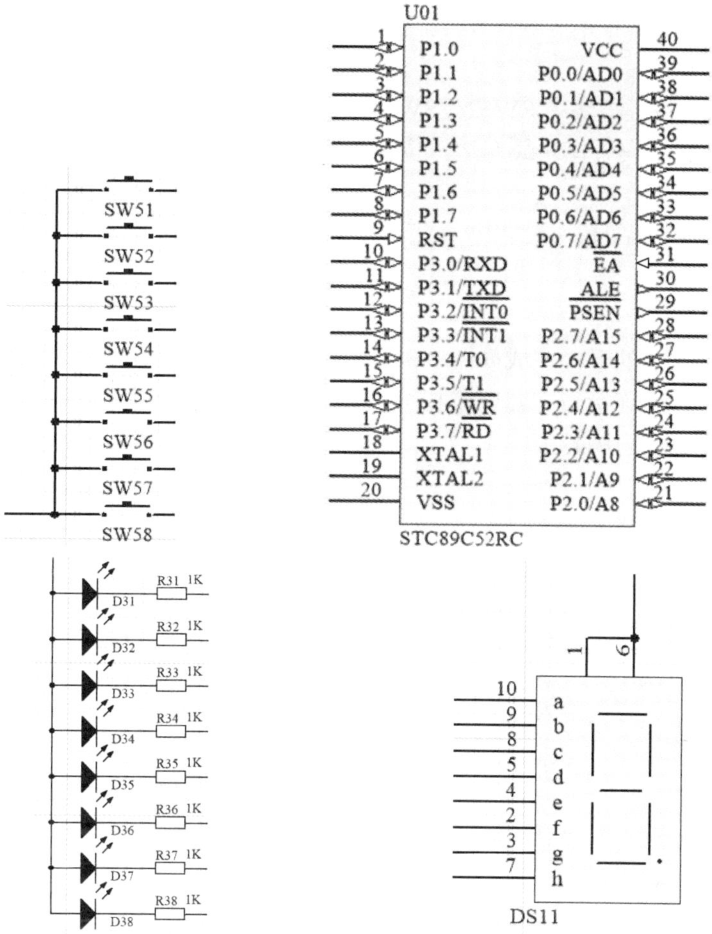

图 7-33　任务三十三电路连接图

四、程序编写

见参考程序。

任务三十四　多人抢答器

一、文件建立

（1）在 D 盘以“座位号/考生号”为文件夹名，新建文件夹。

（2）以 Project 为项目名，新建项目并存于上面的文件夹中。

（3）以 Source.asm 为文件名，新建源程序文件，并添加于本项目中。

二、任务概述

（1）实现多人抢答器功能。

（2）8 位独立按键模块中 SW51：主持人。（按下并松手：开始抢答，松手后 3s：抢答结束）

（3）8 位独立按键模块中 SW52～SW58：七位选手。（3s 内按下，谁先按下谁抢中）

（4）8 位共阳数码管模块最左边一位：显示抢中选手编号。（SW52～SW58 对应编号为 2～8）

（5）8 位共阳数码管模块最右边一位：倒计时。（主持人按下并松手：开始 3s 倒计时）

三、硬件连接

（1）以网络标号的形式完成如图 7-34 所示电路连接。

（2）电路原理图连接与实际电路相符。

（3）未使用到的引脚悬空。

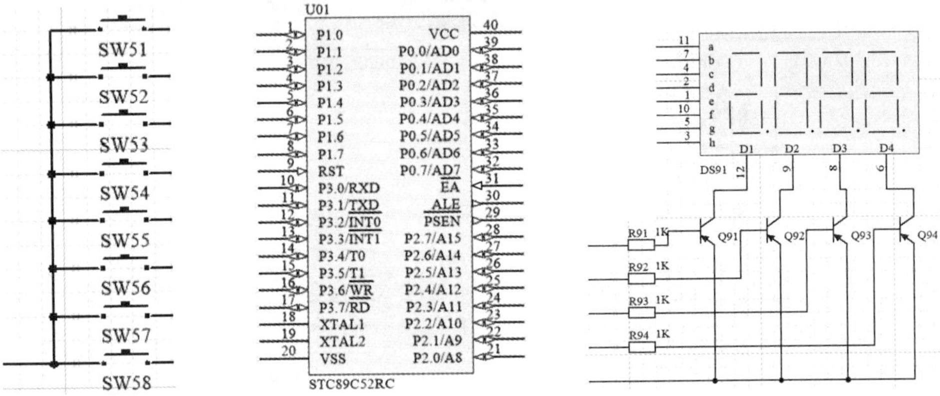

图 7-34　任务三十四电路连接图

四、程序编写

见参考程序。

任务三十五　蜂鸣器发出一个音调

一、文件建立

（1）在 D 盘以“座位号/考生号”为文件夹名，新建文件夹。

（2）以 Project 为项目名，新建项目并存于上面的文件夹中。

（3）以 Source.asm 为文件名，新建源程序文件，并添加于本项目中。

二、任务概述

（1）上电时蜂鸣器不响。

（2）按住 8 位独立按键模块中 SW51 按钮，蜂鸣器发出音调 Do（频率 523Hz）。

（3）松开 8 位独立按键模块中 SW51 按钮，蜂鸣器停止发音。

（4）循环以上步骤（2）（3）。

三、硬件连接

（1）以网络标号的形式完成如图 7-35 所示电路连接。
（2）电路原理图连接与实际电路相符。
（3）未使用到的引脚悬空。

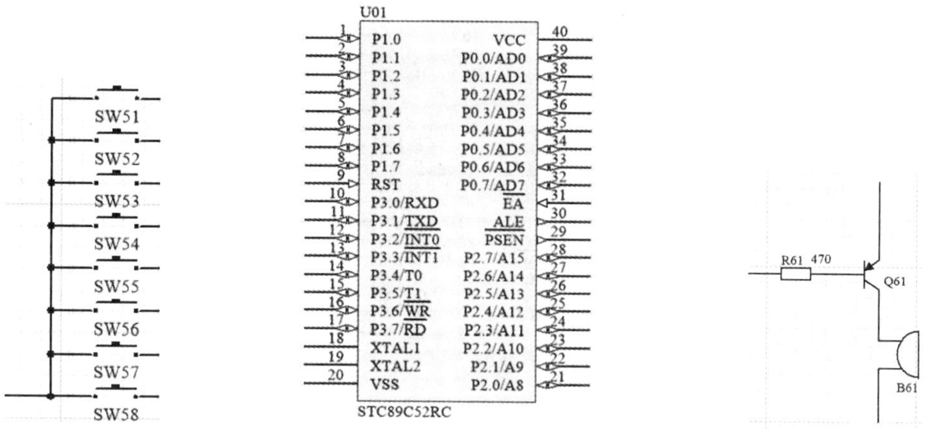

图 7-35 任务三十五电路连接图

四、程序编写

见参考程序。

任务三十六 蜂鸣器循环发出七个音调

一、文件建立

（1）在 D 盘以“座位号/考生号”为文件夹名，新建文件夹。
（2）以 Project 为项目名，新建项目并存于上面的文件夹中。
（3）以 Source.asm 为文件名，新建源程序文件，并添加于本项目中。

二、任务概述

上电后蜂鸣器循环播放（Do Re Mi Fa So La Si）七个音调，每个音调发音时间为 0.5s 左右。各音调对应频率如表 7-1 所示。

表 7-1 各音调对应频率

音调	Do	Re	Mi	Fa	So	La	Si
频率	523Hz	587 Hz	659 Hz	698 Hz	784 Hz	880 Hz	988 Hz

三、硬件连接

（1）以网络标号的形式完成如图 7-36 所示电路连接。

（2）电路原理图连接与实际电路相符。

（3）未使用到的引脚悬空。

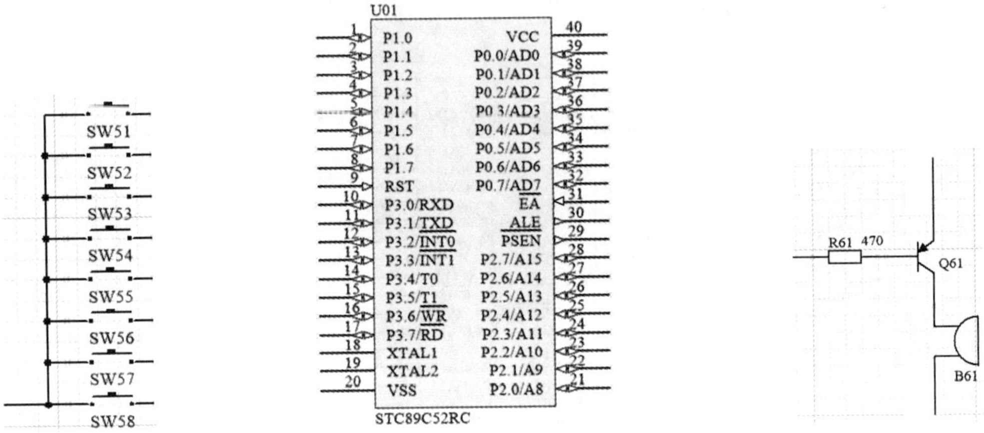

图 7-36　任务三十六电路连接图

四、程序编写

见参考程序。

任务三十七　电　子　琴

一、文件建立

（1）在 D 盘以“座位号/考生号”为文件夹名，新建文件夹。

（2）以 Project 为项目名，新建项目并存于上面的文件夹中。

（3）以 Source.asm 为文件名，新建源程序文件，并添加于本项目中。

二、任务概述

（1）上电后蜂鸣器不响。

（2）按住 8 位独立按键模块中的 SW51～SW57 某一按钮，对应发出音调（Do Re Mi Fa So La Si）。

（3）可根据如图 7-37 所示简谱弹奏出歌曲。

三、硬件连接

（1）以网络标号的形式完成如图 7-38 所示电路连接。

（2）电路原理图连接与实际电路相符。

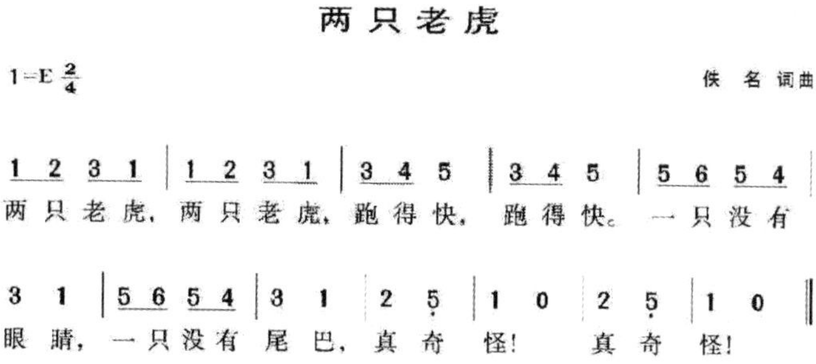

图 7-37 简谱

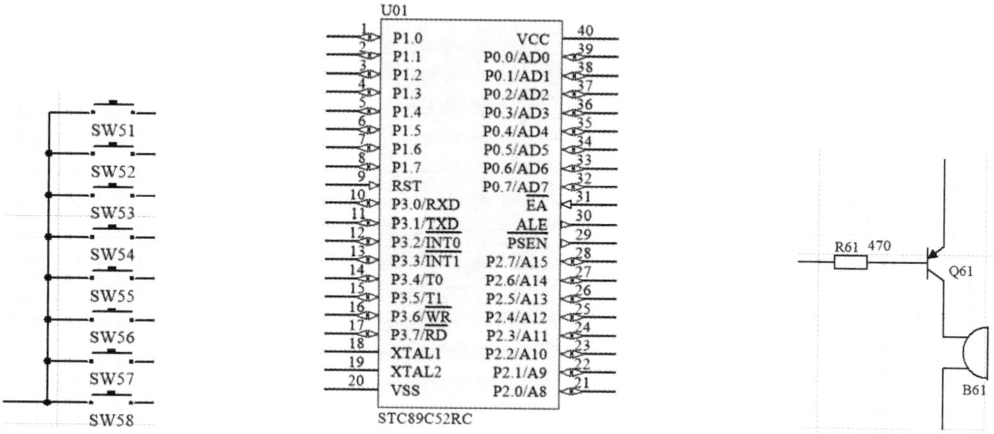

图 7-38 任务三十七电路连接图

（3）未使用到的引脚悬空。

四、程序编写

见参考程序。

任务三十八 显示矩阵键值（0～F）

一、文件建立

（1）在 D 盘以“座位号/考生号”为文件夹名，新建文件夹。
（2）以 Project 为项目名，新建项目并存于上面的文件夹中。
（3）以 Source.asm 为文件名，新建源程序文件，并添加于本项目中。

二、任务概述

（1）上电后共阳数码管模块灭。
（2）按下 4×4 矩阵按键模块中某一按键，共阳数码管模块显示对应键值（0～F）。

三、硬件连接

（1）以网络标号的形式完成如图 7-39 所示电路连接。
（2）电路原理图连接与实际电路相符。
（3）未使用到的引脚悬空。

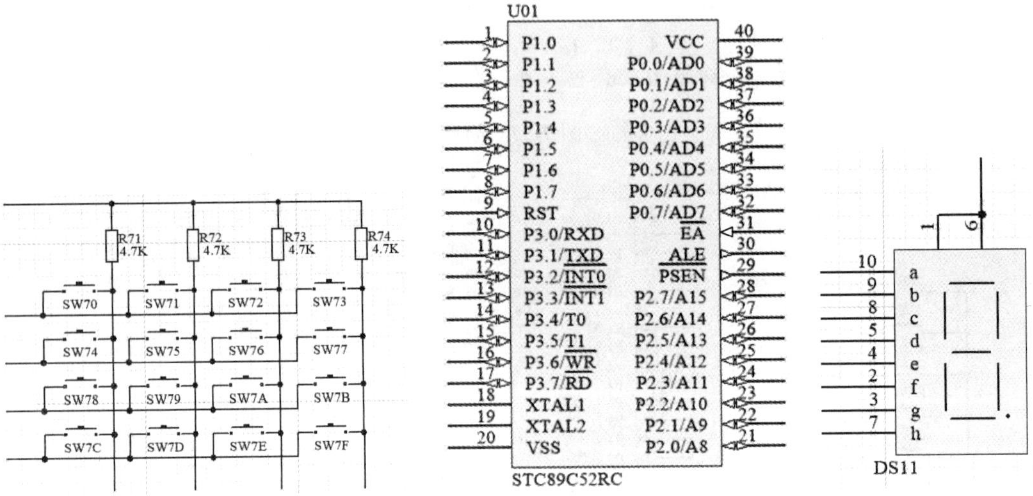

图 7-39 任务三十八电路连接图

四、程序编写

见参考程序。

任务三十九 点对点串行通信

一、文件建立

（1）在 D 盘以“座位号/考生号”为文件夹名，新建文件夹。
（2）以 Project 为项目名，新建项目并存于上面的文件夹中。
（3）以 Source.asm 为文件名，新建源程序文件，并添加于本项目中。

二、任务概述

（1）上电接收端共阳数码管模块显示 0。
（2）每按一次发送端 8 位独立按键模块中的 SW51 按钮，接收端显示的数字自加 1。
（3）当接收端显示的数字为 9 时，再按一次发送端的 SW51 按钮，则接收端显示数字 0。
（4）循环以上步骤（2）（3）。

三、硬件连接

1. 发送端

（1）以网络标号的形式完成如图 7-40 所示电路连接。
（2）电路原理图连接与实际电路相符。
（3）未使用到的引脚悬空。

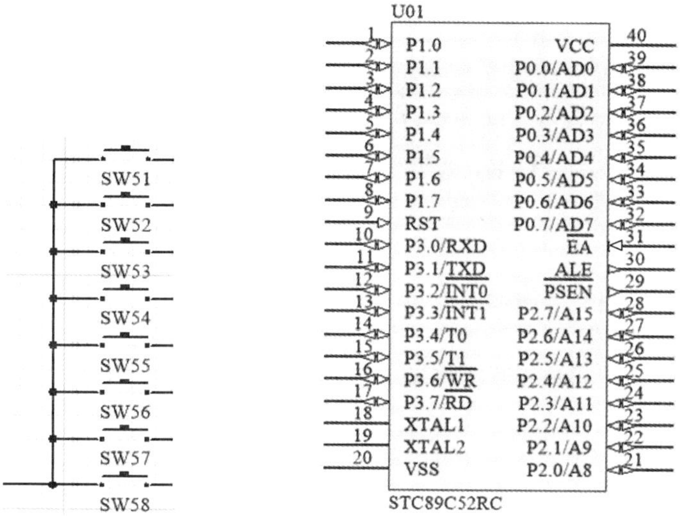

图 7-40 发送端电路连接图

2. 接收端

（1）以网络标号的形式完成如图 7-41 所示电路连接。
（2）电路原理图连接与实际电路相符。
（3）未使用到的引脚悬空。

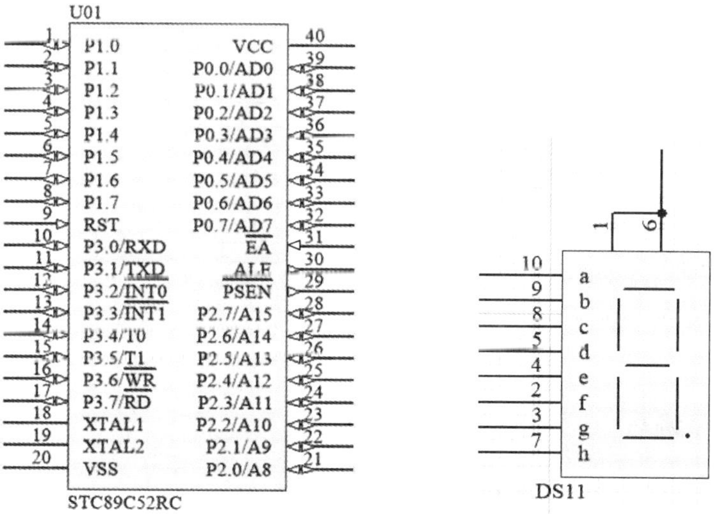

图 7-41 接收端电路连接图

四、程序编写

见参考程序。

任务四十　自发自收串行通信

一、文件建立

（1）在 D 盘以“座位号/考生号”为文件夹名，新建文件夹。
（2）以 Project 为项目名，新建项目并存于上面的文件夹中。
（3）以 Source.asm 为文件名，新建源程序文件，并添加于本项目中。

二、任务概述

（1）上电时共阳数码管模块显示 0。
（2）按住 8 位独立按键模块中的 SW51～SW58 时，共阳数码管显示对应键值（1～8）。
（3）松开按键后共阳数码管模块显示 0。

三、硬件连接

（1）以网络标号的形式完成如图 7-42 所示电路连接。
（2）电路原理图连接与实际电路相符。
（3）未使用到的引脚悬空。

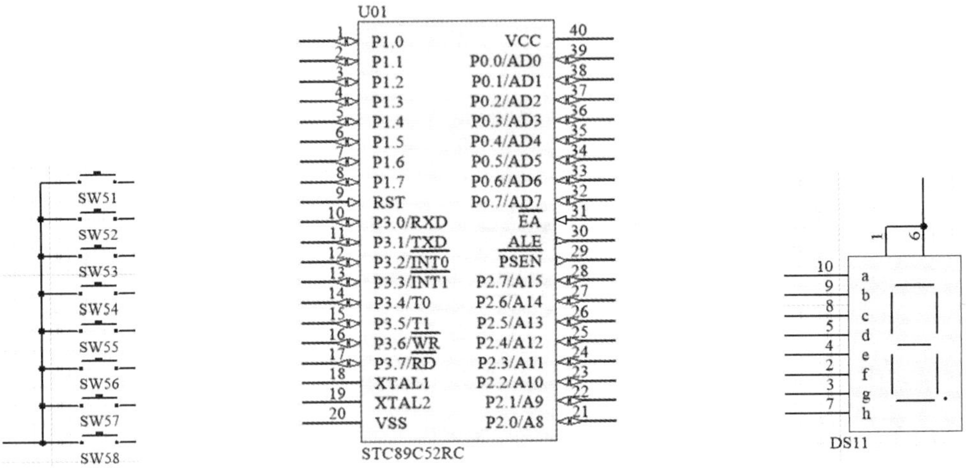

图 7-42　任务四十电路连接图

四、程序编写

见参考程序。

第八章　参考程序

任务一　用位操作指令点亮一只LED

功能：上电后共阳 LED 模块 D31 亮
连线：共阳 LED 模块 D31　　　连接　　　系统模块 P1.0
连线：共阳 LED 模块 VCC　　　连接　　　系统模块 VCC

```
ORG 0000H
CLR P1.0            ;清零 P1.0 位
SJMP $
END
```

任务二　用寄存器操作指令点亮一只LED

功能：上电后共阳 LED 模块 D31 亮，其余灭
连线：共阳 LED 模块 D31～D38　　　连接　　　系统模块 P1.0～P1.7
连线：共阳 LED 模块 VCC　　　连接　　　系统模块 VCC

```
ORG 0000H
MOV P1,#0FEH        ;将 FEH 传送到 P1 口
SJMP $
END
```

任务三　用位操作指令点亮部分LED

功能：上电后共阴 LED 模块 D42\D44\D46\D48 灭、D41\D43\D45\D47 亮
连线：共阴 LED 模块 D41～D48　　　连接　　　系统模块 P1.0～P1.7
连线：共阴 LED 模块 GND　　　连接　　　系统模块 GND

```
ORG 0000H
SETB P1.0           ;置位 P1.0 位
CLR P1.1            ;清零 P1.1 位
SETB P1.2
CLR P1.3
SETB P1.4
```

```
CLR P1.5
SETB P1.6
CLR P1.7
SJMP $
END
```

任务四　用寄存器操作指令点亮部分LED

功能：上电后共阴 LED 模块 D42\D44\D46\D48 亮、D41\D43\D45\D47 灭

连线：共阴 LED 模块 D41～D48　　连接　　系统模块 P1.0～P1.7

连线：共阴 LED 模块 GND　　连接　　系统模块 GND

```
    ORG 0000H
    MOV P1,#0AAH        ;将 AAH 传送到 P1 口
    SJMP $
    END
```

任务五　单灯从左至右循环流水点亮（延时+移位法）

功能：上电后共阳 LED 模块单灯从左至右循环流水点亮

连线：共阳 LED 模块 D31～D38　　连接　　系统模块 P1.0～P1.7

连线：共阳 LED 模块 VCC　　连接　　系统模块 VCC

```
    ORG 0000H
    MOV A,#0FEH         ;送循环初值
NEXT:
    MOV P1,A            ;将 A 中的数传至 P1 口，点亮对应 LED
    RL A                ;A 中的数循环左移一位
    LCALL DELAY         ;调用延时子程序
    LJMP NEXT           ;无条件跳转到 NEXT 处
DELAY:                  ;延时子程序
    MOV R6,#200
L2: MOV R7,#200
L1: DJNZ R7,L1
    DJNZ R6,L2
    RET
    END
```

任务六　单灯从左至右循环流水点亮（延时+查表法）

功能：上电后共阴 LED 模块单灯从左至右循环流水点亮
连线：共阴 LED 模块 D41～D48　　连接　　系统模块 P1.0～P1.7
连线：共阴 LED 模块 GND　　连接　　系统模块 GND

```
    ORG 0000H
    MOV R0,#0           ;从表格中的第 0 个数开始取数
    MOV DPTR,#TAB       ;表格首地址送 DPTR
NEXT:
    MOV A,R0
    MOVC A,@A+DPTR      ;取出 R0 中的数对应表格中的数
    CPL A               ;将取出的数取反
    MOV P1,A            ;送 P1 口，点亮对应 LED
    LCALL DELAY         ;调用延时子程序
    INC R0              ;R0 中的数自加 1，为下一个状态做准备
    CJNE R0,#8,NEXT     ;判断表格中的数是否取完，未取完则继续取数
    MOV R0,#0           ;取完则从头取数
    LJMP NEXT
DELAY:                  ;延时子程序
    MOV R6,#200
L2: MOV R7,#200
L1: DJNZ R7,L1
    DJNZ R6,L2
    RET
TAB:DB 0FEH,0FDH,0FBH,0F7H,0EFH,0DFH,0BFH,07FH
    END
```

任务七　单灯从左至右循环流水点亮（定时+移位）

注意：以下程序中的定时初值是以 f_{osc}=12MHz 计算的。
功能：上电后共阳 LED 模块单灯从左至右循环流水点亮（每只 LED 点亮时间为 0.1s）
连线：共阳 LED 模块 D31～D38　　连接　　系统模块 P1.0～P1.7
连线：共阳 LED 模块 VCC　　连接　　系统模块 VCC

```
    ORG 0000H
    LJMP MAIN
    ORG 000BH           ;T0 中断入口地址
```

```
        LJMP TIM0
MAIN:
        MOV TMOD,#01H       ;规划 T0 工作于方式 1
        MOV TH0,#3CH        ;向 T0 装入初值 3CB0H=15536D
        MOV TL0,#0B0H
        SETB EA             ;允许 CPU 中断
        SETB ET0            ;允许 T0 中断
        SETB TR0            ;启动 T0 开始计数
        MOV R7,#2
        MOV A,#0FEH         ;LED 初始状态存入 A 中
NEXT:
        MOV P1,A            ;将 A 中的数传至 P1 口，点亮对应 LED
        LJMP NEXT
TIM0:                       ;中断服务程序，每进入中断两次 A 中的数左移一位
        MOV TH0,#3CH        ;向 T0 重装初值 3CB0H=15536D
        MOV TL0,#0B0H
        DJNZ R7,ETIM0
        MOV R7,#2
        RL A
ETIM0:
        RETI
        END
```

任务八　单灯从左至右循环流水点亮（定时+查表）

注意：以下程序中的定时初值是以 f_{osc}=12MHz 计算的。

功能：上电后共阳 LED 模块单灯从左至右循环流水点亮（每只 LED 点亮时间为 0.05s）

连线：共阳 LED 模块 D31～D38　　连接　　系统模块 P1.0～P1.7

连线：共阳 LED 模块 VCC　　连接　　系统模块 VCC

```
        ORG 0000H
        LJMP MAIN
        ORG 000BH           ;T0 中断入口地址
        LJMP TIM0
MAIN:
        MOV TMOD,#01H       ;规划 T0 工作于方式 1
        MOV TH0,#3CH        ;向 T0 装入初值 3CB0H=15536D
        MOV TL0,#0B0H
```

```
    SETB EA               ;允许 CPU 中断
    SETB ET0              ;允许 T0 中断
    SETB TR0              ;启动 T0 开始计数
    MOV R0,#0
    MOV DPTR,#TAB         ;将表格的首地址送 DPTR
NEXT:
    MOV A,R0
    MOVC A,@A+DPTR        ;取出 R0 中的数对应表格中的数
    MOV P1,A              ;将取出的数送 P1 口，点亮对应 LED
    LJMP NEXT
TIM0:
    MOV TH0,#3CH          ;向 T0 重装初值 3CB0H=15536D
    MOV TL0,#0B0H
    INC R0                ;每进入一次中断 R0 中的数自加 1
    CJNE R0,#8,ETIM0      ;当 R0 中的数不等于 8，则准备继续取数
    MOV R0,#0             ;当 R0 中的数等于 8，则准备从头取数
ETIM0:
    RETI
TAB:DB 0FEH,0FDH,0FBH,0F7H,0EFH,0DFH,0BFH,07FH
    END
```

任务九　单灯左右来回循环流水点亮（定时+查表）

注意：以下程序中的定时初值是以 f_{osc}=12MHz 计算的。

功能：上电后共阳 LED 模块单灯左右来回循环流水点亮（每只 LED 点亮时间为 0.05s）

连线：共阳 LED 模块 D31～D38　　连接　　系统模块 P1.0～P1.7

连线：共阳 LED 模块 VCC　　连接　　系统模块 VCC

```
    ORG 0000H
    LJMP MAIN
    ORG 000BH
    LJMP TIM0
MAIN:
    MOV TMOD,#01H         ;T0 工作于方式 1
    MOV TH0,#3CH          ;向 T0 装入初值 3CB0H=15536D
    MOV TL0,#0B0H
    SETB EA
    SETB ET0
```

```
        SETB TR0
        MOV R0,#0
        MOV DPTR,#TAB
NEXT:
        MOV A,R0
        MOVC A,@A+DPTR     ;取出 R0 中的数对应表格中的数
        MOV P1,A
        LJMP NEXT
TIM0:
        MOV TH0,#3CH       ;向 T0 重装初值 3CB0H=15536D
        MOV TL0,#0B0H
        INC R0
        CJNE R0,#14,ETIM0
        MOV R0,#0
ETIM0:
        RETI
TAB:DB 0FEH,0FDH,0FBH,0F7H,0EFH,0DFH,0BFH,07FH,0BFH,0DFH,0EFH,0F7H
        DB 0FBH, 0FDH
        END
```

任务十　节　拍　灯

注意：以下程序中的定时初值是以 f_{osc}=12MHz 计算的。

功能：上电后共阳 LED 模块模拟节拍效果（每只 LED 点亮时间为 0.05s）

连线：共阳 LED 模块 D31～D38　　连接　　系统模块 P1.0～P1.7

连线：共阳 LED 模块 VCC　　连接　　系统模块 VCC

```
        ORG 0000H
        LJMP MAIN
        ORG 000BH
        LJMP TIM0
MAIN:
        MOV TMOD,#01H
        MOV TH0,#3CH       ;向 T0 装入初值 3CB0H=15536D
        MOV TL0,#0B0H
        SETB EA
        SETB ET0
        SETB TR0
```

```
    MOV R0,#0
    MOV DPTR,#TAB
NEXT:
    MOV A,R0
    MOVC A,@A+DPTR    ;取出 R0 中的数对应表格中的数
    MOV P1,A
    LJMP NEXT
TIM0:
    MOV TH0,#3CH      ;向 T0 重装初值 3CB0H=15536D
    MOV TL0,#0B0H
    INC R0
    CJNE R0,#6,ETIM0
    MOV R0,#0
ETIM0:
    RETI
TAB:DB 7EH,0BDH,0DBH,0E7H,0DBH,0BDH
    END
```

任务十一　点亮一位共阳数码管B段

功能：上电后共阳数码管模块 B 段亮，其余段灭

连线：共阳数码管模块 A～H　　连接　　系统模块 P0.0～P0.7

连线：共阳数码管模块 VCC　　连接　　系统模块 VCC

```
    ORG 0000H
    MOV P0,#0FDH
    SJMP $
    END
```

任务十二　点亮一位共阴数码管G段

功能：上电后共阴数码管模块 G 段亮，其余段灭

连线：共阴数码管模块 A～H　　连接　　系统模块 P0.0～P0.7

连线：共阴数码管模块 GND　　连接　　系统模块 GND

```
    ORG 0000H
    MOV P0,#40H
    SJMP $
    END
```

任务十三　一位共阳数码管外围段循环流水点亮

注意：以下程序中的定时初值是以 f_{osc}=12MHz 计算的。

功能 1：上电后共阳数码管模块各段全亮

功能 2：1s 后外围段循环流水点亮（每段点亮时间为 0.1s）

连线：共阳数码管模块 A～H　　连接　　系统模块 P0.0～P0.7

连线：共阳数码管模块 VCC　　连接　　系统模块 VCC

```
    ORG 0000H
    LJMP MAIN
    ORG 000BH
    MOV TH0,#3CH          ;向 T0 重装初值 3CB0H=15536D
    MOV TL0,#0B0H
    DJNZ R7,ET0I          ;当 R7 不等于 0 则 1s 未到，否则 1s 已到
    MOV R7,#2
    INC R0
    CJNE R0,#7,ET0I
    MOV R0,#1
ET0I:
    RETI
MAIN:
    MOV TMOD,#01H
    MOV TH0,#3CH          ;向 T0 装入初值 3CB0H=15536D
    MOV TL0,#0B0H
    SETB EA
    SETB ET0
    SETB TR0
    MOV R0,#0
    MOV R7,#20
NEXT:
    LCALL LS
    LJMP NEXT
LS:                       ;外围流水点亮子程序
    MOV A,R0
    MOV DPTR,#DUAN
    MOVC A,@A+DPTR
    MOV P0,A
```

```
    RET
DUAN:DB 00H,0FEH,0FDH,0FBH,0F7H,0EFH,0DFH
    END
```

任务十四　两位共阳数码管外围段循环流水点亮

注意：以下程序中的定时初值是以 f_{osc}=12MHz 计算的。

功能 1：上电后两位共阳数码管模块各段全亮

功能 2：1s 后两位共阳数码管模块外围段循环流水点亮（每段点亮时间为 0.1s）

连线：两位共阳数码管模块 A～H　　连接　　系统模块 P0.0～P0.7

连线：两位共阳数码管模块 D1、D2　　连接　　系统模块 P2.0、P2.1

连线：两位共阳数码管模块 VCC　　连接　　系统模块 VCC

```
    ORG 0000H
    LJMP MAIN
    ORG 000BH
    MOV TH0,#3CH            ;向 T0 重装初值 3CB0H=15536D
    MOV TL0,#0B0H
    DJNZ R7,ET0I
    MOV R7,#2
    INC R0
    CJNE R0,#9,ET0I
    MOV R0,#1
ET0I:
    RETI
MAIN:
    MOV TMOD,#01H
    MOV TH0,#3CH            ;向 T0 装入初值 3CB0H=15536D
    MOV TL0,#0B0H
    SETB EA
    SETB ET0
    SETB TR0
    MOV R7,#20
NEXT:
    LCALL LS
    LJMP NEXT
LS:                         ;两位数码管外围流水点亮子程序
    MOV P0,#0FFH
```

```
        MOV A,R0
        MOV DPTR,#WEI
        MOVC A,@A+DPTR
        MOV P2,A
        MOV A,R0
        MOV DPTR,#DUAN
        MOVC A,@A+DPTR
        MOV P0,A
        RET
WEI:DB 0FCH,0FEH,0FDH,0FDH,0FDH,0FDH,0FEH,0FEH,0FEH
DUAN:DB 00H,0FEH,0FEH,0FDH,0FBH,0F7H,0F7H,0EFH,0DFH
        END
```

任务十五 四位共阳数码管外围段循环流水点亮

注意：以下程序中的定时初值是以 f_{osc}=12MHz 计算的。

功能 1：上电后四位共阳数码管模块各段全亮

功能 2：1s 后四位共阳数码管模块外围段循环流水点亮（每段点亮时间为 0.1s）

连线：四位共阳数码管模块 A～H 连接 系统模块 P0.0～P0.7

连线：四位共阳数码管模块 D1～D4 连接 系统模块 P2.0～P2.3

连线：四位共阳数码管模块 VCC 连接 系统模块 VCC

```
        ORG 0000H
        LJMP MAIN
        ORG 000BH
        MOV TH0,#3CH          ;向 T0 重装初值 3CB0H=15536D
        MOV TL0,#0B0H
        DJNZ R7,ET0I
        MOV R7,#2
        INC R0
        CJNE R0,#13,ET0I
        MOV R0,#1
ET0I:
        RETI
MAIN:
        MOV TMOD,#01H
        MOV TH0,#3CH          ;向 T0 装入初值 3CB0H=15536D
        MOV TL0,#0B0H
```

```
    SETB EA
    SETB ET0
    SETB TR0
    MOV R7,#20
NEXT:
    LCALL LS
    LJMP NEXT
LS:                         ;四位数码管外围流水点亮子程序
    MOV P0,#0FFH
    MOV A,R0
    MOV DPTR,#WEI
    MOVC A,@A+DPTR
    MOV P2,A
    MOV A,R0
    MOV DPTR,#DUAN
    MOVC A,@A+DPTR
    MOV P0,A
    RET
WEI:DB 0FCH,0FEH,0FDH,0FBH,0F7H,0F7H,0F7H,0F7H,0FBH,0FDH,0FEH,0FEH
    DB 0FEH
DUAN:DB 00H,0FEH,0FEH,0FEH,0FEH,0FDH,0FBH,0F7H,0F7H,0F7H,0F7H,0EFH
    DB 0DFH
    END
```

任务十六　一位共阳数码管模块显示数字3

功能：上电后共阳数码管模块显示数字 3

连线：共阳数码管模块 A～H　　连接　　系统模块 P0.0～P0.7

连线：共阳数码管模块 VCC　　连接　　系统模块 VCC

```
    ORG 0000H
    MOV P0,#0B0H        ;将数字 3 的段码（共阳）送 P0 口
    SJMP $
    END
```

任务十七　一位共阳数码管模块显示未知数

功能：上电后共阳数码管模块显示未知数（R0 中的一位十进制数）

连线：共阳数码管模块 A～H　　连接　　系统模块 P0.0～P0.7
连线：共阳数码管模块 VCC　　连接　　系统模块 VCC

```
    ORG 0000H
    MOV R0,#6
    MOV A,R0
    MOV DPTR,#DUAN
    MOVC A,@A+DPTR          ;查找 R0 中的数对应的段码
    MOV P0,A
    SJMP $
DUAN:DB 0C0H,0F9H,0A4H,0B0H,99H,92H,82H,0F8H,80H,90H
    END
```

任务十八　一位共阳数码管模块显示按键次数（外部中断法）

功能 1：上电后共阳数码管模块显示 0
功能 2：每按下八位独立按键模块中的 SW51 按钮，数码管显示的数字自加 1
功能 3：当数码管上显示的数字为 9，再次按下按钮，数码管显示数字 0
功能 4：循环以上步骤（2）（3）
连线：共阳数码管模块 A-H　　连接　　系统模块 P0.0～P0.7
连线：共阳数码管模块 VCC　　连接　　系统模块 VCC
连线：独立按键模块 SW1　　连接　　系统模块 P3.2
连线：独立按键模块 GND　　连接　　系统模块 GND

```
    ORG 0000H
    LJMP MAIN
    ORG 0003H               ;外部中断 0 入口地址
    INC R0                  ;每次进入中断 R0 中的数（按键次数）自加 1
    CJNE R0,#10,EINT0
    MOV R0,#0
EINT0:
    RETI
MAIN:
    SETB IT0                ;设置外部中断 0 触发方式为下降沿有效
    SETB EA
    SETB EX0
NEXT:                       ;将 R0 中的数显示在数码管上
    MOV A,R0
```

```
    MOV DPTR,#DUAN
    MOVC A,@A+DPTR
    MOV P0,A
    LJMP NEXT
DUAN:DB 0C0H,0F9H,0A4H,0B0H,99H,92H,82H,0F8H,80H,90H
    END
```

任务十九　一位共阳数码管模块显示按键次数（定时器计数模式）

功能 1：上电后共阳数码管模块显示 0

功能 2：每按下 8 位独立按键模块中的 SW51 按钮，数码管显示的数字自加 1

功能 3：当数码管上显示的数字为 9，再次按下按钮，数码管显示数字 0

功能 4：循环以上步骤（2）（3）

连线：共阳数码管模块 A～H　　连接　　系统模块 P0.0～P0.7

连线：共阳数码管模块 VCC　　连接　　系统模块 VCC

连线：独立按键模块 SW1　　连接　　系统模块 P3.4

连线：独立按键模块 GND　　连接　　系统模块 GND

```
    ORG 0000H
    LJMP MAIN
    ORG 000BH           ;定时/计数器 T0 中断入口地址
    INC R0              ;每次进入中断 R0 中的数（按键次数）自加 1
    CJNE R0,#10,EINT0
    MOV R0,#0
EINT0:
    RETI
MAIN:
    MOV TMOD,#06H       ;规划 T0 工作于方式 2 外部计数模式
    MOV TH0,#0FFH       ;装入初值 FFH
    MOV TL0,#0FFH
    SETB EA
    SETB ET0
    SETB TR0
NEXT:                   ;将 R0 中的数显示在数码管上
    MOV A,R0
    MOV DPTR,#DUAN
    MOVC A,@A+DPTR
```

```
    MOV P0,A
    LJMP NEXT
DUAN:DB 0C0H,0F9H,0A4H,0B0H,99H,92H,82H,0F8H,80H,90H
    END
```

任务二十　一位共阳数码管模块显示按键次数（引脚查询法）

功能 1：上电后共阳数码管模块显示 0

功能 2：每按下 8 位独立按键模块中的 SW51 按钮，数码管显示的数字自加 1

功能 3：当数码管上显示的数字为 9，再次按下按钮，数码管显示数字 0

功能 4：循环以上步骤（2）（3）

连线：共阳数码管模块 A～H	连接	系统模块 P0.0～P0.7
连线：共阳数码管模块 VCC	连接	系统模块 VCC
连线：独立按键模块 SW1	连接	系统模块 P3.2
连线：独立按键模块 GND	连接	系统模块 GND

```
    ORG 0000H
UP:
    LCALL XSG
    JB P3.2,UP          ;P3.2=1（按键未按下）时跳转到 UP，P3.2=0（按键按下）时顺序执行
DOWN:
    LCALL XSG
    JNB P3.2,DOWN       ;P3.2=0（按键未松开）时跳转到 DOWN，P3.2=1（按键松开）时顺序执行
    INC R0              ;R0 中的数自加 1，即按键次数自加 1
    CJNE R0,#10,UP
    MOV R0,#0
    LJMP UP
XSG:                    ;将 R0 中的数显示在数码管上
    MOV A,R0
    MOV DPTR,#DUAN
    MOVC A,@A+DPTR
    MOV P0,A
    RET
DUAN:DB 0C0H,0F9H,0A4H,0B0H,99H,92H,82H,0F8H,80H,90H
    END
```

任务二十一　数码管AGD段流水

注意：以下程序中的定时初值是以 f_{osc}=12MHz 计算的

功能 1：上电后一位共阳数码管模块各段全亮

功能 2：按下 8 位独立按键模块中的 SW53 按钮并松手后，一位共阳数码管 A-G-D 段循环流水点亮（每段亮 0.2s）

连线：一位共阳数码管模 A～H	连接	系统模块 P0.0～P0.7
连线：一位共阳数码管模 VCC	连接	系统模块 VCC
连线：8 位独立按键模块 SW3	连接	系统模块 P2.0
连线：8 位独立按键模块 GND	连接	系统模块 GND

```
    ORG 0000H
    LJMP MAIN
    ORG 000BH
    MOV TH0,#3CH          ;向 T0 重装初值 3CB0H=15536D
    MOV TL0,#0B0H
    DJNZ R7,ETIM0
    MOV R7,#4
    INC R0
    CJNE R0,#3,ETIM0
    MOV R0,#0
ETIM0:
    RETI
MAIN:
    MOV P0,#00H
    MOV R7,#4
    MOV R0,#0
    MOV TMOD,#01H
    MOV TH0,#3CH          ;向 T0 装入初值 3CB0H=15536D
    MOV TL0,#0B0H
    SETB EA
    SETB ET0
WA:
    JB P2.0,WA            ;P2.0=1（按键未按下）时跳转到 WA，P2.0=0（按键按下）
                          时顺序执行
AX:
    JNB P2.0,AX           ;P2.0=0（按键未松开）时跳转到 AX，P2.0=1（按键松开）
```

```
                    时顺序执行
    SETB TR0        ;启动定时/计数器 T0 开始定时
NEXT:
    LCALL CB
    LJMP NEXT
CB:
    MOV A,R0
    MOV DPTR,#TAB
    MOVC A,@A+DPTR
    MOV P0,A
    RET
TAB:DB 0FEH,0BFH,0F7H
    END
```

任务二十二　剩余车位模拟系统（外部中断法）

功能 1：上电后共阳数码管模块显示 0

功能 2：每按下一次 8 位独立按键模块中的 SW51 按钮（一辆车入库），数码管显示的数字自减 1

功能 3：每按下一次 8 位独立按键模块中的 SW52 按钮（一辆车出库），数码管显示的数字自加 1

功能 4：循环以上步骤（2）（3）

功能 5：当数码管上显示的数字为 9，SW52 按钮失效（禁止入库）

功能 6：当数码管上显示的数字为 0，SW51 按钮失效（禁止出库）

连线：共阳数码管模块 A～H	连接	系统模块 P0.0～P0.7
连线：共阳数码管模块 VCC	连接	系统模块 VCC
连线：独立按键模块 SW1～SW2	连接	系统模块 P3.2～P3.3
连线：独立按键模块 GND	连接	系统模块 GND

```
    ORG 0000H
    LJMP MAIN
    ORG 0003H        ;外部中断 0 入口地址
    DEC R0           ;剩余车位数自减 1
    CJNE R0,#-1,EINT1
    MOV R0,#0
EINT1:
    RETI
    ORG 0013H        ;外部中断 0 入口地址
```

```
    INC R0                  ;剩余车位数自加 1
    CJNE R0,#10,EINT0
    MOV R0,#9
EINT0:
    RETI
MAIN:
    SETB IT0                ;设置外部中断 0 触发方式为下降沿
    SETB IT1                ;设置外部中断 1 触发方式为下降沿
    SETB EA
    SETB EX0
    SETB EX1
NEXT:                       ;将 R0 中的数显示在数码管上
    MOV A,R0
    MOV DPTR,#DUAN
    MOVC A,@A+DPTR
    MOV P0,A
    LJMP NEXT
DUAN:DB 0C0H,0F9H,0A4H,0B0H,99H,92H,82H,0F8H,80H,90H
    END
```

任务二十三　每按5次数码管自加1（定时器计数模式）

功能 1：上电后两位共阳数码管模块显示数字 00

功能 2：8 位独立按键模块中的 SW52 每按下 5 次，两位共阳数码管模块显示的数字自加 1

功能 3：当两位共阳数码管模块显示数字 99 时，再自加 1 则显示 00

功能 4：如此循环步骤（2）（3）

连线：8 位独立按键模块 SW2　　连接　　系统模块 P3.4

连线：8 位独立按键模块 GND　　连接　　系统模块 GND

连线：两位共阳数码管模块 A～H　　连接　　系统模块 P0.0～P0.7

连线：两位共阳数码管模块 D1、D2　　连接　　系统模块 P2.0、P2.1

连线：两位共阳数码管模块 VCC　　连接　　系统模块 VCC

```
    ORG 0000H
    LJMP MAIN
    ORG 000BH               ;定时/计数器 T0 中断入口地址
    INC R7
    CJNE R7,#100,EINT0
```

```
        MOV R7,#0
    EINT0:
        RETI
    MAIN:
        MOV TMOD,#06H            ;设置 T0 工作于方式 2  计数模式
        MOV TH0,#251             ;装入计数初值 251
        MOV TL0,#251
        SETB EA
        SETB ET0
        SETB TR0
    NEXT:
        LCALL DIS2
        LJMP NEXT
    DIS2:                        ;两位数码显示子程序
        MOV A,R7
        MOV B,#10
        DIV AB
        MOV 30H,#0
        MOV 31H,A
        LCALL DIS1
        MOV 30H,#1
        MOV 31H,B
        LCALL DIS1
        RET
    DIS1:                        ;一位数码显示子程序
        MOV P0,#0FFH
        MOV A,30H
        MOV DPTR,#WEI
        MOVC A,@A+DPTR
        MOV P2,A
        MOV A,31H
        MOV DPTR,#DUAN
        MOVC A,@A+DPTR
        MOV P0,A
        RET
    WEI:DB 0FEH,0FDH
    DUAN:DB 0C0H,0F9H,0A4H,0B0H,99H,92H,82H,0F8H,80H,90H
        END
```

任务二十四　按键控制LED闪烁频率

注意：以下程序中的定时初值是以f_{osc}=12MHz 计算的

功能 1：上电后共阳 LED 模块 D31 亮

功能 2：按下 8 位独立按键模块 SW58 按钮后，共阳 LED 模块 D31 以亮/灭各 0.1s 闪烁

功能 3：松开 8 位独立按键模块 SW58 按钮后，共阳 LED 模块 D31 以亮/灭各 1s 闪烁

功能 4：循环以上步骤（2）（3）

连线：8 位独立按键模块 SW8　　连接　　系统模块 P2.0

连线：8 位独立按键模块 GND　　连接　　系统模块 GND

连线：共阳 LED 模块 D31　　连接　　系统模块 P1.0

连线：共阳 LED 模块 VCC　　连接　　系统模块 VCC

```
    ORG 0000H
    LJMP MAIN
    ORG 000BH            ;定时/计数器 T0 中断入口地址
    MOV TH0,#3CH         ;向 T0 重装初值 3CB0H=15536D
    MOV TL0,#0B0H
    JB P2.0,SS           ;P2.0=1（按键未按下）时，跳转到 SS，否则顺序执行
    DJNZ R0,ETI0
    MOV R0,#2
    CPL P1.0
    LJMP ETI0
SS:
    DJNZ R1,ETI0
    MOV R1,#20
    CPL P1.0
ETI0:
    RETI
MAIN:
    CLR P1.0             ;P1.0=0，则上电后 D31 亮
    MOV TMOD,#01H        ;定时/计数器 T0 工作于方式 1 定时模式
    MOV TH0,#3CH         ,向 T0 装入初值 3CB0H=15536D
    MOV TL0,#0B0H
    SETB EA
    SETB ET0
    MOV R0,#2            ;装入 0.1s 计数初值
```

```
    MOV R1,#20          ;装入 1s 计数初值
    JB P2.0,$           ;P2.0=1（按键未按下）时，跳转到本指令首地址，否则
                        顺序执行
    SETB TR0            ;启动定时/计数器 T0
    SJMP $
    END
```

任务二十五　花样流水灯

功能 1：8 位独立按键模块 SW51 未按下时，共阴 LED 模块两灯从左至右循环流水点亮

功能 2：8 位独立按键模块 SW51 按下时，共阴 LED 模块两灯从右至左循环流水点亮

功能 3：循环以上步骤（1）（2）

连线：共阴 LED 模块 D41～D48　连接　系统模块 P1.0～P1.7

连线：共阴 LED 模块 GND　连接　系统模块 GND

连线：8 位独立按键模块 SW1　连接　系统模块 P3.0

连线：8 位独立按键模块 GND　连接　系统模块 GND

```
    SW1 BIT P3.0        ;位定义
    ORG 0000H
    MOV R0,#0
    MOV DPTR,#TAB
UP:
    LCALL UD
    LCALL YS
    JB SW1,UP           ;SW1=1（按键未按下）时，跳转到 UP，否则顺序执行
DOWN:
    LCALL DU
    LCALL YS
    JNB SW1,DOWN        ;SW1=0（按键松手）时，跳转到 DOWN，否则顺序执行
    LJMP UP
UD:                     ;共阴 LED 模块两灯从左至右循环流水点亮子程序
    MOV A,R0
    MOVC A,@A+DPTR
    MOV P1,A
    INC R0
    CJNE R0,#7,EUP
    MOV R0,#0
```

```
EUP:
      RET
DU:                             ;共阴 LED 模块两灯从右至左循环流水点亮子程序
      MOV A,R0
      MOVC A,@A+DPTR
      MOV P1,A
      DEC R0
      CJNE R0,#-1,EDU
      MOV R0,#6
EDU:
      RET
YS:                             ;延时子程序
      MOV R6,#250
L2:   MOV R7,#250
L1:   DJNZ R7,L1
      DJNZ R6,L2
      RET
TAB:DB 03H,06H,0CH,18H,30H,60H,0C0H
      END
```

任务二十六　一位共阳数码管模块显示0～9s循环计时

注意：以下程序中的定时初值是以 f_{osc}=12MHz 计算的。

功能 1：上电后共阳数码管模块显示 0

功能 2：每隔 1s 共阳数码管模块显示的数字自加 1

功能 3：显示数字 9 后再过 1s 又显示 0

功能 4：循环以上步骤（2）（3）

连线：共阳数码管模块 A～H　　连接　　系统模块 P0.0～P0.7

连线：共阳数码管模块 VCC　　连接　　系统模块 VCC

```
      ORG 0000H
      LJMP MAIN
      ORG 000BH             ;定时/计数器 T0 中断入口地址
      MOV TH0,#3CH          ;向 T0 重装初值 3CB0H=15536D
      MOV TL0,#0B0H
      DJNZ R7,EINT0
      MOV R7,#20
      INC R0                ;每隔 1s R0 中的数自加 1
```

```
        CJNE R0,#10,EINT0
        MOV R0,#0
    EINT0:
        RETI
    MAIN:
        MOV R7,#20
        MOV TMOD,#01H          ;定时/计数器 T0 工作于方式 1
        MOV TH0,#3CH           ;向 T0 装入初值 3CB0H=15536D
        MOV TL0,#0B0H
        SETB EA
        SETB ET0
        SETB TR0
    NEXT:                      ;将 R0 中的数显示在数码管上
        MOV A,R0
        MOV DPTR,#DUAN
        MOVC A,@A+DPTR
        MOV P0,A
        LJMP NEXT
    DUAN:DB 0C0H,0F9H,0A4H,0B0H,99H,92H,82H,0F8H,80H,90H
        END
```

任务二十七　一位共阳数码管模块显示9～0s循环倒计时

注意：以下程序中的定时初值是以 f_{osc}=12MHz 计算的。

功能 1：上电后共阴数码管模块显示 9。

功能 2：每隔 1s 共阴数码管模块显示的数字自减 1。

功能 3：显示数字 0 后再过 1s 又显示 9

功能 4：循环以上步骤（2）（3）

连线：共阴数码管模块 A～H　　连接　　系统模块 P0.0～P0.7

连线：共阴数码管模块 GND　　连接　　系统模块 GND

```
        ORG 0000H
        LJMP MAIN
        ORG 000BH              ;定时/计数器 T0 中断入口地址
        MOV TH0,#3CH           ;向 T0 重装初值 3CB0H=15536D
        MOV TL0,#0B0H
        DJNZ R0,EINT0
        MOV R0,#20
```

```
    DEC R7                  ;每隔 1s R0 中的数自减 1
    CJNE R7,#0,EINT0
    CLR TR0
EINT0:
    RETI
MAIN:
    MOV R7,#9
    MOV R0,#20
    MOV TMOD,#01H           ;定时/计数器 T0 工作于方式 1
    MOV TH0,#3CH            ;装入初值 3CB0H=15536
    MOV TL0,#0B0H
    SETB EA
    SETB ET0
    SETB TR0
NEXT:
    LCALL DIS1
    LJMP NEXT
DIS1:                       ;将 R0 中的数显示在数码管上
    MOV A,R7
    MOV DPTR,#DUAN
    MOVC A,@A+DPTR
    CPL A
    MOV P0,A
    RET
DUAN:DB 0C0H,0F9H,0A4H,0B0H,99H,92H,82H,0F8H,80H,90H
    END
```

任务二十八　两位共阳数码管模块显示00～59s循环计时

注意：以下程序中的定时初值是以 f_{osc}=12MHz 计算的。

功能 1：上电后共阳数码管模块显示 00

功能 2：每隔 1s 共阳数码管模块显示的数字自加 1

功能 3：显示数字 59 后再过 1s 又显示 00

功能 4：循环以上步骤（2）（3）

连线：两位共阳数码管模块 A～H　　连接　　系统模块 P0.0～P0.7

连线：两位共阳数码管模块 D1～D2　　连接　　系统模块 P2.0～P2.1

连线：两位共阳数码管模块 VCC　　连接　　系统模块 VCC

```
        ORG 0000H
        LJMP MAIN
        ORG 000BH                ;定时/计数器 T0 中断入口地址
        MOV TH0,#3CH             ;向 T0 重装初值 3CB0H=15536D
        MOV TL0,#0B0H
        DJNZ R7,EINT0
        MOV R7,#20
        INC R0                   ;每隔 1s R0 中的数自加 1
        CJNE R0,#60,EINT0
        MOV R0,#0
    EINT0:
        RETI
    MAIN:
        MOV R7,#20
        MOV TMOD,#01H            ;定时/计数器 T0 工作于方式 1
        MOV TH0,#3CH             ;装入初值 3CB0H=15536
        MOV TL0,#0B0H
        SETB EA
        SETB ET0
        SETB TR0
    NEXT:
        MOV A,R0
        MOV B,#10
        DIV AB                   ;将 R0 中的数的十位/个位分离
        MOV 30H,#0               ;将十位显示在左边数码管上
        MOV 31H,A
        LCALL XSG
        MOV 30H,#1               ;将个位显示在左边数码管上
        MOV 31H,B
        LCALL XSG
        LJMP NEXT
    XSG:                         ;显示子程序
        MOV P0,#0FFH
        MOV A,30H
        MOV DPTR,#WEI
        MOVC A,@A+DPTR
        MOV P2,A
        MOV A,31H
```

```
    MOV DPTR,#DUAN
    MOVC A,@A+DPTR
    MOV P0,A
    RET
WEI:DB 0FEH,0FDH
DUAN:DB 0C0H,0F9H,0A4H,0B0H,99H,92H,82H,0F8H,80H,90H
    END
```

任务二十九　两位共阳数码管模块显示59～00s循环倒计时

注意：以下程序中的定时初值是以 f_{osc}=12MHz 计算的。

功能 1：上电后共阳数码管模块显示 59

功能 2：每隔 1s 共阳数码管模块显示的数字自减 1

功能 3：显示数字 00 后再过 1s 又显示 59

功能 4：循环以上步骤（2）（3）

连线：两位共阳数码管模块 A～H　　连接　　系统模块 P0.0～P0.7

连线：两位共阳数码管模块 D1～D2　　连接　　系统模块 P3.6～P3.7

连线：两位共阳数码管模块 VCC　　连接　　系统模块 VCC

```
    ORG 0000H
    LJMP MAIN
    ORG 001BH                ;定时/计数器 T1 中断入口地址
    LJMP TIM1
MAIN:
    MOV R0,#59
    MOV R7,#20
    MOV TMOD,#10H            ;定时/计数器 T1 工作于方式 1
    MOV TH1,#3CH             ;装入初值 3CB0H–15536
    MOV TL1,#0B0H
    SETB EA
    SETB ET1
    SETB TR1
NEXT:
    LCALL DIS2
    LJMP NEXT
TIM1:
    MOV TH1,#3CH             ;向 T0 重装初值 3CB0H=15536D
    MOV TL1,#0B0H
```

```
    DJNZ R7,ETIM1
    MOV R7,#20
    DEC R0
    CJNE R0,#-1,ETIM1
    MOV R0,#59
ETIM1:
    RETI
DIS2:                       ;两位显示子程序
    MOV A,R0
    MOV B,#10
    DIV AB                  ;将 R0 中的数的十位/个位分离
    MOV 30H,#0              ;将十位显示在左边数码管上
    MOV 31H,A
    LCALL DIS1
    MOV 30H,#1              ;将个位显示在左边数码管上
    MOV 31H, B
    LCALL DIS1
    RET
DIS1:                       ;一位显示子程序
    MOV P0,#0FFH
    MOV A,30H
    MOV DPTR,#WEI
    MOVC A,@A+DPTR
    MOV P3,A
    MOV A,31H
    MOV DPTR,#DUAN
    MOVC A,@A+DPTR
    MOV P0,A
    RET
WEI:DB 0BFH,07FH
DUAN:DB 0C0H,0F9H,0A4H,0B0H,99H,92H,82H,0F8H,80H,90H
    END
```

任务三十　不可调时电子钟

注意：以下程序中的定时初值是以 f_{osc}=12MHz 计算的。

功能 1：四位共阳数码管模块左边两位为小时显示，上电后显示 00

功能 2：四位共阳数码管模块右边两位为分钟显示，上电后显示 00
功能 3：共阳 LED 模块中 D31 为秒指示，上电后亮/灭各 0.5s 闪烁
功能 4：D31 每闪烁 60 次，分加 1
功能 5：分加至 60，时加 1 且分清零
功能 6：时加至 24，时清零
连线：共阳 LED 模块 D31　　连接　　系统模块 P1.0
连线：共阳 LED 模块 VCC　　连接　　系统模块 VCC
连线：四位共阳数码管模 A～H　　连接　　系统模块 P0.0～P0.7
连线：四位共阳数码管模 D1～D4　　连接　　系统模块 P2.0～P2.3
连线：四位共阳数码管模 VCC　　连接　　系统模块 VCC

```
      ORG 0000H
      LJMP MAIN
      ORG 000BH
      LJMP TIMER0
MAIN:
      MOV TMOD,#01H           ;T1、T0 均工作在方式 1
      MOV TH0,#3CH            ;T0 定时 50ms
      MOV TL0,#0B0H
      SETB EA
      SETB ET0
      SETB TR0
      MOV R7,#20              ;T1 中断 20 次即 1s 到
NEXT:
      LCALL XS4
      LJMP NEXT
TIMER0:                       ;每隔 1s R0 自加 1，每隔 60s R1 自加 1，每隔 60 分，
                              R2 自加 1
      MOV TH0,#3CH
      MOV TL0,#0B0H
      CJNE R7,#9,TIMER01      ;LED 灯亮灭各 0.5s 循环闪烁
TIMER01:
      JC LEDL
      SETB P1.0
      LJMP NTIMER0
LEDL:
      CLR P1.0
NTIMER0:
      DJNZ R7,ETIMER0
```

```
    MOV R7,#20
    INC R0
    CJNE R0,#60,ETIMER0
    MOV R0,#0
    INC R1
    CJNE R1,#60,ETIMER0
    MOV R1,#0
    INC R2
    CJNE R2,#24,ETIMER0
    MOV R2,#0
ETIMER0:
    RETI
XS4:                    ;将 R1 中的两位十进制数显示在高两位，将 R0 中的两位
                        十进制数显示在低两位
    MOV A,R2
    MOV B,#10
    DIV AB

    MOV 30H,#0
    MOV 31H,A
    LCALL XS1
    MOV 30H,#1
    MOV 31H,B
    LCALL XS1

    MOV A,R1
    MOV B,#10
    DIV AB

    MOV 30H,#2
    MOV 31H,A
    LCALL XS1
    MOV 30H,#3
    MOV 31H,B
    LCALL XS1
    RET

XS1:                    ;在任意一位数码管上显示任意数字
```

```
    MOV P0,#0FFH
    MOV A,30H
    MOV DPTR,#WEI
    MOVC A,@A+DPTR
    MOV P2,A
    MOV A,31H
    MOV DPTR,#DUAN
    MOVC A,@A+DPTR
    MOV P0,A
    RET

WEI:DB 0FEH,0FDH,0FBH,0F7H
DUAN:DB 0C0H,0F9H,0A4H,0B0H,99H,92H,82H,0F8H,80H,90H
    END
```

任务三十一　可调时电子钟

注意：以下程序中的定时初值是以 f_{osc}=12MHz 计算的。
功能 1：四位共阳数码管模块左边两位为小时显示，上电后显示 00
功能 2：四位共阳数码管模块右边两位为分钟显示，上电后显示 00
功能 3：共阳 LED 模块中 D31 为秒指示，上电后亮/灭各 0.5s 闪烁
功能 4：D31 每闪烁 60 次，分加 1
功能 5：分加至 60，时加 1 且分清零
功能 6：时加至 24，时清零
功能 7：8 位独立按键模块中 SW54 暂停/启动
功能 8：8 位独立按键模块中 SW53 选择，仅在暂停状态下才可进行选择操作
功能 9：8 位独立按键模块 SW52 加、SW51 减，只有在选中状态下才可进行加/减操作

连线：共阳 LED 模块 D31	连接	系统模块 P1.0
连线：共阳 LED 模块 VCC	连接	系统模块 VCC
连线：四位共阳数码管模 A～H	连接	系统模块 P0.0～P0.7
连线：四位共阳数码管模 D1～D4	连接	系统模块 P2.0～P2.3
连线：四位共阳数码管模 VCC	连接	系统模块 VCC
连线：8 位独立按键模块 SW1～SW4	连接	系统模块 P3.2～P3.5
连线：8 位独立按键模块 GND	连接	系统模块 GND

```
    ORG 0000H
    LJMP MAIN
    ORG 000BH
```

```
        LJMP TIMER0
        ORG 001BH
        LJMP TIMER1
MAIN:
        MOV TMOD,#11H       ;T1、T0 均工作在方式 1
        MOV TH1,#0FCH       ;T1 定时 1ms
        MOV TL1,#18H
        MOV TH0,#03CH       ;T0 定时 50ms
        MOV TL0,#0B0H
        SETB EA
        SETB ET0
        SETB ET1
        SETB TR1
        SETB TR0
        MOV R7,#20          ;T1 中断 20 次即 1s 到
        MOV R5,#200         ;T0 中断 200 次，0～100 数码管灭，101～200 数码管亮
        MOV R3,#0           ;用于数码管扫描取值范围 0～3，0 扫描第 0 只，1 扫描
                            第 1 只，2 扫描第 2 只，3 扫描第 3 只
NEXT:
        LCALL K3            ;调用 K3 扫描子程序
        JB TR0,NEXT         ;只有处于暂停时，K4/K5/K6 才有效
        LCALL K4            ;调用 K4 扫描子程序
        LCALL K5            ;调用 K5 扫描子程序
        LCALL K6            ;调用 K6 扫描子程序
        LJMP NEXT

K3:                         ;K3 扫描子程序
        JB P3.5,EK3
K31:
        JNB P3.5,K31
        CPL TR0             ;启动/停止 T0,即实现启动/暂停
EK3:
        RET

K4:                         ;K4 扫描子程序
        JB P3.4,EK4
K41:
        JNB P3.4,K41
```

```
    INC R6              ;R6 取值为 1～2，用于后续判断哪两只数码管常亮，哪两只数码管闪烁
    CJNE R6,#3,EK4
    MOV R6,#1
EK4:
    RET

K5:                     ;K5 扫描子程序
    JB P3.3,EK5
K51:
    JNB P3.3,K51
    CJNE R6,#1,INS      ;R6=1 时，分闪烁，故按下 K5 时分自加 1
    INC R1
    CJNE R1,#60,EK5
    MOV R1,#0
    LJMP EK5
INS:
    INC R2              ;R6=2 时，时闪烁，故按下 K5 时时自加 1
    CJNE R2,#24,EK5
    MOV R2,#0
EK5:
    RET

K6:                     ;K6 扫描子程序
    JB P3.2,EK6
K61:
    JNB P3.2,K61
    CJNE R6,#1,DES      ;R6=1 时，分闪烁，故按下 K6 时分自减 1
    DEC R1
    CJNE R1,#-1,EK6
    MOV R1,#59
    LJMP EK6
DES:
    DEC R2              ;R6=2 时，时闪烁，故按下 K6 时时自减 1
    CJNE R2,#-1,EK6
    MOV R2,#23
EK6:
    RET
```

```
TIMER1:                      ;T1 中断服务程序
    MOV TH1,#0FCH
    MOV TL1,#18H
    LCALL XS4                ;每进入一次中断根据 R3 的值扫描一个数码管
    INC R3
    CJNE R3,#4,NTIMER1
    MOV R3,#0
NTIMER1:
    DJNZ R5,ETIMER1          ;控制数码管的闪烁
    MOV R5,#200
ETIMER1:
    RETI

TIMER0:                      ;每隔 1s R0 自加 1，每隔 60s R1 自加 1，每隔 60min R2
                             自加 1
    MOV TH0,#3CH
    MOV TL0,#0B0H
    CJNE R7,#9,TIMER01       ;LED 灯亮/灭各 0.5s 循环闪烁
TIMER01:
    JC LEDL
    SETB P1.0
    LJMP NTIMER0
LEDL:
    CLR P1.0
NTIMER0:
    DJNZ R7,ETIMER0
    MOV R7,#20
    INC R0
    CJNE R0,#60,ETIMER0
    MOV R0,#0
    INC R1
    CJNE R1,#60,ETIMER0
    MOV R1,#0
    INC R2
    CJNE R2,#24,ETIMER0
    MOV R2,#0
ETIMER0:
```

```
    RETI

XS4:                    ;将 R1 中的两位十进制数显示在高两位，将 R0 中的两位
                        十进制数显示在低两位
    MOV A,R2
    MOV B,#10
    DIV AB
    CJNE R3,#0,SM11     ;R3=0 第 0 个数码管显示
    MOV 30H,#0
    JB TR0,L0           ;时间处于计时状态，跳转到 L0 处正常显示，否则顺序
                        执行
    CJNE R6,#2,L0       ;R6=2，分的个位闪烁
    CJNE R5,#100,LM0    ;R5 大于等于 100，分的个位灭，R5 小于 100，分的个位亮
LM0:
    JC L0
    MOV 31H,#0FFH
    LJMP S1
L0: MOV 31H,A
S1:
    LCALL XS1
SM11:
    CJNE R3,#1,SM22     ;R3=1 第 1 个数码管显示
    MOV 30H,#1
    JB TR0,L1
    CJNE R6,#2,L1
    CJNE R5,#100,LM1
LM1:
    JC L1
    MOV 31H,#0FFH
    LJMP S2
L1:
    MOV 31H,B
S2:
    LCALL XS1
SM22:
    MOV A,R1
    MOV B,#10
    DIV AB
```

```
        CJNE R3,#2,SM33              ;R3=2 第 2 个数码管显示
        MOV 30H,#2
        JB TR0,L2
        CJNE R6,#1,L2
        CJNE R5,#100,LM2
LM2:
        JC L2
        MOV 31H,#0FFH
        LJMP S3
L2:
        MOV 31H,A
S3:
        LCALL XS1
SM33:
        CJNE R3,#3,SM00              ;R3=3 第 3 个数码管显示
        MOV 30H,#3
        JB TR0,L3
        CJNE R6,#1,L3
        CJNE R5,#100,LM3
LM3:
        JC L3
        MOV 31H,#0FFH
        LJMP S0
L3:
        MOV 31H,B
S0:
        LCALL XS1
SM00:
        RET

XS1:                                 ;在任意一位数码管上显示任意（0～9）数字
        MOV P0,#0FFH
        MOV A,30H
        MOV DPTR,#WEI
        MOVC A,@A+DPTR
        MOV P2,A
        MOV A,31H
        MOV DPTR,#DUAN
```

```
        MOVC A,@A+DPTR
        MOV P0,A
        RET

WEI:DB 0FEH,0FDH,0FBH,0F7H
DUAN:DB 0C0H,0F9H,0A4H,0B0H,99H,92H,82H,0F8H,80H,90H
        END
```

任务三十二　LED指示按钮状态

功能：上电后将 8 个独立按键按下与否的状态实时反映在共阳 LED 上
连线：8 位独立按键模块 SW1～SW8　　连接　　系统模块 P2.0～P2.7
连线：8 位独立按键模块 GND　　连接　　系统模块 GND
连线：共阳 LED 模块 D31～D38　　连接　　系统模块 P1.0～P1.7
连线：共阳 LED 模块 VCC　　连接　　系统模块 VCC

```
        ORG 0000H
NEXT:
        MOV P1,P2                ;将 P2 口上的数传至 P1 口
        LJMP NEXT
        END
```

任务三十三　三人表决器

注意：以下程序中的定时初值是以 f_{osc}=12MHz 计算的。
功能 1：实现三人表决器功能
功能 2：8 位独立按键模块中 SW51：主持人（按下：开始表决，3s 后：表决结束）
功能 3：8 位独立按键模块中 SW52：评委一（3s 内按下：同意，否则不同意）
功能 4：8 位独立按键模块中 SW53：评委二（3s 内按下：同意，否则不同意）
功能 5：8 位独立按键模块中 SW54：评委三（3s 内按下：同意，否则不同意）
功能 6：共阳数码管模块：倒计时（主持人按下开始 3s 倒计时）
功能 7：共阳 LED 模块中 D31：表决结果（3s 内亮：通过，否则未通过）
连线：共阳数码管模块 A～H　　连接　　系统模块 P0.0～P0.7
连线：共阳数码管模块 VCC　　连接　　系统模块 VCC
连线：共阳 LED 模块 D31　　连接　　系统模块 P1.0
连线：共阳 LED 模块 VCC　　连接　　系统模块 VCC
连线：8 位独立按键模块 SW1～SW4　　连接　　系统模块 P2.0～P2.3

连线：8 位独立按键模块 GND　　连接　　系统模块 GND

```
        SW1 BIT P2.0            ;对 P2.0～P2.3 进行别名定义
        SW2 BIT P2.1
        SW3 BIT P2.2
        SW4 BIT P2.3

        ORG 0000H
        LJMP MAIN
        ORG 000BH
        MOV TH0,#3CH
        MOV TL0,#0B0H
        DJNZ R7,ET
        MOV R7,#20
        DEC R0
        DJNZ R6,ET
        MOV R6,#3
        CLR TR0
ET:
        RETI

MAIN:
        MOV R7,#20
        MOV R6,#3               ;3s 倒计时初值
        MOV TMOD,#01H           ;定时/计数器 T0 工作于方式 1
        MOV TH0,#3CH            ;装入初值 3CB0H=15536
        MOV TL0,#0B0H
        SETB EA
        SETB ET0
NEXT:
        MOV R0,#4               ;数码管灭
        LCALL XS
        JB SW1,NEXT             ;SW1=1（主持人未按下）时则跳转到 NEXT，否则顺序
                                执行
NEXT1:
        LCALL XS
        JNB SW1,NEXT1           ;SW1=0（主持人未松手）时则跳转到 NEXT1，否则顺序
                                执行
```

```
        MOV R0,#3               ;3s 倒计时初值
        SETB TR0                ;开始记时
NEXT2:
        LCALL XS
        LCALL BJ
NEXT3:
        JNB TR0,NEXT            ;TR0=0（时间到）则跳转到 NEXT，否则顺序执行
        JB P1.0,NEXT2           ;P1.0=1（时间未到且表决暂未通过）则跳转到 NEXT2，
                                继续表决，否则顺序执行
        LCALL XS
        LJMP NEXT3

BJ:                             ;表决子程序
        MOV C,SW2
        CPL C
        ANL C,/SW3
        MOV 00H,C
        MOV C,SW2
        CPL C
        ANL C,/SW4
        ORL C,00H
        MOV 00H,C
        MOV C,SW3
        CPL C
        ANL C,/SW4
        ORL C,00H
        CPL C
        MOV P1.0,C
        RET

XS:                             ;将 R0 中的数显示在数码管上
        MOV A,R0
        MOV DPTR,#DUAN
        MOVC A,@A+DPTR
        MOV P0,A
        RET

DUAN:DB 0C0H,0F9H,0A4H,0B0H,0FFH
        END
```

任务三十四　多人抢答器

注意：以下程序中的定时初值是以 f_{osc}=12MHz 计算的。

功能 1：实现多人抢答器功能

功能 2：8 位独立按键模块中 SW51：主持人（按下并松手：开始抢答，松手后 3s：抢答结束）

功能 3：8 位独立按键模块中 SW52～SW58：七位选手（3s 内按下谁先按下谁抢中）

功能 4：四位共阳数码管模块最左边一位：显示抢中选手编号（SW52～SW58 对应编号为 2～8）

功能 5：四位共阳数码管模块最右边一位：倒计时（主持人按下并松手：开始 3s 倒计时）

连线：四位共阳数码管模 A～H	连接	系统模块 P0.0～P0.7
连线：四位共阳数码管模 D1～D4	连接	系统模块 P2.0～P2.3
连线：四位共阳数码管模 VCC	连接	系统模块 VCC
连线：8 位独立按键模块 SW1～SW8	连接	系统模块 P1.0～P1.7
连线：8 位独立按键模块 GND	连接	系统模块 GND

```
    ORG 0000H
    LJMP MAIN
    ORG 000BH           ;定时/计数器 T0 中断入口地址
    MOV TH0,#3CH
    MOV TL0,#0B0H
    DJNZ R7,ETIMER0
    MOV R7,#20
    DEC R1              ;每隔 1s 倒计时自减 1
    CJNE R1,#0,ETIMER0
    CLR TR0
ETIMER0:
    RETI

MAIN:
    MOV R7,#20
    MOV R1,#10
    MOV R0,#10
    MOV TMOD,#01H
    MOV TH0,#3CH
```

```
        MOV TL0,#0B0H
        SETB EA
        SETB ET0
NEXT:
        LCALL XS2                ;主持人按下 SW1 并松手后抢答开始并进行 3s 倒计时
        JB P1.0,NEXT
DOWN:
        LCALL XS2
        MOV R0,#10
        JNB P1.0,DOWN
        MOV R1,#3
        SETB TR0
OVER:
        JNB TR0,NEXT
        LCALL QD
        LCALL XS2
        LJMP OVER

QD:                              ;抢答判断子程序
        MOV A,P1
        ANL A,#0FEH
        CJNE A,#0FEH,PD
        LJMP EQD
PD:  CLR TR0
        CJNE A,#0FCH,XS3
        MOV R0,#2
        LJMP EQD
XS3:CJNE A,#0FAH,XS4
        MOV R0,#3
        LJMP EQD
XS4:CJNE A,#0F6H,XS5
        MOV R0,#4
        LJMP EQD
XS5:CJNE A,#0EEH,XS6
        MOV R0,#5
        LJMP EQD
XS6:CJNE A,#0DEH,XS7
        MOV R0,#6
```

```
    LJMP EQD
XS7:CJNE A,#0BEH,XS8
    MOV R0,#7
    LJMP EQD
XS8:CJNE A,#07EH,EQD
    MOV R0,#8
EQD:
    RET

XS2:                        ;R0 抢中的选手编号，R1 倒计时时间
    MOV 30H,#0
    MOV 31H,R0
    LCALL XS1
    MOV 30H,#3
    MOV 31H,R1
    LCALL XS1
    RET

XS1:                        ;在任意一位数码管上显示任意数字
    MOV P0,#0FFH
    MOV A,30H
    MOV DPTR,#WEI
    MOVC A,@A+DPTR
    MOV P2,A
    MOV A,31H
    MOV DPTR,#DUAN
    MOVC A,@A+DPTR
    MOV P0,A
    RET

WEI:DB 0FEH,0FDH,0FBH,0F7H
DUAN:DB 0C0H,0F9H,0A4H,0B0H,99H,92H,82H,0F8H,80H,90H,0FFH
    END
```

任务三十五　蜂鸣器发出一个音调

注意：以下程序中的定时初值是以 f_{osc}=11.0592MHz 计算的。

功能 1：上电时蜂鸣器不响
功能 2：按住 8 位独立按键模块中 SW51 按钮，蜂鸣器发出音调 Do（频率 523Hz）
功能 3：松开 8 位独立按键模块中 SW51 按钮，蜂鸣器停止发音
功能 4：能循环以上步骤（2）（3）

连线：蜂鸣器模块 VCC	连接	系统模块 VCC
连线：蜂鸣器模块 B0	连接	系统模块 P2.1
连线：蜂鸣器模块 GND	连接	系统模块 GND
连线：8 位独立按键模块 SW1	连接	系统模块 P2.0
连线：8 位独立按键模块 GND	连接	系统模块 GND

```
      ORG 0000H
      LJMP MAIN
      ORG 001BH           ;定时/计数器 T1 中断入口地址
      MOV TH1,#0FCH
      MOV TL1,#8FH
      CPL P2.1            ;P2.1 输出频率为 523Hz 的方波
      RETI

MAIN:
      MOV TMOD,#10H       ;定时/计数器 T1 工作于方式 1
      MOV TH1,#0FCH       ;装入初值 FC8FH=64655
      MOV TL1,#8FH
      SETB EA
      SETB ET1
NEXT:
      LCALL SW51          ;调用按键子程序
      LJMP NEXT

SW51:
      JB P2.0,WA          ;P2.0=1（按键未按下）时跳转到 WA，否则顺序执行
      SETB TR1            ;按键按下时，启动定时/计数器 T1
      LJMP ESW51
WA:
      CLR TR1             ;按键未按下时，停止定时/计数器 T1
ESW51:
      RET
      END
```

任务三十六 蜂鸣器循环发出七个音调

注意：以下程序中的定时初值是以 f_{osc}=12MHz 计算的。

功能：上电后蜂鸣器循环播放（Do Re Mi Fa So La Si）七个音调，每个音调发音时间为 0.5s 左右

连线：蜂鸣器模块 GND 连接 系统模块 GND

连线：蜂鸣器模块 VCC 连接 系统模块 VCC

连线：蜂鸣器模块 B0 连接 系统模块 P3.6

```
    ORG 0000H
    LJMP MAIN
    ORG 000BH          ;定时/计数器 T0 中断入口地址
    LJMP TIM0
    ORG 001BH          ;定时/计数器 T1 中断入口地址
    LJMP TIM1

MAIN:
    MOV R7,#10
    MOV R0,#0
    MOV TMOD,#11H      ;定时/计数器 T0、T1 均工作于方式 1
    MOV TH1,#3CH       ;定时/计数器 T1 用于控制每个音调的发声时间，装入初
                       值 3CB0H=15536
    MOV TL1,#0B0H
    MOV TH0,#0FCH      ;定时/计数器 T0 用于控制音调
    MOV TL0,#44H
    SETB EA
    SETB ET1
    SETB ET0
    SETB TR1
    SETB TR0
    MOV DPTR,#PL
NEXT:
    LJMP NEXT

TIM1:                  ;定时/计数器 T1 中断服务程序
    MOV TH1,#3CH
```

```
      MOV TL1,#0B0H
      DJNZ R7,ETIM1
      MOV R7,#10
      INC R0
      INC R0
      CJNE R0,#14,ETIM1
      MOV R0,#0
ETIM1:
      RETI

TIM0:                        ;定时/计数器 T0 中断服务程序
      MOV 30H,R0
      MOV A,30H
      MOVC A,@A+DPTR
      MOV TH0,A              ;装入音调初值的高 8 位
      INC 30H
      MOV A,30H
      MOVC A,@A+DPTR
      MOV TL0,A              ;装入音调初值的低 8 位
      CPL P3.6
      RETI

PL:DW 0FC44H,0FCADH,0FD0AH,0FD34H,0FD83H,0FDC8H,0FE06H
                             ;七个音调对应的初值
      END
```

任务三十七 电 子 琴

注意：以下程序中的定时初值是以 f_{osc}=12MHz 计算的。

功能 1：上电后蜂鸣器不响

功能 2：按住 8 位独立按键模块中的 SW51～SW57 某一按钮，对应发出音调（Do Re Mi Fa So La Si）

功能 3：可根据简谱弹奏出歌曲

连线：蜂鸣器模块 GND	连接	系统模块 GND
连线：蜂鸣器模块 VCC	连接	系统模块 VCC
连线：蜂鸣器模块 B0	连接	系统模块 P0.0
连线：8 位独立按键模块 SW1～SW7	连接	系统模块 P1.0～P1.7

连线：8 位独立按键模块 GND　　连接　　系统模块 GND

```
    ORG 0000H
    LJMP MAIN
    ORG 000BH
    LJMP TIM0
MAIN:
    MOV TMOD,#01H          ;定时/计数器 T0 工作于方式 1
    SETB EA
    SETB ET0
NEXT:
    LCALL KEY              ;调用 KEY 子程序
    LJMP NEXT
TIM0:                      ;定时/计数器 T0 中断服务程序
    MOV 30H,R7             ;根据 R7 中的数查找对应音调的初值
    MOV A,30H
    MOV DPTR,#PL
    MOVC A,@A+DPTR
    MOV TH0,A              ;装入音调初值的高 8 位
    INC 30H
    MOV A,30H
    MOV DPTR,#PL
    MOVC A,@A+DPTR
    MOV TL0,A              ;装入音调初值的低 8 位
    CPL P0.0
    RETI

KEY:
    MOV R0,P1
    CJNE R0,#0FFH,DOWN     ;R0 不等于 FFH（有按键按下）时跳转到 DOWN
    LJMP EKEY
DOWN:
    CJNE R0,#0FEH,D1
    MOV R7,#0              ;SW51 按下，则 R7=0
    LJMP WUP
D1: CJNE R0,#0FDH,D2
    MOV R7,#2              ;SW52 按下，则 R7=2
    LJMP WUP
```

```
D2:  CJNE R0,#0FBH,D3
     MOV R7,#4                ;SW53 按下，则 R7=4
     LJMP WUP
D3:  CJNE R0,#0F7H,D4
     MOV R7,#6                ;SW54 按下，则 R7=6
     LJMP WUP
D4:  CJNE R0,#0EFH,D5
     MOV R7,#8                ;SW55 按下，则 R7=8
     LJMP WUP
D5:  CJNE R0,#0DFH,D6
     MOV R7,#10               ;SW56 按下，则 R7=10
     LJMP WUP
D6:  CJNE R0,#0BFH,EKEY
     MOV R7,#12               ;SW57 按下，则 R7=12
WUP:SETB TR0                  ;启动定时/计数器 T0
WUP1:
     MOV R0,P1
     CJNE R0,#0FFH,WUP        ;R0 不等于 FFH（保持按下）时跳转到 WUP
     SETB P0.0
     CLR TR0                  ;停止定时/计数器 T0
EKEY:
     RET

PL: DB 0FCH,44H,0FCH,0ADH,0FDH,0AH,0FDH,34H,0FDH,83H,0FDH,0C8H,0FEH
     DB 06H
     END
```

任务三十八　显示矩阵键值（0～F）

功能 1：上电后共阳数码管模块灭

功能 2：按下 4×4 矩阵按键模块中某一按键，共阳数码管模块显示对应键值（0～F）

连线：4×4 矩阵按键模块 H0～V3	连接	系统模块 P1.0～P1.7
连线：4×4 矩阵按键模块 VCC	连接	系统模块 VCC
连线：共阳数码管模块 A～H	连接	系统模块 P0.0～P0.7
连线：共阳数码管模块 VCC	连接	系统模块 VCC

```
     ORG 0000H
```

```
    MOV R7,#16
NEXT:
    LCALL JZJP             ;调用矩阵按键子程序
    MOV 31H,R7             ;将键值送显存 31H 单元中
    LCALL XSG              ;调用显示子程序
    LJMP NEXT

JZJP:                      ;矩阵按键扫描子程序，最终将按键值（0～15）送 R7 中
    MOV P1,#0F0H
    MOV R0,P1
    CJNE R0,#0F0H,SMH1     ;判断是否有按键按下
    LJMP EJZJP
SMH1:                      ;扫描按键第一行
    MOV P1,#0FEH
    MOV R0,P1
    CJNE R0,#0EEH,D1
    MOV R7,#0
D1: CJNE R0,#0DEH,D2
    MOV R7,#1
D2: CJNE R0,#0BEH,D3
    MOV R7,#2
D3: CJNE R0,#07EH,SMH2
    MOV R7,#3
SMH2:                      ;扫描按键第二行
    MOV P1,#0FDH
    MOV R0,P1
    CJNE R0,#0EDH,D4
    MOV R7,#4
D4: CJNE R0,#0DDH,D5
    MOV R7,#5
D5: CJNE R0,#0BDH,D6
    MOV R7,#6
D6: CJNE R0,#07DH,SMH3
    MOV R7,#7
SMH3:                      ;扫描按键第三行
    MOV P1,#0FBH
    MOV R0,P1
    CJNE R0,#0EBH,D7
```

```
      MOV R7,#8
D7:   CJNE R0,#0DBH,D8
      MOV R7,#9
D8:   CJNE R0,#0BBH,D9
      MOV R7,#10
D9:   CJNE R0,#07BH,SMH4
      MOV R7,#11
SMH4:                        ;扫描按键第四行
      MOV P1,#0F7H
      MOV R0,P1
      CJNE R0,#0E7H,D10
      MOV R7,#12
D10:CJNE R0,#0D7H,D11
      MOV R7,#13
D11:CJNE R0,#0B7H,D12
      MOV R7,#14
D12:CJNE R0,#077H,EJZJP
      MOV R7,#15
EJZJP:
      RET

XSG:                         ;显示子程序，将 31H 单元中的数显示到共阳数码管上
      MOV A,31H
      MOV DPTR,#DU
      MOVC A,@A+DPTR
      MOV P0,A
      RET

DU: DB 0C0H,0F9H,0A4H,0B0H,99H,92H,82H,0F8H,80H,90H,88H,83H,0C6H,0A1H
      DB 86H,8EH
      END
```

任务三十九　点对点通信

注意：以下程序中的波特率是以 f_{osc}=11.0592MHz 计算的。

功能 1：上电后接收端共阳数码管模块显示 0

功能 2：每按一次发送端八位独立按键模块中的 SW51 按钮，接收端显示的数字自加 1

功能 3：当接收端显示的数字为 9 时，再按一次发送端的 SW51 按钮，则接收端显示数字 0

功能 4：循环以上步骤（2）（3）

连线：发送端 8 位独立按键模块 SW1	连接	发送端系统模块 P3.2
连线：发送端 8 位独立按键模块 GND	连接	发送端系统模块 GND
连线：接收端共阳数码管模块 A～H	连接	接收端系统模块 P0.0～P0.7
连线：接收端共阳数码管模块 VCC	连接	接收端系统模块 VCC
连线：发送端系统模块 P3.0	连接	接收端系统模块 P3.1
连线：发送端系统模块 P3.1	连接	接收端系统模块 P3.0

发送端参考程序:

```
    ORG 0000H
    LJMP MAIN
    ORG 0003H
    LJMP WAI0
    ORG 0023H
    LJMP SEND
MAIN:
    SETB IT0
    SETB PS
    MOV SCON,#40H        ;串口工作在方式 1，不允许接收
    MOV TMOD,#20H        ;T1 工作在方式 2
    MOV TH1,#0FDH        ;设置波特率为 9600bps
    MOV TL1,#0FDH
    SETB EA
    SETB EX0
    SETB ES
    SETB TR1
    MOV SBUF,R0          ;将 R0 中的数传至发送缓冲寄存器 SBUF 中，启动发送
NEXT:
    LJMP NEXT

WAI0:                    ;外部中断服务程序，每进入一次 R0 中的数自加 1（0～9
                         循环）
    INC R0
    CJNE R0,#10,EINT0
    MOV R0,#0
EINT0:
```

```
    RETI

SEND:                    ;串行口发送中断服务程序，每次进入则启动下一次发送
    CLR TI
    MOV SBUF,R0
    RETI
    END
```

接收端参考程序:

```
    ORG 0000H
    LJMP MAIN
    ORG 0023H
    LJMP RECE
MAIN:
    MOV SCON,#50H        ;串口工作在方式 1，允许接收
    MOV TMOD,#20H        ;T1 工作在方式 2
    MOV TH1,#0FDH        ;设置波特率为 9600bps
    MOV TL1,#0FDH
    SETB EA
    SETB ES
    SETB TR1
NEXT:                    ;将 R0 中的数显示在数码管上
    MOV A,R0
    MOV DPTR,#DUAN
    MOVC A,@A+DPTR
    MOV P0,A
    LJMP NEXT

RECE:                    ;串口接收中断服务程序，每次进入则将串行口接收缓冲
                         寄存器 SBUF 中的数传至 R0 中
    CLR RI
    MOV R0,SBUF
    RETI

DUAN:DB 0C0H,0F9H,0A4H,0B0H,99H,92H,82H,0F8H,80H,90H
    END
```

任务四十　自发自收串行通信

注意：以下程序中的波特率是以 f_{osc}=11.0592MHz 计算的。

功能 1：上电后共阳数码管模块显示 0

功能 2：按住八位独立按键模块中的 SW51～SW58 时，共阳数码管显示对应键值（1～8）

功能 3：松开按键后共阳数码管模块显示 0

功能 4：循环以上步骤（2）（3）

连线：8 位独立按键模块 SW1～SW8	连接	系统模块 P2.0～P2.7
连线：8 位独立按键模块 GND	连接	系统模块 GND
连线：共阳数码管模块 A～H	连接	系统模块 P1.0～P1.7
连线：共阳数码管模块 VCC	连接	系统模块 VCC
连线：系统模块 P3.0	连接	系统模块 P3.1

```
    ORG 0000H
    LJMP MAIN
    ORG 0023H
    JBC TI,SEND          ;判断是否为发送中断
    SJMP LORE
SEND:
    MOV SBUF,R0          ;将 R0 中的键值送至发送缓冲寄存器，启动发送
LORE:
    JBC RI,RECE          ;判断是否为接收中断
    SJMP EXIT
RECE:
    MOV R7,SBUF          ;读取接收缓冲寄存器中的键值于 R7 中
EXIT:
    RETI

MAIN:
    MOV R0,#0            ;R0 用于存放键值，初值为 0
    MOV DPTR,#TAB
    MOV SCON,#50H        ;设置串口工作于方式 1，允许接收
    MOV TMOD,#20H        ;T1 工作在方式 2
    MOV TH1,#0FDH        ;设置波特率为 9600bps
    MOV TL1,#0FDH
```

```
    SETB EA
    SETB ES
    SETB TR1
    MOV SBUF,R0          ;将 R0 中的键值送至发送缓冲寄存器，启动发送
NEXT:
    LCALL KEY            ;调用键盘扫描子程序
    LCALL DIS            ;调用显示子程序
    LJMP NEXT

KEY:                     ;键盘扫描子程序，读取按键值并存于 R0 中
    MOV P2,#0FFH
    MOV A,P2
    CPL A
    JZ ZERO
    CJNE A,#01H,K2
    MOV R0,#1
    LJMP EKEY
K2: CJNE A,#02H,K3
    MOV R0,#2
    LJMP EKEY
K3: CJNE A,#04H,K4
    MOV R0,#3
    LJMP EKEY
K4: CJNE A,#08H,K5
    MOV R0,#4
    LJMP EKEY
K5: CJNE A,#10H,K6
    MOV R0,#5
    LJMP EKEY
K6: CJNE A,#20H,K7
    MOV R0,#6
    LJMP EKEY
K7: CJNE A,#40H,K8
    MOV R0,#7
    LJMP EKEY
K8: CJNE A,#80H,EKEY
    MOV R0,#8
    LJMP EKEY
```

```
ZERO:
    MOV R0,#0
EKEY:
    RET

DIS:                              ;显示子程序，将 R7 中接收到的键值送数码管显示
    MOV A,R7
    MOVC A,@A+DPTR
    MOV P1,A
    RET
TAB:DB 0C0H,0F9H,0A4H,0B0H,99H,92H,82H,0F8H,80H,90H
    END
```

第三部分　操作模拟试题及参考答案

第九章　操作模拟试题

操作模拟试题一

一、录入程序并记录程序执行结果

1. 硬件连接

共阳数码管模块 A～H	连接	系统模块 P0.0～P0.7
共阳数码管模块 VCC	连接	系统模块 VCC
共阳 LED 模块 D31～D38	连接	系统模块 P1.0～P1.7
共阳 LED 模块 VCC	连接	系统模块 VCC
8 位独立按键模块 SW1	连接	系统模块 P3.2
8 位独立按键模块 GND	连接	系统模块 GND

2. 程序录入

```
    ORG 0000H
    LJMP MAIN
    ORG 0003H
    LJMP WAI0
    ORG 000BH
    LJMP DS0
MAIN:
    MOV TMOD,#01H
    MOV TH0,#3CH
```

```
        MOV TL0,#0B0H
        SETB IT0
        SETB EA
        SETB EX0
        SETB ET0
        SETB TR0
        CLR 00H
        MOV R7,#20
        MOV R6,#00H
        MOV R5,#00H
        SJMP $
    WAI0:
        MOV P0,#00H
        SETB 00H
        MOV A,R5
        MOV DPTR,#LED
        MOVC A,@A+DPTR
        MOV P1,A
        INC R5
        CJNE R5,#4,EWAI0
        MOV R5,#0
    EWAI0:
        RETI
    DS0:
        JB 00H,EDS0
        MOV TH0,#3CH
        MOV TL0,#0B0H
        DJNZ R7,EDS0
        MOV R7,#20
        MOV A,R6
        MOV DPTR,#SMG
        MOVC A,@A+DPTR
        MOV P0,A
        INC R6
        CJNE R6,#5,EDS0
        MOV R6,#0
    EDS0:
        RETI
```

```
SMG:DB 89H,86H,0C7H,0CFH,0C0H
LED:DB 0E7H,0DBH,0BDH,7EH
    END
```

3. 结果记录

（1）上电后共阳数码管循环流水显示：____________，共阳 LED________。
（2）第 1 次按 8 位独立按键模块中的 SW51，共阳数码管______，共阳 LED_____亮。
（3）第 2 次按 8 位独立按键模块中的 SW51，共阳 LED________亮。
（4）第 3 次按 8 位独立按键模块中的 SW51，共阳 LED________亮。
（5）第 4 次按 8 位独立按键模块中的 SW51，共阳 LED________亮。

二、按要求补充完整程序

以下程序的功能是未按下 8 位独立按键模块中的 SW55 时，共阳 LED 模块从左至右循环流水；按住 8 位独立按键模块中的 SW55 时，共阳 LED 模块从右至左循环流水。（每只 LED 灯亮的时间大约为 0.1s）

```
    ORG 0000H
    LJMP MAIN
    ORG 001BH
    LJMP DS1
MAIN:
    MOV TMOD,#10H
    MOV TH1,#3CH
    MOV TL1,#0B0H
    SETB EA
    SETB ET1
    SETB  __1__                  ;启动定时/计数器 1
    MOV R7,#2
    MOV R6,#0
    SJMP $
DS1:
    DJNZ R7,__2__                ;0.1s 未到，则退出中断
    MOV R7,#2
    MOV A,R6
    MOV DPTR,__3__               ;为取表格中的数做准备
    MOVC A,@A+DPTR
    CPL A
    MOV P1,A
    JB P2.0,LR                   ;按钮未按下，则跳转到 LR
```

```
    DEC R6
    CJNE R6,#-1,EDS1
    MOV R6,#7
    LJMP EDS1
LR:
    INC R6
    CJNE R6,#8,EDS1
    MOV R6,#0
EDS1:
    RETI
LED:DB 01H,02H,04H,08H,10H,20H,40H,80H
    END
```

（1）处应填入：_______。

（2）处应填入：_______。

（3）处应填入：_______。

（4）阅读程序可知，8 位独立按键模块中的 SW5 应该与系统模块中的_______连接。

（5）阅读程序可知，共阳 LED 模块中的 D31～D38 应该与系统模块中的_____连接。

操作模拟试题二

一、录入程序并记录程序执行结果

1. 硬件连接

共阳数码管模块 A～H	连接	系统模块 P0.0～P0.7
共阳数码管模块 VCC	连接	系统模块 VCC
独立按键模块 SW1～SW2	连接	系统模块 P3.2～P3.3
独立按键模块 GND	连接	系统模块 GND

2. 程序录入

```
    ORG 0000H
    LJMP MAIN
    ORG 0003H
    DEC R0
    CJNE R0,#-1,EINT1
    MOV R0,#0
EINT1:
    RETI
    ORG 0013H
```

```
    INC R0
    CJNE R0,#10,EINT0
    MOV R0,#9
EINT0:
    RETI
MAIN:
    MOV R0,#5
    SETB IT0
    SETB IT1
    SETB EA
    SETB EX0
    SETB EX1
NEXT:
    MOV A,R0
    MOV DPTR,#DUAN
    MOVC A,@A+DPTR
    MOV P0,A
    LJMP NEXT
DUAN:DB 0C0H,0F9H,0A4H,0B0H,99H,92H,82H,0F8H,80H,90H
    END
```

3. 结果记录

（1）上电后共阳数码管模块显示________。
（2）每按下一次 8 位独立按键模块中的 SW51 按钮，数码管显示的数字________。
（3）每按下一次 8 位独立按键模块中的 SW52 按钮，数码管显示的数字________。
（4）当数码管上显示的数字为 9，SW52 按钮________。
（5）当数码管上显示的数字为 0，SW51 按钮________。

二、按要求补充完整程序

以下程序的功能是：

①上电时，共阴数码管模块显示 3；

②未按位独立按键模块中的 SW58 时，每按一次独立按键模块中的 SW51 则共阴数码管上显示的数字自加 1；

③按住独立按键模块中的 SW58 时，则 SW51 按键失效；

④当共阴数码管显示数字 9，再自加 1 则又从 0 开始。

```
    ORG 0000H
    LJMP MAIN
    ORG 001BH
    INC R0
```

```
    CJNE R0,#10,EXIT
    MOV R0,#0
EXIT:
    RETI
MAIN:
    MOV R0,__1__                  ;送上电显示初值至 R0
    MOV TMOD,# __2__              ;设置 T1 工作于外部启动，计数模式，方式 2
    MOV TH1,#255
    MOV TL1,#255
    SETB EA
    SETB ET1
    SETB TR1
DIS:
    MOV A,R0
    MOV DPTR,#TAB
    MOVC A,@A+DPTR
    __3__                         ;将取出的共阳极段码取反，以控制共阴极数码管
    MOV P1,A
    LJMP DIS
TAB:DB 0C0H,0F9H,0A4H,0B0H,99H,92H,82H, __4__,80H,90H；数字 0～9 的段码
    END
```

（1）1 处应填入：________。

（2）2 处应填入：________。

（3）3 处应填入：________。

（4）4 处应填入：________。

（5）配合图 9-1 分析程序可知，SW51 按键应接单片机________引脚，SW58 按键应接单片机________引脚。

（6）阅读程序可知，共阴数码管 A～H 应接单片机________________引脚。

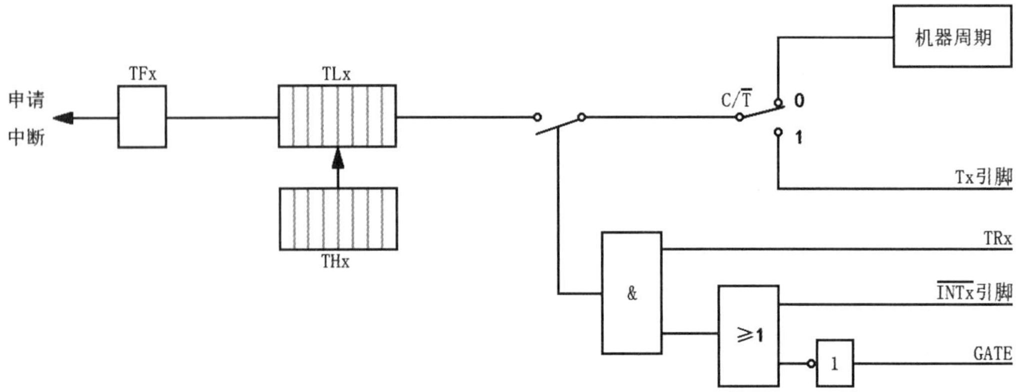

图 9-1　题（5）

操作模拟试题三

一、录入程序并记录程序执行结果

1. 硬件连接

共阳 LED 模块 VCC	连接	系统模块 VCC
共阳 LED 模块 D31～D38	连接	系统模块 P2.0～P2.7

2. 程序录入

```
        ORG 0000H
        LJMP MAIN
        ORG 001BH
        LJMP TIME1
MAIN:   MOV R0,#0
        MOV TMOD,#10H
        MOV TH1,#3CH
        MOV TL1,#0B0H
        SETB EA
        SETB ET1
        SETB TR1
NEXT:   MOV A,#0
        MOV P2,A
        CJNE R0,#40,$
        MOV R0,#0
        ORL A,#0FBH
        MOV P2,A
        CJNE R0,#40,$
        MOV R0,#0
        SWAP A
        MOV P2,A
        CJNE R0,#100,$
        MOV R0,#0
        LJMP NEXT
TIME1:  MOV TH1,#3CH
        MOV TL1,#0B0H
        INC R0
```

```
        RETI
        END
```

3. 调试记录

（1）上电后共阳LED________。
（2）大约2s后共阳LED________。
（3）又大约2s后共阳LED________。
（4）又大约5s后，________________。

二、按要求补充完整程序

以下程序的功能是：
①上电后，一位共阳数码管模块全亮全灭闪烁3次后显示数字5；
②每隔1s数码管上显示的数字自加1；
③当显示9后再过1s则显示0；
④如此循环以上②③步骤。

```
        ORG 0000H
        LJMP MAIN
        ORG 000BH
        MOV TH0,#3CH
        MOV TL0,#0B0H
        ____1____            ;将累加器A中的数压入堆栈，以保护现场
        INC R7
        MOV A,R6
        JNZ EXIT
        CJNE R7,#20,EXIT
        MOV R7,#0
        INC R0
        CJNE R0,#10,EXIT
        MOV R0,#0
EXIT:   ____2____            ;将栈顶的数据弹出送至累加器A，以恢复现场
        RETI
MAIN:   MOV R7,#0
        MOV R6,#3
        MOV TMOD,#01H
        MOV TH0,#3CH
        MOV TL0,#0B0H
        SETB EA
        SETB ET0
```

```
        ____3____            ;启动定时/计数器 0 开始计数
ON:     MOV R0,#10
        LCALL DIS
        CJNE R7,#10,ON
OFF:    MOV R0,#11
        LCALL DIS
        CJNE R7,#20,OFF
        MOV R7,#0
        DJNZ ____4____,ON    ;控制数码管全亮全灭闪烁 3 次
        MOV R0,#5
        MOV R7,#0
NEXT:   LCALL DIS
        AJMP NEXT
DIS:    MOV A,R0
        MOV DPTR,#TAB
        MOVC A,@A+DPTR
        MOV P1, ____5____    ;将段码从端口输出，以控制数据管
        RET
TAB:DB 0C0H,0F9H,0A4H,0B0H,99H,92H,82H,0F8H,80H,90H,00H,0FFH
        END
```

（1）分析以上程序可知，一位共阳数码管模块 VCC 应连接系统模块_______，A～H 应连接_______。

（2）分析以上程序：1 处应填入：______；2 处应填入：______；3 处应填入：______；4 处应填入：_______；5 处应填入：_______。

操作模拟试题四

一、录入程序并记录程序执行结果

1. 硬件连接

一位共阴数码管模块 GND	连接	系统模块 GND
一位共阴数码管模块 A～H	连接	系统模块 P1.0～P1.7
8 位独立按键模块 SW55	连接	系统模块 P3.3
8 位独立按键模块 GND	连接	系统模块 GND

2. 程序录入

```
ORG 0000H
LJMP MAIN
```

```
    ORG 0013H
    INC R0
    CJNE R0,#16,EXIT
    MOV R0,#6
EXIT:
    RETI
MAIN:
    SETB IT1
    SETB EA
    SETB EX1
    MOV R0,#6
NEXT:
    MOV A,R0
    MOVC A,@A+PC
    CPL A
    MOV P1,A
    LJMP NEXT
    DB 0C0H,0F9H,0A4H,0B0H,99H,92H,82H,0F8H,80H,90H
    END
```

3. 调试记录

（1）上电后一位共阴数码管显示________。
（2）每按________次 SW55 按钮，数码管显示的数自加 1。
（3）以上程序的设计思路是：________。
A．定时/计数器外部计数法，对按键次数进行计数
B．外部中断法，对按键次数进行计数
C．引脚查询法，对按键次数进行计数
（4）将程序中的两条 MOV R0,#6 改为 MOV R0,#10，则上电后数码管显示________。

二、按要求补充完整程序

以下程序的功能是：
①上电后，共阳 LED 模块 D31 亮，其余灭；
②每按一次 8 位独立按键中的 SW51，共阳 LED 状态循环右移一位。

```
    ORG 0000H
MAIN:
    MOV TMOD,#__1__H          ;T0 工作于外部计数模式方式 2
    MOV TH0,#255
    MOV TL0,#255
```

```
    __2__                    ;启动 T0
    MOV A,#0FEH
NEXT:
    MOV P2,A
    JNB TF0,$
    __3__ TF0                ;清除 T0 溢出标志位
    RL A
    LJMP NEXT
    END
```

（1）分析以上程序可知，共阳 LED 模块 VCC 应连接系统模块_______，D31～D38 应连接_______。

（2）8 位独立按键模块 GND 应连接系统模块______，SW1 应连接系统模块______。

（3）1 处应填入：_______；2 处应填入：_______；3 处应填入：_______。

操作模拟试题五

一、录入程序并记录程序执行结果

1. 硬件连接

共阴 LED 模块 GND	连接	系统模块 GND
共阴 LED 模块 D41～D48	连接	系统模块 P1.0～P1.7
8 位独立按键模块 SW55	连接	系统模块 P3.3
8 位独立按键模块 GND	连接	系统模块 GND

2. 程序录入

```
    ORG 0000H
    LJMP MAIN
    ORG 0013H
    INC R0
    CJNE R0,#3,EXIT
    MOV R0,#0
EXIT:
    RETI
MAIN:
    SETB IT1
    MOV IE,#84H
NEXT:
    MOV 20H,#2CH
```

```
    MOV A,#3CH
    MOV B,#25H
    CJNE R0,#0,L1
    LCALL ZT1
L1:
    CJNE R0,#1,L2
    LCALL ZT2
L2:
    CJNE R0,#2,L3
    LCALL ZT3
L3:
    LJMP NEXT
ZT3:
    CPL A
    MOV ACC.6,C
    XRL A,#01H
    MOV P1,A
    RET
ZT2:
    DIV AB
    RR A
    MOV P1,A
    RET
ZT1:
    CLR 02H
    CPL 07H
    ANL 20H,#0FH
    MOV P1,20H
    RET
    END
```

3. 调试记录

（1）上电后一位共阴 LED 模块________亮。
（2）第 1 次按 SW55 按钮，共阴 LED 模块________亮。
（3）第 2 次按 SW55 按钮，共阴 LED 模块________亮。
（4）第 3 次按 SW55 按钮，则复位至上电状态。
（5）程序中用于记录按键次数的是________。

二、按要求补充完整程序

以下程序的功能是：

①上电后，两位共阳数码管模块各段全亮；

②第一次按下 SW51，两位共阳数码管模块显示 01；

③每按下 SW51 一次，两位共阳数码管模块显示的数在 00～99 之间循环自加 1。

```
        ORG 0000H
        MOV P0, __1__           ;两位共阳数码管各段全亮的段码
        MOV P2,#0FCH
        JB P1.0, __2__          ;按键未按下，则原地等待
UP:
        LCALL XS2G
        JB P1.0,UP
        INC R0
        CJNE R0,#100,DOWN
        MOV R0,#0
DOWN:
        LCALL XS2G
        JNB P1.0,DOWN
        LJMP UP
XS2G:
        MOV A,R0
        MOV B,#10
        __3__ AB                ;分离 A 中的数的十位、个位
        MOV 30H,A
        MOV 31H,#0
        LCALL XSG
        MOV 30H,B
        MOV 31H,#1
        LCALL XSG
        RET

XSG:
        MOV P2,#0FFH
        MOV A,30H
        MOV DPTR,#DUAN
        MOVC A,@A+DPTR
        MOV P0,A
```

```
        MOV A,31H
        MOV DPTR,#WEI
        MOVC A,@A+DPTR
        MOV P2,A
        RET
DUAN:DB 0C0H,0F9H,0A4H,0B0H,99H,92H,82H,0F8H,80H,90H
WEI: DB 0FEH,0FDH
        END
```

（1）分析以上程序可知，共阳数码管模块 VCC 应连接系统模块 VCC，共阳数码管模块 A～H 应连接系统模块_______,共阳数码管模块 D1、D2 应连接系统模块 P2.0、P2.1。

（2）8 位独立按键模块 GND 应连接系统模块 GND，8 位独立按键模块 SW1 应连接系统模块_______。

（3）1 处应填入：_______；2 处应填入：_______；3 处应填入：_______。

操作模拟试题六

一、录入程序并记录程序执行结果

以下程序的功能为：

上电后蜂鸣器不发声，按住 SW54 按钮蜂鸣器以相对低频发声，松开 SW54 按钮蜂鸣器以相对高频发声。

1. 程序录入

```
        ORG 0000H
        LJMP MAIN
        ORG 000BH
        CPL P2.0
        RETI
MAIN:
        MOV TMOD,#02H
        SETB EA
        SETB ET0
NEXT:
        JB P1.3,$
        MOV TH0,#6
        SETB TR0
        JNB P1.3,$
        MOV TH0,#156
```

```
    LJMP NEXT
    END
```

2. 硬件连接

分析以上程序可知：

（1）蜂鸣器模块 VCC 应连接系统模块 VCC，蜂鸣器模块 GND 应连接系统模块 GND，蜂鸣器模块 B0 应连接系统模块________。

（2）8 位独立按键模块 GND 应连接系统模块 GND，8 位独立按键模块 SW4 应连接系统模块________。

3. 调试记录

（1）设 f_{osc}=12MHz，按住 SW54 按钮，试计算蜂鸣器以________Hz 的频率发声。

（2）设 f_{osc}=12MHz，松开 SW54 按钮，试计算蜂鸣器以________Hz 的频率发声。

二、按要求补充完整程序

以下程序的功能是：

上电后两位共阳数码管外围段循环流水一圈后全灭。

```
    ORG 0000H
    MOV R7,___1___
    MOV 30H,#0
NEXT:
    MOV P2,#0FFH
    MOV DPTR,#LSD
    MOV A,30H
    MOVC A,@A+DPTR
    MOV P0,A
    MOV DPTR,#LSW
    MOV A,30H
    MOVC A,@A+DPTR
    MOV P2,A
    ___2___ YS
    INC 30H
    DJNZ R7,NEXT
    MOV P2, ___3___
    SJMP $
YS:                          ;延时子程序
    MOV R6,#5
L2: MOV R5,#200
```

```
L1:  MOV R4,#200
     DJNZ R4,$
     DJNZ R5,L1
     DJNZ R6,L2
     ___4___
LSD: DB 0FEH,___5___,0FDH,0FBH,0F7H,0F7H,0EFH,0DFH
LSW: DB 0FEH,0FDH,0FDH,0FDH,0FDH,0FEH,0FEH,0FEH

     END
```

（1）分析以上程序可知，两位共阳数码管模块 VCC 应连接系统模块 VCC，共阳数码管模块 A～H 应连接系统模块_______,共阳数码管模块 D1、D2 应连接系统模块_______。

（2）1 处应填入：_______；2 处应填入：_______；3 处应填入：_______；4 处应填入：_______；5 处应填入：_______。

操作模拟试题七

一、录入程序并记录程序执行结果

1. 硬件连接

4×4 矩阵按键模块 H0～V3	连接	系统模块 P1.0～P1.7
4×4 矩阵按键模块 VCC	连接	系统模块 VCC
共阳数码管模块 A～H	连接	系统模块 P0.0～P0.7
共阳数码管模块 VCC	连接	系统模块 VCC

2. 程序录入

```
    ORG 0000H
    MOV R7,#16
NEXT:
    LCALL JZJP
    MOV 31H,R7
    LCALL XSG
    LJMP NEXT

JZJP:
    MOV P1,#0F0H
    MOV R0,P1
    CJNE R0,#0F0H,SMH1
```

```
    LJMP EJZJP
SMH1:
    MOV P1,#0FEH
    MOV R0,P1
    CJNE R0,#0EEH,D1
    MOV R7,#0
D1: CJNE R0,#0DEH,D2
    MOV R7,#1
D2: CJNE R0,#0BEH,D3
    MOV R7,#2
D3: CJNE R0,#07EH,SMH2
    MOV R7,#3
SMH2:
    MOV P1,#0FDH
    MOV R0,P1
    CJNE R0,#0EDH,D4
    MOV R7,#4
D4: CJNE R0,#0DDH,D5
    MOV R7,#5
D5: CJNE R0,#0BDH,D6
    MOV R7,#6
D6: CJNE R0,#07DH,SMH3
    MOV R7,#7
SMH3:
    MOV P1,#0FBH
    MOV R0,P1
    CJNE R0,//0EBH,D7
    MOV R7,#8
D7: CJNE R0,#0DBH,D8
    MOV R7,#9
D8: CJNE R0,#0BBH,D9
    MOV R7,#10
D9: CJNE R0,#07BH,SMH4
    MOV R7,#11
SMH4:
    MOV P1,#0F7H
    MOV R0,P1
    CJNE R0,#0E7H,D10
```

```
        MOV R7,#12
D10: CJNE R0,#0D7H,D11
        MOV R7,#13
D11: CJNE R0,#0B7H,D12
        MOV R7,#14
D12: CJNE R0,#077H,EJZJP
        MOV R7,#15
EJZJP:
        RET

XSG:
        MOV A,31H
        MOV DPTR,#DU
        MOVC A,@A+DPTR
        MOV P0,A
        RET

DU:   DB 0C0H,0F9H,0A4H,0B0H,99H,92H,82H,0F8H,80H,90H,88H,83H,0C6H,0A1H
        DB 86H,8EH,00H
        END
```

3. 调试记录

（1）上电后，共阳数码管________。

（2）按下 SW75 后，共阳数码管显示________。

（3）按下 SW7A 后，共阳数码管显示________。

二、按要求补充完整程序

已知 f_{osc}=12MHz，以下程序的功能是：

①上电后蜂鸣器不响且 D38 灭；

②按住 SW58 蜂鸣器以 500Hz 的频率发声且 D38 常亮；

③松开 SW58 蜂鸣器不响且 D38 灭；

④如此循环②③步骤。

```
        G8W EQU 0FCH
        D8W EQU 18H
        BEEF EQU P0.0
        D38 EQU P1.0
        __1__ EQU P2.0          ;定义 P2.0 为按键输入端口
        ORG 0000H
```

```
        SETB BEEF
        ____2____             ;D38 灭
        MOV TMOD,#10H
        MOV TH1,#G8W
        MOV TL1,#D8W
L3:
        ____3____,$           ;判断无按键按下则原地等待
        SETB TR1
L2:     ____4____,L1          ;查询 T1 溢出则清除溢出标志并跳转到 L1
        LJMP L2
L1:
        MOV TH1,#G8W
        MOV TL1,#D8W
        CLR D38
        ____5____             ;蜂鸣器发声
        JNB SW58,L2
        CLR TR1
        SETB D38
        SETB BEEF
        LJMP L3
        END
```

（1）分析以上程序可知：

______________________ 连接 ______________________

______________________ 连接 ______________________

______________________ 连接 ______________________

______________________ 连接 ______________________

______________________ 连接 ______________________

______________________ 连接 ______________________

______________________ 连接 ______________________

（2）1 处应填入：________；2 处应填入：________；3 处应填入：________；4 处应填入：________；5 处应填入：________。

操作模拟试题八

一、录入程序并记录程序执行结果

1. 硬件连接

8 位独立按键模块 SW1～SW8　　连接　　系统模块 P1.0～P1.7

8 位独立按键模块 GND	连接	系统模块 GND
共阴数码管模块 A～H	连接	系统模块 P0.0～P0.7
共阴数码管模块 GND	连接	系统模块 GND
共阳 LED 模块 D38	连接	系统模块 P2.0
共阳 LED 模块 VCC	连接	系统模块 VCC

2. 程序录入

```
    ORG 0000H
    MOV R7,#0
    SETB P2.0
NEXT:
    MOV P1,#0FFH
    MOV R0,P1
    CJNE R0,#0FFH,L0
    SETB P2.0
    LJMP NO
L0:
    CLR P2.0
    CJNE R0,#0FEH,L1
    MOV R7,#8
    LJMP NO
L1: CJNE R0,#0FDH,L2
    MOV R7,#7
    LJMP NO
L2: CJNE R0,#0FBH,L3
    MOV R7,#6
    LJMP NO
L3: CJNE R0,#0F7H,L4
    MOV R7,#5
    LJMP NO
L4: CJNE R0,#0EFH,L5
    MOV R7,#4
    LJMP NO
L5: CJNE R0,#0DFH,L6
    MOV R7,#3
    LJMP NO
L6: CJNE R0,#0BFH,L7
    MOV R7,#2
```

```
        LJMP NO
L7:     CJNE R0,#07FH,NO
        MOV R7,#1
NO:
        LCALL DIS
        LJMP NEXT
DIS:
        MOV A,R7
        MOV DPTR,#DU
        MOVC A,@A+DPTR
        CPL A
        MOV P0,A
        RET
DU:DB 0C0H,0F9H,0A4H,0B0H,99H,92H,82H,0F8H,80H,90H
        END
```

3. 调试记录

（1）上电后，数码管显示________，D38________。
（2）按下 SW52 后，数码管显示________。
（3）按下 SW58 后，数码管显示________。
（4）按下按键时 D38________，松开按键时 D38________。

二、按要求补充完整程序

已知 f_{osc}=12MHz，以下程序的功能是：

上电后 D31～D38、D41～D48 组成 16 位从左往右循环流水灯，每只 LED 灯点亮时间为 50ms。

```
        ORG 0000H
        LJMP MAIN
        ORG 000BH
        MOV TH0,#3CH
        MOV TL0,#0B0H
        INC R0
        INC R0
        CJNE R0,__1__,ETIM0
        MOV R0,#0
ETIM0:
        __2__
```

```
MAIN:
      MOV TMOD,__3__
      MOV TH0,#3CH
      MOV TL0,#0B0H
      MOV IE,#82H
      SETB TR0
      MOV DPTR,#TAB
NEXT:
      MOV __4__,R0
      MOV A,B
      MOVC A,@A+DPTR
      CPL A
      MOV P2,A
      INC B
      MOV A,B
      MOVC A,@A+DPTR
      MOV __5__,A
      LJMP NEXT
TAB:DW 0FFFEH,0FFFDH,0FFFBH,0FFF7H,0FFEFH,0FFDFH,0FFBFH,0FF7FH
      DW 0FEFFH,0FDFFH,0FBFFH,0F7FFH,0EFFFH,0DFFFH,0BFFFH,07FFFH
      END
```

（1）分析以上程序可知：

共阳 LED 模块 D31～D38	连接	系统模块 P1.0～P1.7
共阳 LED 模块 VCC	连接	系统模块 VCC
________	连接	________
________	连接	________

（2）1 处应填入：_______；2 处应填入：_______；3 处应填入：_______；4 处应填入：_______；5 处应填入：_______。

操作模拟试题九

一、录入程序并记录程序执行结果

1. 硬件连接

两位共阳数码管模块 A～H	连接	系统模块 P0.0～P0.7
两位共阳数码管模块 VCC	连接	系统模块 VCC
两位共阳数码管模块 D1～D2	连接	系统模块 P2.0～P2.1

四位共阳数码管模块 A～H	连接	系统模块 P0.0～P0.7
四位共阳数码管模块 VCC	连接	系统模块 VCC
四位共阳数码管模块 D1～D4	连接	系统模块 P2.2～P2.5

2. 程序录入

```
      ORG 0000H
      LJMP MAIN
      ORG 000BH
      MOV TH0,#3CH
      MOV TL0,#0B0H
      DJNZ R7,ETIM0
      MOV R7,#20
      INC R2
      CJNE R2,#60,ETIM0
      MOV R2,#0
      INC R1
      CJNE R1,#60,ETIM0
      MOV R1,#0
      INC R0
      CJNE R0,#24,ETIM0
      MOV R0,#0
ETIM0:
      RETI

MAIN:
      MOV R0,#23
      MOV R1,#59
      MOV R2,#55
      MOV R7,#20
      MOV TMOD,#01H
      MOV TH0,#3CH
      MOV TL0,#0B0H
      SETB EA
      SETB ET0
      SETB TR0
NEXT:
      MOV A,R0
      MOV B,#10
```

```
        DIV AB
        MOV 30H,#0
        MOV 31H,A
        LCALL DIS
        MOV 30H,#1
        MOV 31H,B
        LCALL DIS

        MOV A,R1
        MOV B,#10
        DIV AB
        MOV 30H,#2
        MOV 31H,A
        LCALL DIS
        MOV 30H,#3
        MOV 31H,B
        LCALL DIS

        MOV A,R2
        MOV B,#10
        DIV AB
        MOV 30H,#4
        MOV 31H,A
        LCALL DIS
        MOV 30H,#5
        MOV 31H,B
        LCALL DIS
        LJMP NEXT

DIS:
        MOV P0,#0FFH
        MOV A,30H
        MOV DPTR,#WE
        MOVC A,@A+DPTR
        MOV P2,A
        MOV A,31H
        MOV DPTR,#DU
        MOVC A,@A+DPTR
```

```
    MOV P0,A
    RET

DU:DB 0C0H,0F9H,0A4H,0B0H,99H,92H,82H,0F8H,80H,90H
WE:DB 0FEH,0FDH,0FBH,0F7H,0EFH,0DFH
    END
```

3. 调试记录

（1）上电后，两位共阳数码管显示________，四位共阳数码管显示________。
（2）5s 后，两位共阳数码管显示________，四位共阳数码管显示________。

二、按要求补充完整程序

已知 f_{osc}=12MHz，以下程序的功能是：
①上电后 D33 亮，其余灭；
②3s 后，D36 亮，其余灭。

```
    ORG 0000H
    LJMP MAIN
    ORG __1__
    MOV TH0,#3CH
    MOV TL0,#0B0H
    DJNZ R7,__2__
    MOV R0,#__3__
    CLR TR0
EXIT:
    RETI
MAIN:
    MOV R0,#2
    MOV R7,#__4__
    MOV TMOD,#01H
    MOV TH0,#3CH
    MOV TL0,#0B0H
    __5__
    SETB TR0
NEXT:
    MOV A,R0
    MOV DPTR,#DU
    MOVC A,@A+DPTR
    MOV P1,A
```

```
    LJMP NEXT
DU:DB 0FEH,0FDH,0FBH,0F7H,0EFH,0DFH,0BFH,07FH
    END
```

（1）分析以上程序可知：

________________ 连接 ________________

________________ 连接 ________________

（2）1 处应填入：_______；2 处应填入：_______；3 处应填入：_______；4 处应填入：_______；5 处应填入：_______。

操作模拟试题十

一、录入程序并记录程序执行结果

1．硬件连接

四位共阳数码管模块 A～H	连接	系统模块 P0.0～P0.7
四位共阳数码管模块 VCC	连接	系统模块 VCC
四位共阳数码管模块 D1～D4	连接	系统模块 P2.0～P2.3

2．程序录入

```
    ORG 0000H
    LJMP MAIN
    ORG 001BH
    MOV TH1,#3CH
    MOV TL1,#0B0H
    DJNZ R7,EXIT
    MOV R7,#20
    INC R6
    CJNE R6,#4,EXIT
    MOV R6,#0
EXIT:
    RETI
MAIN:
    MOV R5,#0
    MOV R6,#0
    MOV R7,#20
    MOV R1,#20
    MOV R0,#19
    MOV TMOD,#10H
```

```
    MOV TH1,#3CH
    MOV TL1,#0B0H
    MOV IE,#88H
    SETB TR1
NEXT:
    MOV A,R6
    MOV R5,A

    MOV A,R1
    MOV B,#10
    DIV AB
    MOV 30H,R5
    MOV 31H,A
    LCALL DIS
    MOV 31H,B
    LCALL DIS

    MOV A,R0
    MOV B,#10
    DIV AB
    MOV 31H,A
    LCALL DIS
    MOV 31H,B
    LCALL DIS
    LJMP NEXT

DIS:
    MOV P0,#0FFH
    CJNE R5,#4,L1
    MOV R5,#0
L1:
    MOV A,R5
    INC R5
    MOV DPTR,#WE
    MOVC A,@A+DPTR
    MOV P2,A
    MOV A,31H
    MOV DPTR,#DU
```

```
        MOVC A,@A+DPTR
        MOV P0,A
        RET

DU:DB 0C0H,0F9H,0A4H,0B0H,99H,92H,82H,0F8H,80H,90H
WE:DB 0FEH,0FDH,0FBH,0F7H
        END
```

3. 调试记录

（1）上电后，四位共阳数码管显示________。

（2）4s 后，四位共阳数码管显示________。

（3）显示内容在做________________________移动。

二、按要求补充完整程序

以下程序的功能是：

①上电后 D41～D48 全灭；

②每按一次 SW51，从 D41 到 D48 被点亮的 LED 多一个；当 D41～D48 全亮时，再按一次 SW51 则 D41～D48 全灭。如此循环。

③每按一次 SW52，从 D48 到 D41 被熄灭的 LED 多一个；当 D48～D41 全灭时，再按一次 SW52 则 D48～D41 全亮。如此循环。

```
        ORG 0000H
        LJMP MAIN
        ORG 0003H
        LJMP WAI0
        ORG __1__
        LJMP WAI1
        ORG 0030H
MAIN:
        MOV R0,__2__
        SETB IT0
        SETB IT1
        MOV IE,__3__
        MOV DPTR,#LED
NEXT:
        MOV A,R0
        MOVC A,@A+DPTR
        __4__
        MOV P1,A
```

```
        LJMP NEXT
WAI0:
        INC R0
        CJNE R0,#9,EWAI0
        MOV R0,#0
EWAI0:
        RETI
WAI1:
        DEC R0
        CJNE R0,#0FFH,EWAI1
        MOV R0,__5__
EWAI1:
        RETI
LED:DB 0FFH,0FEH,0FCH,0F8H,0F0H,0E0H,0C0H,080H,00H
        END
```

（1）分析以上程序可知：

________________ 连接 ________________
________________ 连接 ________________
________________ 连接 ________________
________________ 连接 ________________
________________ 连接 ________________

（2）1 处应填入：________；2 处应填入：________；3 处应填入：________；4 处应填入：________；5 处应填入：________。

操作模拟试题十一

一、录入程序并记录程序执行结果

1. 硬件连接

共阳数码管模块 A～H	连接	系统模块 P0.0～P0.7
共阳数码管模块 VCC	连接	系统模块 VCC
共阳 LED 模块 D31～D38	连接	系统模块 P2.0～P2.7
共阳 LED 模块 VCC	连接	系统模块 VCC
8 位独立按键模块 SW1～SW7	连接	系统模块 P1.0～P1.7
8 位独立按键模块 GND	连接	系统模块 GND

2. 程序录入

```
        ORG 0000H
UP:
```

```
        MOV P1,#0FFH
        MOV R0,P1
        MOV A,R0
        CPL A
        ANL A,#07H
        MOV R0,A
        LCALL LED8
        LCALL SMG1
        LJMP UP
LED8:
        MOV A,R0
        MOV DPTR,#LED
        MOVC A,@A+DPTR
        MOV P2,A
        RET
SMG1:
        MOV A,R0
        MOV DPTR,#SMG
        MOVC A,@A+DPTR
        MOV P0,A
        RET

LED:DB 0FEH,0FDH,0FBH,0F7H,0EFH,0DFH,0BFH,07FH
SMG:DB 0C0H,0F9H,0A4H,0B0H,99H,92H,82H,0F8H,80H,90H
        END
```

3. 调试记录

将调试记录填入表 9-1 中。

注：

①SW51～SW53，用 1 表示按下，0 表示未按下；

②D31～D31，亮用 0 表示，灭用 1 表示。

表 9-1 调试记录

输入			LED 输出								数码管显示的数字
C SW53	B SW52	A SW51	Y0 D31	Y1 D32	Y2 D33	Y3 D34	Y4 D35	Y5 D36	Y6 D37	Y7 D38	
0	0	0									
0	0	1									

（续表）

输入			LED 输出								数码管显示的数字
C SW53	B SW52	A SW51	Y0 D31	Y1 D32	Y2 D33	Y3 D34	Y4 D35	Y5 D36	Y6 D37	Y7 D38	
0	1	0									
0	1	1									
1	0	0									
1	0	1									
1	1	0									
1	1	1									

表 9-1 描述的逻辑功能是：＿＿＿＿＿＿＿＿＿＿＿＿

二、按要求补充完整程序

已知 f_{osc}=12MHz，以下程序的功能是，实现定时编码的功能，即：

每隔 20ms，将 8 位独立按键 SW51～SW57 输入的信息进行编码，并将编码结果显示在 D36～D38 上。

```
        ORG 0000H
        LJMP MAIN
        ORG 000BH
        __1__
        ORG 0100H
MAIN:
        MOV TMOD,#01H        ;T0 工作于方式 1，定时时间 20ms
        MOV TH0,#0B1H
        MOV TL0,#  2
        MOV IE,#82H
        SETB TR0
NEXT:
        JNB__3__,NEXT        ;20ms 未到则等待，否则顺序执行
        CLR 00H
        LCALL KEY
        __4__                ;调用子程序，控制 D36～D38 的亮/灭
        LJMP NEXT

KEY:
        MOV P1,#0FFH
```

```
    MOV R0,__5__              ;读取按键信息至 R0 中
    CJNE R0,#0FFH,DOWN
    MOV R7,#0
    LJMP EKEY
DOWN:
    CJNE R0,#0FEH,L1
    MOV R7,#1
    LJMP EKEY
L1:
    CJNE R0,#0FDH,L2
    MOV R7,#2
    LJMP EKEY
L2:
    CJNE R0,#0FBH,L3
    MOV R7,#3
    LJMP EKEY
L3:
    CJNE R0,#0F7H,L4
    MOV R7,#4
    LJMP EKEY
L4:
    CJNE R0,#0EFH,L5
    MOV R7,#5
    LJMP EKEY
L5:
    CJNE R0,#0DFH,L6
    MOV R7,#6
    LJMP EKEY
L6:
    CJNE R0,#0BFH,EKEY
    MOV R7,#7
EKEY:
    RET

DIS:
    MOV A,R7
    MOV DPTR,#LED
    MOVC A,@A+DPTR
```

```
    MOV P0,A
    RET

DI0:
    MOV TH0,#0B1H
    MOV TL0,#__2__
    SETB 00H              ;每 20ms 使 00H 置 1
    RETI

LED:DB 0FFH,0FEH,0FDH,0FCH,0FBH,0FAH,0F9H,0F8H
    END
```

（1）分析以上程序可知：

8 位独立按键模块 SW1～SW7　连接　系统模块 P1.0～P1.6

8 位独立按键模块 GND　　　连接　系统模块 GND

____________________　连接　____________________

____________________　连接　____________________

（2）1 处应填入：________；2 处应填入：________；3 处应填入：________；4 处应填入：________；5 处应填入：________。

操作模拟试题十二

一、录入程序并记录程序执行结果

1. 硬件连接

共阳 LED 模块 D31～D38　　连接　　系统模块 P1.0～P1.7

共阳 LED 模块 VCC　　　　连接　　系统模块 VCC

2. 程序录入

```
    ORG 0000H
    LJMP MAIN
    ORG 000BH
    LJMP T0IN
    ORG 001BH
    LJMP T1IN
MAIN:
    SETB P1.0
    CLR 00H
    MOV R1,#0FFH
```

```
        MOV R0,#0FFH
        MOV TMOD,#11H
        MOV TH0,R1
        MOV TL0,R0
        MOV TH1,#0FCH
        MOV TL1,#18H
        ORL IE,#8AH
        SETB TR1
        SJMP $
T0IN:
        MOV TH0,R1
        MOV TL0,R0
        CLR TR0
        MOV P1,#0FFH
        JB 00H,BD
        CJNE R1,#0FCH,EDB
        CJNE R0,#017H,EDB
        SETB 00H
        LJMP EXIT0
EDB:
        DEC R0
        CJNE R0,#0FFH,EXIT0
        DEC R1
        LJMP EXIT0
BD:
        CJNE R1,#0FFH,EBD
        CJNE R0,#0FFH,EBD
        CLR 00H
        LJMP EXIT0
EBD:
        INC R0
        CJNE R0,#0,EXIT0
        INC R1
EXIT0:
        RETI

T1IN:
        MOV TH1,#0FCH
```

```
    MOV TL1,#18H
    MOV P1,#00H
    SETB TR0
    RETI

    END
```

3. 调试记录

以上程序的功能是：（　　）。

A．闪烁灯

B．呼吸灯

C．从左至右流水灯

D．从右至左流水灯

二、按要求补充完整程序

以下程序的功能是，上电后共阳数码管显示数字 3，按下 SW51 并松手后约 2s 显示数字 5。（已知 f_{osc}=12MHz）

```
    __1__ EQU P2.0
    ORG 0000H
    LJMP MAIN
    ORG 000BH
    LJMP DI0
    ORG 0030H
MAIN:
    MOV P0,#0B0H
    MOV R7,# __2__
    MOV TMOD,#01H
    MOV TH0,#0D8H
    MOV TL0,#0F0H
    MOV IE,#82H
UP: JB SW51,$
    LCALL __3__
    JB SW51,UP
    JNB SW51,$
    __4__ TR0
    SJMP $

YS:
```

```
        MOV R0,#5
L0:     MOV R1,#100
L1:     DJNZ R1,L1
        DJNZ R0,L0
        RET

DI0:
        MOV TH0,#0D8H
        MOV TL0,#0F0H
        DJNZ R7,QUIT
        MOV P0,# __5__
QUIT:
        RETI
        END
```

（1）分析以上程序可知：

8 位独立按键模块 SW1	连接	________________
8 位独立按键模块 GND	连接	系统模块 GND
共阳数码管模块 A～H	连接	________________
共阳数码管模块 VCC	连接	系统模块 VCC

（2）1 处应填入：__________；2 处应填入：__________；3 处应填入：__________；4 处应填入：__________；5 处应填入：__________。

操作模拟试题十三

一、录入程序并记录程序执行结果

1. 硬件连接

共阳数码管模块 A～H	连接	系统模块 P0.0～P0.7
共阳数码管模块 VCC	连接	系统模块 VCC
独立按键模块 SW1	连接	系统模块 P3.2
独立按键模块 GND	连接	系统模块 GND

2. 程序录入

```
        ORG 0000H
        LJMP MAIN
        ORG 0003H
        LCALL YS
        JB P3.2,EINT1
```

```
    DEC R0
    CJNE R0,#-1,EINT1
    MOV R0,#5
EINT1:
    RETI
MAIN:
    MOV R0,#5
    SETB IT0
    SETB EA
    SETB EX0
NEXT:
    MOV A,R0
    MOV DPTR,#DUAN
    MOVC A,@A+DPTR
    MOV P0,A
    LJMP NEXT
YS:
    MOV R7,#200
L1:
    DJNZ R7,L1
    RET
DUAN:DB 0C0H,0F9H,0A4H,0B0H,99H,92H,82H,0F8H,80H,90H
    END
```

3. 结果记录

（1）上电后共阳数码管模块显示数字________。

（2）每按下一次 8 位独立按键模块中的 SW51 按钮，数码管显示的数字________。

（3）当数码管上显示的数字为 0 时，再按一次 SW51 按钮，数码管显示的数字为________。

二、按要求补充完整程序

已知 f_{osc}=12MHz，以下程序的功能是：

①上电时，共阴数码管模块显示数字 0；

②每隔 0.5s 共阴数码管模块上显示的数字自加 1；

③当共阴数码管显示数字 5 时，再自加 1 则又显示数字 0。

```
    ORG 0000H
    LJMP MAIN
    ORG __1__
```

```
        MOV TH1,#3CH            ;重装入初值 15536
        MOV TL1,#0B0H
        DJNZ R7,EXIT            ;0.5s 未到则退出中断
        MOV R7,#10
        INC R0
        CJNE R0,#6,EXIT
        MOV R0,#0
    EXIT:
        RETI                    ;中断返回

    MAIN:
        MOV R7,#10              ;用于判断是否到 0.5s
        MOV R0,#0               ;送显示初值
        MOV TMOD,#__2__H        ;T1 工作于方式 1、定时模式、内部启动
        MOV TH1,#3CH            ;装入初值 15536
        MOV TL1,#0B0H
        SETB EA                 ;允许中断总控
        SETB ET1                ;允许 T1 总控
        SETB __3__              ;启动 T1
    NEXT:
        __4__                   ;调用显示子程序
        LJMP NEXT
    DIS:                        ;显示子程序，作用是将 R0 中的数显示在数码管上
        MOV A,R0
        MOV DPTR,#TAB
        MOVC A,@A+DPTR
        __5__                   ;将取出的段码取反
        MOV P1,A
        RET

    TAB:DB 0C0H,0F9H,0A4H,0B0H,99H,92H,82H,0F8H,80H,90H
        END
```

（1）1 处应填入：________；2 处应填入：________；3 处应填入：________；4 处应填入：________；5 处应填入：________。

（2）分析以上程序可知：共阴数码管模块 A～H 应连接系统模块________，共阴数码管模块 GND 应连接系统模块 GND。

操作模拟试题十四

一、录入程序并记录程序执行结果

1. 硬件连接

两位共阳数码管模块 VCC	连接	系统模块 VCC
两位共阳数码管模块 A～H	连接	系统模块 P0.0～P0.7
两位共阳数码管模块 D1～D2	连接	系统模块 P2.0～P2.1
蜂鸣器模块 VCC	连接	系统模块 VCC
蜂鸣器模块 GND	连接	系统模块 GND
蜂鸣器模块 B0	连接	系统模块 P1.0

2. 程序录入

```
    ORG 0000H
    LJMP MAIN
    ORG 000BH
    LJMP TIMER0
    ORG 001BH
    LJMP TIMER1
MAIN:
    MOV R7,#3
    MOV R6,#20
    MOV 40H,R6
    MOV R5,#20
    MOV R4,#20
    MOV R3,#20

    MOV TMOD,#11H
    MOV TH1,#3CH
    MOV TL1,#0B0H
    MOV TH0,#0FCH
    MOV TL0,#18H
    SETB EA
    SETB ET1
    SETB ET0
    SETB TR1
WHILE:
```

```
        MOV A,R3
        MOV B,#10
        DIV AB
        MOV 30H,A
        MOV 31H,#0
        LCALL DIS
        MOV 30H,B
        MOV 31H,#1
        LCALL DIS
        LJMP WHILE
DIS:
        MOV P2,#0FFH
        MOV A,30H
        MOV DPTR,#DU
        MOVC A,@A+DPTR
        MOV P0,A
        MOV A,31H
        MOV DPTR,#WE
        MOVC A,@A+DPTR
        MOV P2,A
        RET

TIMER0:
        MOV TH0,#0FCH
        MOV TL0,#18H
        CPL P1.0
        RETI

TIMER1:
        MOV TH1,#3CH
        MOV TL1,#0B0H
        DJNZ R4,NEXT1
        MOV R4,#20
        DJNZ R3,NEXT1
        CLR TR1
        SETB 00H
NEXT1:
        CJNE R6,#0,NEXT
```

```
        SETB TR0
        LJMP ETIMER1
NEXT:
        DJNZ R5,NSEC
        MOV R5,#20
        DEC 40H
NSEC:
        JB 00H,NSOUND
        SETB TR0
        DJNZ R7,ETIMER1
        MOV R7,#2
        CLR TR0
        SETB 00H
        LJMP ETIMER1
NSOUND:
        DJNZ R6,ETIMER1
        CLR 00H
        MOV R6,40H
ETIMER1:
        RETI

DU:DB 0C0H,0F9H,0A4H,0B0H,99H,92H,82H,0F8H,80H,90H
WE:DB 0FEH,0FDH
        END
```

3. 调试记录

（1）上电后两位共阳数码管显示_________，两位共阳数码管显示的数字大约每隔_________自减 1。

（2）随着两位共阳数码管显示的数字越来越小，蜂鸣器发出的声音越来越_________，当两位共阳数码管显示的数字为 00 时，蜂鸣器_________。

二、按要求补充完整程序

以下程序的功能是：

①上电后，共阳 LED 模块单只循环右移点亮。

②按下 8 位独立按键模块中的 SW51 按键的瞬间，共阳 LED 模块单只循环左移点亮。

③按下 8 位独立按键模块中的 SW55 按键的瞬间，共阳 LED 模块单只循环右移点亮。

③如此循环以上②、③步骤。

```
        ORG 0000H
```

```
        LJMP MAIN
        ORG 0003H
        LJMP WAI0
        ORG 0013H
        LJMP WAI1
MAIN:
        CLR 00H
        MOV A,#0FEH
        MOV TCON, #05H
        MOV IE,  __1__
NEXT:
        MOV P1,  __2__
        LCALL DELAY
        JB  __3__,LEFT
        RL A
        LJMP NEXT
LEFT:
        RR A
        LJMP NEXT
WAI0:
        SETB 00H
        LJMP EXIT
WAI1:
        CLR 00H
EXIT:
        RETI

DELAY:
        MOV R7,#20
L2:
        MOV R6,#50
L1:
        MOV R5,#100
        DJNZ R5,$
        DJNZ R6,L1
        DJNZ R7,L2
        RET
```

```
END
```

（1）分析以上程序可知，共阳 LED 模块 VCC 应连接系统模块_______，D31～D38 应连接系统模块_______。

（2）8 位独立按键模块 GND 应连接系统模块_______，SW1 应连接系统模块_______，SW5 应连接系统模块_______。

（3）1 处应填入：_______；2 处应填入：_______；3 处应填入：_______。

（4）设 f_{osc}=12MHz，则以上程序中的延时时间为_______μs。

（5）以上程序的编程思路 1 是（　　）。

A．定时/计数器外部计数中断法，对按键状态进行判别

B．引脚查询法，对按键状态进行判断

C．外部中断法，对按键状态进行判断

（6）以上程序的编程思路 2 是（　　）。

A．根据按键状态，修改左移或右移标志位 00H，从而控制移位方向

B．根据按键状态，修改延时时间，从而控制每只 LED 灯点亮的时间

C．根据按键状态，修改控制 LED 的端口

操作模拟试题十五（2021年高考试题<学生回忆版>）

一、录入程序并记录程序执行结果

1．硬件连接

四位共阳数码管模块 VCC	连接	系统模块 VCC
四位共阳数码管模块 A～H	连接	系统模块 P1.0～P1.7
四位共阳数码管模块 D2	连接	系统模块 P2.0
共阳 LED 模块 VCC	连接	系统模块 VCC
共阳 LED 模块 D33	连接	系统模块 P2.7

2．程序录入

```
ORG 0000H
MOV R2,#16
CLR C
MOV A,#79H
MOV 0E3H,C
SETB ACC.7
ANL A,#8FH
RL A
MOV P2,A
MOV B,#0C5H
```

```
        MUL AB
        SWAP A
        ADD A,B
        XRL A,#64H
        MOV P1,A
N1:
        CPL P2.0
        CPL P2.7
        AJMP L3
N2:
        DJNZ R2,N1
        MOV P1,#00H
        CLR P2.0
        SETB P2.7
        SJMP $

L3:
        MOV R7,#30
L2:
        MOV R6,#100
L1:
        MOV R5,#200
        DJNZ R5,$
        DJNZ R6,L1
        DJNZ R7,L2
        LJMP N2

        END
```

3. 调试记录

（1）上电后四位共阳数码管左起第_________位显示_________。

（2）数码管闪烁_________次，然后_________。

（3）在数码管闪烁过程中，D33 的状态与数码管状态_________。

（4）数码管闪烁结束后，D33 的状态是：_________

二、按要求补充完整程序

以下程序的功能是：

①上电后，共阳 LED 模块 D31～D38 全亮。

②按位 8 位独立按键模块中的 SW58 按键，共阳 LED 模块单只循环右移点亮。
③松开 8 位独立按键模块中的 SW58 按键，共阳 LED 模块单只循环左移点亮。
④如此循环以上②、③步骤。

```
    ORG 0000H
    AJMP L4
    ORG 0013H
L1:
    MOV R1,#10
L2:
    MOV R2,#100
L3:
    MOV R3,#230
    DJNZ R3,$
    DJNZ R2,L3
    DJNZ R1,L2
    ___1___

L4:
    MOV SP,#10H
    MOV P1, ___2___
    MOV A,#0FEH
L5:
    JB P3.3,L5
L6:
    MOV P1,A
    JB P3.3, ___3___
    RL A
    LJMP L8
L7:
    ___4___
L8:
    LCALL L1
L9:
    ___5___
    END
```

分析以上程序，完成下列试题。
（1）下列连接关系中，正确的是（　　）。

A．共阳 LED 模块 D31～D38 连接系统模块 P1.7～P1.0，8 位独立按键模块 SW8 连接系统模块 P3.3

B．共阳 LED 模块 D31～D38 连接系统模块 P1.0～P1.7，8 位独立按键模块 SW8 连接系统模块 P3.3

C．共阳 LED 模块 D31～D38 连接系统模块 P3.3，8 位独立按键模块 SW8 连接系统模块 P1.0～P1.7

（2）1 处应填入（　　）。

A．SJMP L1　　B．LJMP L4　　C．AJMP L8　　D．RET

（3）2 处应填入（　　）。

A．#00H　　B．#0FFH　　C．#10H　　D．01H

（4）3 处应填入（　　）。

A．L6　　B．L7　　C．L9　　D．L4

（5）4 处应填入（　　）。

A．CPL A　　B．RR A　　C．CLR A　　D．MOV A,#0FEH

（6）5 处应填入（　　）。

A．LJMP L6　　B．SJMP $　　C．RET　　D．LJMP L4

第十章　操作模拟试题参考答案

操作模拟试题一

一、录入程序并记录程序执行结果

3．结果记录

（1）HELIO、全灭　（2）全亮、D34 与 D35　（3）D33 与 D36　（4）D32 与 D37　（5）D31 与 D38

二、按要求补充完整程序

3．结果记录

（1）TR1　（2）EDS1　（3）#LED　（4）P20　（5）P1.0～P1.7

操作模拟试题二

一、录入程序并记录程序执行结果

3．结果记录

（1）5　（2）减 1　（3）加 1　（4）无效　（5）无效

二、按要求补充完整程序

（1）#3　（2）0E0H　（3）CPL A　（4）0F8H　（5）T1（P3.5）、INT1（P3.3）（6）P1.0～P1.7

操作模拟试题三

一、录入程序并记录程序执行结果

3．调试记录

（1）全亮　（2）D33　（3）D37　（4）全亮

二、按要求补充完整程序

（1）VCC、P1.0～P1.7　（2）PUSH ACC、POP ACC、SETB TR0、R6、A

操作模拟试题四

一、录入程序并记录程序执行结果

3．调试记录

（1）0　（2）1　（3）B　（4）4

二、按要求补充完整程序

（1）VCC、系统模块 P2.0～P2.7　（2）GND、T0（P3.2）　（3）06、SETB TR0、CLR

操作模拟试题五

一、录入程序并记录程序执行结果

3．调试记录

（1）D45　（2）D41　（3）D41 与 D47　（5）R0

二、按要求补充完整程序

（1）P0.0～P0.7　（2）P1.0　（3）#00H、$、DIV

操作模拟试题六

一、录入程序并记录程序执行结果

2．硬件连接

（1）P2.0　（2）P1.3

3．调试记录

（1）2000　（2）5000

二、按要求补充完整程序

（1）P0.0～P0.7、P2.0 与 P1.1　（2）#8、LCALL、#0FFH、RET、0FEH

操作模拟试题七

一、录入程序并记录程序执行结果

3．调试记录

（1）全亮　（2）5　（3）A

二、按要求补充完整程序

（1）共阳 LED 模块 D38	连接	系统模块 P1.0
共阳 LED 模块 VCC	连接	系统模块 VCC
8 位独立按键模块 SW8	连接	系统模块 P2.0
8 位独立按键模块 GND	连接	系统模块 GND
蜂鸣器模块 VCC	连接	系统模块 VCC
蜂鸣器模块 GND	连接	系统模块 GND
蜂鸣器模块 B0	连接	系统模块 P0.0

（2）SW58、SETB D38、JB SW58、JBC TF1、CPL BEEF

操作模拟试题八

一、录入程序并记录程序执行结果

3．调试记录

（1）0、灭　（2）7　（3）1　（4）亮、灭

二、按要求补充完整程序

（1）共阴 LED 模块 D41～D48	连接	系统模块 P2.0～P2.7
共阴 LED 模块 GND	连接	系统模块 GND

（2）#32、RETI、#01H、B、P1

操作模拟试题九

一、录入程序并记录程序执行结果

3．调试记录

（1）23、5955　（2）00、0000

二、按要求补充完整程序

（1）共阳 LED 模块 D31～D38	连接	系统模块 P1.0～P1.7
共阳 LED 模块 VCC	连接	系统模块 VCC

（2）000BH、EXIT、5、60、MOV IE,#82H

操作模拟试题十

一、录入程序并记录程序执行结果

3．调试记录

（1）2019　（2）2019　（3）循环左移

二、按要求补充完整程序

（1）共阴 LED 模块 D41～D48	连接	系统模块 P1.0～P1.7
共阴 LED 模块 GND	连接	系统模块 GND
8 位独立按键模块 SW1	连接	系统模块 P3.2
8 位独立按键模块 SW2	连接	系统模块 P3.3
8 位独立按键模块 GND	连接	系统模块 GND

（2）0013H、#0、#85H、CPL A、#8

操作模拟试题十一

一、录入程序并记录程序执行结果

3．调试记录

输入			LED 输出								数码管显示的数字
C SW53	B SW52	A SW51	Y0 D31	Y1 D32	Y2 D33	Y3 D34	Y4 D35	Y5 D36	Y6 D37	Y7 D38	
0	0	0	0	1	1	1	1	1	1	1	0
0	0	1	1	0	1	1	1	1	1	1	1
0	1	0	1	1	0	1	1	1	1	1	2
0	1	1	1	1	1	0	1	1	1	1	3
1	0	0	1	1	1	1	0	1	1	1	4
1	0	1	1	1	1	1	1	0	1	1	5
1	1	0	1	1	1	1	1	1	0	1	6
1	1	1	1	1	1	1	1	1	1	0	7

3-8 译码器

二、按要求补充完整程序

（1）共阳 LED 模块 D31～D33	连接	系统模块 P0.0～P0.2
共阳 LED 模块 VCC	连接	系统模块 VCC

（2）LJMP DI0、0E0H、00H、LCALL DIS、P1

操作模拟试题十二

一、录入程序并记录程序执行结果

3．调试记录

B

二、按要求补充完整程序

（1）系统模块 P2.0、系统模块 P0.0～P0.7

（2）SW51、100、YS、SETB、92H

操作模拟试题十三

一、录入程序并记录程序执行结果

3．结果记录

（1）5　（2）减 1　（3）5

二、按要求补充完整程序

（1）001BH、10、TR1、LCALL DIS、CPL A

（2）P1.0～P1.7

操作模拟试题十四

一、录入程序并记录程序执行结果

3．调试记录

（1）20、1 秒　（2）急促、长鸣

二、按要求补充完整程序

（1）VCC、P1.0～P1.7　（2）GND、P32、P33　（3）#85H、A、00H　（4）203063

（5）C　（6）A

操作模拟试题十五（2021年高考试题<学生回忆版>）

一、录入程序并记录程序执行结果

3．调试记录

（1）2、5　（2）8、全亮　（3）相反　（4）灭

二、按要求补充完整程序

（1）B　（2）D　（3）A　（4）B　（5）B　（6）A

附录A　第一部分思考及练习参考答案

第一章　计算机基础

第一节　单片机发展史

一、填空题

1～4：8、CPU、RAM、ROM

二、判断题

1～4：A、A、A、B

三、选择题

1～4：B、D、B、C

四、综合题

1：略

2：略

第二节　常用进制及进制间的转换

一、填空题

1～5：100011、11101111、15EC、01111011、214

6～10：01000011、1101、111110、101011110、55

11～15：11110010、63、BF、C、91

二、判断题

1～5：B、B、A、B、B

三、选择题

1～5：C、A、B、A、B

第三节　计算机中的数

一、填空题

1～5：0～255、50、D4、–128～+127、33

6～10：5A、0010000000011001、2048、相同、–2

二、判断题

1～5：A、A、A、B、B

6～10：B、B、B、B、A

三、选择题

1～5：D、A、D、A、C

6～10：D、B、A、C、A

四、综合题

1：略

2：略

3：略

第二章　MCS-51单片机硬件基础

第一节　MCS-51 单片机引脚功能

一、填空题

1～5：RST、32、P1、4、17

6～10：P2、P0、P0、P3、14

11～15：P0、ALE、$\overline{\mathrm{INT1}}$、VCC、20

16～20：12、T1、11、RXD、$\overline{\mathrm{INT0}}$

21～25：$\overline{\mathrm{PSEN}}$、$\overline{\mathrm{EA}}$、19、P0、P0

26～30：1 和 0、输出、8、P1.7、高电平

二、判断题

1～5：B、B、B、A、A

6～10：B、A、A、B、A

11～15：B、A、A、B、A

三、选择题

1～5：D、C、A、A、A

6～10：D、C、A、D、B

11～15：A、D、B、A、B

16～20：C、D、D、A、A

21～25：C、C、C、B、A

四、综合题

1：4、$\overline{\mathrm{PSEN}}$、$\overline{\mathrm{WR}}$、P2、9

2：39、$\overline{\mathrm{INT0}}$、T1、P0、ALE

3：21、RXD、P0、P1、P0

4：C、C、A、C、D

第二节　MCS-51 单片机最小系统

一、填空题

1～5：时钟电路、RST、0.1、1、8

6～10：4、12、1～4、0.5μs、按键复位

11～15：07H、FF、0000H、ROM、0

二、判断题

1～5：A、B、A、B、B

6～10：B、A、A、B、B

三、选择题

1～5：D、B、B、D、C

6～10：D、D、A、A、C

四、综合题

1：40、+5、9、按键复位、19

2：1/12、1/6、1、4、2

3：1/6、1/3、2、2、1

4：A、C、D、A、B

第三节　MCS-51 单片机内部结构框图及 I/O 口结构

一、填空题

1～5：数据总线、16、加、T1、256

6～10：P0、P0、$\overline{\text{RD}}$、$\overline{\text{PSEN}}$、控制器

11～13：5、全、写 1

二、判断题

1～5：B、B、B、B、A

6～10：B、A、B、A、B

11～12：A、A

三、选择题

1～5：C、A、D、A、C

6～10：B、B、D、D、A

四、综合题

1：ROM　CPU　定时/计数器

2：C、B、D、A、B

第三节　MCS-51 单片机存储器结构

一、填空题

1～5：RAM、程序存储器、16、2、256

6～10：0000H～0FFFH、64KB、5、0013H、0023H

11～15：MOVX、外、0、通用寄存器区、程序状态字

16～20：E0、80H、A0H、位寻址区、00H～7FH

21～25：位、0BH、00H～1FH、4、0

26～27：PSW、21

二、判断题

1～5：A、B、B、B、A

6～10：B、B、A、B、B
11～15：B、A、A、A、A
16～20：A、B、B、A、B
三、选择题
1～5：C、C、C、C、B
6～10：C、A、D、B、D
11～15：A、C、D、C、D
四、综合题
1：外 RAM、0FFFH、MOVC、1000H、$\overline{EA}$=0/1
2：特殊功能寄存器区、80H、7FH、位寻址区、32B

第三章　MCS-51单片机指令系统

第一节　MCS-51 单片机指令格式及寻址方式

一、填空题
1～5：direct、#data、#data16、Rn、@
6～10：bit、rel、addr11、addr16、$
11～15：,、#、相对、直接寻址、位寻址
16：立即寻址
二、判断题
1～4：B、A、B、A
三、选择题
1～5：B、D、B、C、C
四、综合题
1：直接寻址、立即寻址、基址加变址寻址、寄存器寻址、位寻址
2：B、C、A、A、D

第二节　MCS-51 单片机指令集

一、填空题
1～5：83H、0010H、MOV DPTR,#data16、MOV、寄存器间接
6～10：基址加变址、71H、1、EFH、4FH
11～15：FFH、33H、E0H、14H、AFH
16～20：1、ANL P1,#0F8H、ORL 30H,#3CH、XRL A,#0F8H、XRL 20H,#0E0H
21～25：82H、45H、39H、9FH、31H
26～30：XCH A,40H、5AH、SWAP A、64KB、不能
31～35：RET、RETI、64KB、FE、2005H
36～40：DJNZ、JNZ rel、2KB、JBC bit,rel、-128B～+127B
41～45：JNC rel、05、05、FFH、321.5

46～50：1506、01H、00H、5、FFH

二、判断题

1～5：B、B、A、B、A

6～10：B、A、B、B、A

11～15：A、A、B、B、B

16～20：B、A、B、A、A

21～25：B、B、A、B、B

26～30：B、B、A、B、A

31～35：A、B、B、B、B

36～40：B、A、A、B、A

41～45：A、A、A、A、B

46～50：B、B、B、A、A

三、选择题

1～5：B、C、D、C、C

6～10：C、C、D、C、D

11～15：C、B、C、D、C

16～20：B、C、C、B、B

21～25：D、A、C、B、A

26～30：D、C、D、C、D

31～34：D、C、B、B

四、综合题

1：02、A4、A4、1、2

2：35H、30H、00H、35H、35H

3：1001、F0、00、F0、F0

4：40、75、38、40、38

5：C、B、A、B、D

6：D、A、C、D、B

7：03H、03H、11H、80H、31H

8：69H、80H、01H、D1H、20H

9：00H、01H、3AH、31H、CBH

10：01H、2EH、0、41H、7BH

11：@R0、#TAB、A、SETB P2.0、0A4H

12：C、ORL、CPL、P1.1、P1.7

13：76H、80H、1、41H、7BH

14：81H、20H、7FH、35H、0

15：0AH、21H、0AH、1、30H

16：60H、01H、10H、01H、10H

17：F2H、1、F2H、7FH、41H

18：#03H、MOV P1,A、RL A、LCALL、161212
19：10H、FFH、1、1、0
20：#21H、#1000H、#00H、R0、R7

第三节 MCS-51 单片机伪指令

一、填空题
1～4：1000H、B9H、0DH、2CH
二、判断题
1～5：B、B、B、A、A
三、选择题
1～4：D、A、B、B
四、综合题
1：1000H、80H、1、8、上拉电阻
2：SW0、JB SW0,UP、INC R0、0CH、125753

第四节 汇编语言程序设计

一、填空题
1～4：.asm、顺序结构、有限循环结构、无条件转移指令
二、判断题
1～4：A、A、B、A
三、选择题
1～5：D、C、C、B、A
四、综合题
1：A、MUL AB、LCALL LJ、RET、子程序调用结构
2：ACC.0、INC、RR、R7

第四章 MCS-51单片机中断系统

第一节 MCS-51 单片机中断系统结构及外部中断

一、填空题
1～5：5、两、两、中断源、中断请求
6～10：中断响应、中断处理、中断返回、堆栈、中断返回
11～15：中断允许控制寄存器、中断优先级控制寄存器、外部中断 1、串行口中断、IE0
16～20：0、T1、$\overline{INT0}$、$\overline{INT1}$、SETB IT0
二、判断题
1～5：B、B、B、A、A
6～10：A、A、B、B、B
11～15：A、B、B、B、B

三、选择题
1～5：A、C、B、D、D
6～10：C、A、B、D、A
11～15：C、B、B、B、B
16～20：D、B、D、A、C
四、综合题
1：T0、IE0、EX1、EA、PS
2：0013H、P1.1、RETI、SETB IT1、SETB EA

第二节　MCS-51 单片机定时/计数器中断

一、填空题
1～5：2、中断请求标志寄存器、TF0、15、计数
6～10：16、TF1、24576、128、65536
11～15：TF0、TR1、方式 2、T0、61A8
二、判断题
1～5：B、B、A、B、B
6～10：A、A、A、B、B
11～12：A、B
三、选择题
1～5：C、D、B、C、D
6～10：D、C、B、C、A
11～15：C、D、D、C、A
16～20：D、D、D、A、C
四、综合题
1：3CH、0B0H、000BH、#01H、EA
2：001BH、#59、LCALL DIS2、#-1、DIV AB
3：B、C、B、A、D
4：A、D、C、C、C
5：B、C、D、B、A

第三节　MCS-51 单片机串行通信中断

一、填空题
1～5：串行口控制寄存器、TI、RI、TI、串行通信
6～10：全双工通信、异步通信、50、02、发送
二、判断题
1～5：A、A、A、B、B
6～9：A、A、A、A
三、选择题

1～5：D、A、B、D、B
6～10：A、B、C、C、B
11～15：A、B、D、B、B

第五章　MCS-51单片机扩展应用

第一节　并行 I/O 口扩展芯片 8255A

一、填空题

1～5：3、$\overline{CS}$、0AH、1、20

二、判断题

1～4：A、B、B、A

三、选择题

1～5：A、D、D、D、B
6～7：D、D

四、综合题

1：#0003H、#89H、#0002H、#TAB、NEXT
2：D、B、B、D、A

第二节　模数转换芯片 ADC0809

一、填空题

1～5：640、正、逐次逼近、OE、START、0
6～7：逐次逼近、8

二、判断题

1～5：A、B、A、A、A
6：B

三、选择题

1～5：B、B、A、C、C
6～10：A、C、A、C、B

第三节　数模转换芯片 DAC0832

一、填空题

1～5：D/A 转换器、3、20、Rf、8 位数字量

二、判断题

1～5：B、A、B、A、B

三、选择题

1～5：C、A、D、A、C

四、综合题

ORG 001BH、#102、RETI、#20H、#131

附录B　ASCII码

表 B-1　ASCII 码

序号	Hex（十六进制）	缩写/字符	解释	序号	Hex（十六进制）	缩写/字符	解释	序号	Hex（十六进制）	缩写/字符	解释	序号	Hex（十六进制）	缩写/字符	解释
0	0x00	NUL	空字符	**10**	0x0A	LF	换行键	**20**	0x14	DC4	设备控制 4	**30**	0x1E	RS	记录分隔符
1	0x01	SOH	标题开始	**11**	0x0B	VT	垂直制表符	**21**	0x15	NAK	拒绝接收	**31**	0x1F	US	单元分隔符
2	0x02	STX	正文开始	**12**	0x0C	FF	换页键	**22**	0x16	SYN	同步空闲	**32**	0x20	（Space）	空格
3	0x03	ETX	正文结束	**13**	0x0D	CR	回车键	**23**	0x17	ETB	结束传输块	**33**	0x21	!	叹号
4	0x04	EOT	传输结束	**14**	0x0E	SO	不用切换	**24**	0x18	CAN	取消	**34**	0x22	"	双引号
5	0x05	ENQ	请求	**15**	0x0F	SI	启用切换	**25**	0x19	EM	媒介结束	**35**	0x23	#	井号
6	0x06	ACK	收到通知	**16**	0x10	DLE	数据链路转义	**26**	0x1A	SUB	代替	**36**	0x24	$	美元符
7	0x07	BEL	响铃	**17**	0x11	DC1	设备控制 1	**27**	0x1B	ESC	换码（溢出）	**37**	0x25	%	百分号
8	0x08	BS	退格	**18**	0x12	DC2	设备控制 2	**28**	0x1C	FS	文件分隔符	**38**	0x26	&	和号
9	0x09	HT	水平制表符	**19**	0x13	DC3	设备控制 3	**29**	0x1D	GS	分组符	**39**	0x27	'	闭单引号

（续表）

序号	Hex（十六进制）	缩写/字符	解释	序号	Hex（十六进制）	缩写/字符	解释	序号	Hex（十六进制）	缩写/字符	解释	序号	Hex（十六进制）	缩写/字符	解释
40	0x28	(	开括号	**52**	0x34	4	字符 4	**64**	0x40	@	电子邮件符号	**76**	0x4C	L	大写字母 L
41	0x29	)	闭括号	**53**	0x35	5	字符 5	**65**	0x41	A	大写字母 A	**77**	0x4D	M	大写字母 M
42	0x2A	*	星号	**54**	0x36	6	字符 6	**66**	0x42	B	大写字母 B	**78**	0x4E	N	大写字母 N
43	0x2B	+	加号	**55**	0x37	7	字符 7	**67**	0x43	C	大写字母 C	**79**	0x4F	O	大写字母 O
44	0x2C	,	逗号	**56**	0x38	8	字符 8	**68**	0x44	D	大写字母 D	**80**	0x50	P	大写字母 P
45	0x2D	-	减号/破折号	**57**	0x39	9	字符 9	**69**	0x45	E	大写字母 E	**81**	0x51	Q	大写字母 Q
46	0x2E	.	句号	**58**	0x3A	:	冒号	**70**	0x46	F	大写字母 F	**82**	0x52	R	大写字母 R
47	0x2F	/	斜杠	**59**	0x3B	;	分号	**71**	0x47	G	大写字母 G	**83**	0x53	S	大写字母 S
48	0x30	0	字符 0	**60**	0x3C	<	小于	**72**	0x48	H	大写字母 H	**84**	0x54	T	大写字母 T
49	0x31	1	字符 1	**61**	0x3D	=	等号	**73**	0x49	I	大写字母 I	**85**	0x55	U	大写字母 U
50	0x32	2	字符 2	**62**	0x3E	>	大于	**74**	0x4A	J	大写字母 J	**86**	0x56	V	大写字母 V
51	0x33	3	字符 3	**63**	0x3F	?	问号	**75**	0x4B	K	大写字母 K	**87**	0x57	W	大写字母 W

（续表）

序号	Hex（十六进制）	缩写/字符	解释	序号	Hex（十六进制）	缩写/字符	解释	序号	Hex（十六进制）	缩写/字符	解释	序号	Hex（十六进制）	缩写/字符	解释
88	0x58	X	大写字母 X	**106**	0x6A	j	小写字母 j	**114**	0x72	r	小写字母 r	**122**	0x7A	z	小写字母 z
89	0x59	Y	大写字母 Y	**107**	0x6B	k	小写字母 k	**115**	0x73	s	小写字母 s	**123**	0x7B	{	开花括号
90	0x5A	Z	大写字母 Z	**108**	0x6C	l	小写字母 l	**116**	0x74	t	小写字母 t	**124**	0x7C	|	垂线
91	0x5B	[	开方括号	**109**	0x6D	m	小写字母 m	**117**	0x75	u	小写字母 u	**125**	0x7D	}	闭花括号
92	0x5C	\	反斜杠	**110**	0x6E	n	小写字母 n	**118**	0x76	v	小写字母 v	**126**	0x7E	～	波浪号
93	0x5D	]	闭方括号	**111**	0x6F	o	小写字母 o	**119**	0x77	w	小写字母 w	**127**	0x7F	DEL	删除
94	0x5E	^	脱字符	**112**	0x70	p	小写字母 p	**120**	0x78	x	小写字母 x				
95	0x5F	_	下划线	**113**	0x71	q	小写字母 q	**121**	0x79	y	小写字母 y				

附录C　21个特殊功能寄存器

附 C-1　21 个特殊功能寄存器

字节地址	中文名	英文名	位名称/位地址/位含义							
80H	P0 口	P0	P0.7	P0.6	P0.5	P0.4	P0.3	P0.2	P0.1	P0.0
			87H	86H	85H	84H	83H	82H	81H	80H
90H	P1 口	P1	P1.7	P1.6	P1.5	P1.4	P1.3	P1.2	P1.1	P1.0
			97H	96H	95H	94H	93H	92H	91H	90H
A0H	P2 口	P2	P2.7	P2.6	P2.5	P2.4	P2.3	P2.2	P2.1	P2.0
			A7H	A6H	A5H	A4H	A3H	A2H	A1H	A0H
B0H	P3 口	P3	P3.7	P3.6	P3.5	P3.4	P3.3	P3.2	P3.1	P3.0
			B7H	B6H	B5H	B4H	B3H	B2H	B1H	B0H
E0H	累加器 A/ACC	A	ACC.7	ACC.6	ACC.5	ACC.4	ACC.3	ACC.2	ACC.1	ACC.0
			E7H	E6H	E5H	E4H	E3H	E2H	E1H	E0H
F0H	寄存器 B	B	B.7	B.6	B.5	B.4	B.3	B.2	B.1	B.0
			F7H	F6H	F5H	F4H	F3H	F2H	F1H	F0H
D0H	程序状态字	PSW	CY （PSW.7）	AC （PSW.6）	F0 （PSW.5）	RS1 （PSW.4）	RS0 （PSW.3）	OV （PSW.2）	-（PSW.1）	P （PSW.0）
			D7H	D6H	D5H	D4H	D3H	D2H	D1H	D0H
			进/借位标志位 加:低 8 位向第 9 位有进位 CY=1,否则 CY=0 减:低 8 位向第 9 位有借位 CY=1,否则 CY=0 乘/除：CY=0	辅助进/借位标志位 加:低 4 位向高 4 位有进位 AC=1,否则 AC=0 减:低 4 位向高 4 位有借位 AC=1,否则 AC=0	用户自定义标志位	通用寄存器组选择位 00：第 0 组 01：第 1 组 10：第 2 组 11：第 3 组		溢出标志位 加:OV=低 7 位向第 8 位有（1）/无（0）进位 ⊕ 低 8 位向第 9 位有（1）/无（0）进位 减:OV=低 7 位向第 8 位有（1）/无（0）借位 ⊕ 低 8 位向第 9 位有（1）/无（0）借位 乘:积超过 8 位二进制（255） 除:除数为 0（B=0）	未使用	奇/偶标志位 累加器 A 中有奇数个 1,P=1 累加器 A 中有偶数个 1,P=0
81H	堆栈指针	SP								
83H	数据指针 DPTR 的高 8 位	DPH								

（续表）

字节地址	中文名	英文名	位名称/位地址/位含义							
82H	数据指针 DPTR 的低 8 位	DPL								
A8H	中断允许控制寄存器	IE	EA（IE.7）	（IE.6）	（IE.5）	ES（IE.4）	ET1（IE.3）	EX1（IE.2）	ET0（IE.1）	EX0（IE.0）
			AFH	AEH	ADH	ACH	ABH	AAH	A9H	A8H
			中断允许总控位 EA=0 禁止中断 EA=1 允许中断			串口中断允许控制位 ES=0 禁止串口中断 ES=1 允许串口中断	定时/计数器中断 1 允许控制位 ET1=0 禁止定时/计数器中断 1 中断 ET1=1 允许定时/计数器中断 1 中断	外部中断1允许控制位 EX1=0 禁止外部中断 1 中断 EX1=1 允许外部中断 1 中断	定时/计数器中断 0 允许控制位 ET0=0 禁止定时/计数器中断 0 中断 ET0=1 允许定时/计数器中断 0 中断	外部中断0允许控制位 EX0=0 禁止外部中断 0 中断 EX0=1 允许外部中断 0 中断
B8H	中断优先级控制寄存器	IP	（IP.7）	（IP.6）	（IP.5）	PS（IP.4）	PT1（IP.3）	PX1（IP.2）	PT0（IP.1）	PX0（IP.0）
			BFH	BEH	BDH	BCH	BBH	BAH	B9H	B8H
						串口中断优先级控制位 PS=0 串口中断被设置为低优先级 PS=1 串口中断被设置为高优先级	定时/计数器 1 中断优先级控制位 PT1=0 定时/计数器 1 中断被设置为低优先级 PT1=1 定时/计数器 1 中断被设置为高优先级	外部中断 1 中断优先级控制位 PX1=0 外部中断 1 中断被设置为低优先级 PX1=1 外部中断 1 中断被设置为高优先级	定时/计数器 0 中断优先级控制位 PT0=0 定时/计数器 0 中断被设置为低优先级 PT0=1 定时/计数器 0 中断被设置为高优先级	外部中断 0 中断优先级控制位 PX0=0 外部中断 0 中断被设置为低优先级 PX0=1 外部中断 0 中断被设置为高优先级
88H	中断请求标志寄存器	TCON	TF1（TCON.7）	TR1（TCON.6）	TF0（TCON.5）	TR0（TCON.4）	IE1（TCON.3）	IT1（TCON.2）	IE0（TCON.1）	IT0（TCON.0）
			8FH	8EH	8DH	8CH	8BH	8AH	89H	88H
			定时/计数器 1 溢出（中断请求）标志位 定时/计数器 1 溢出 TF1=1 CPU 响应中断后 TF1=0	定时/计数器 1 启/停控制位 TR1=0 停止定时/计数器 1 TR1=1 启动定时/计数器 1	定时/计数器 0 溢出（中断请求）标志位 定时/计数器 0 溢出 TF0=1 CPU 响应中断后 TF0=0	定时/计数器 0 启/停控制位 TR0=0 停止定时/计数器 0 TR0=1 启动定时/计数器 0	外部中断 1 中断请求标志位 特定触发信号产生 IE1=1 CPU 响应中断后 IE1=0	外部中断 1 中断触发方式控制位 IT1=0 低电平触发中断 IT1=1 下降沿触发中断	外部中断 0 中断请求标志位 特定触发信号产生 IE0=1 CPU 响应中断后 IE0=0	外部中断 0 中断触发方式控制位 IT0=0 低电平触发中断 IT0=1 下降沿触发中断
89H	定时/计数器方式控制寄存器	TMOD	GATE	C/T	M1	M0	GATE	C/T	M1	M0
			门控位 GATE=0 仅需 TR1=1 则启动定时/计数器 1; GATE=1 TR1=1 且 $\overline{INT1}$ =1（引脚）则启动定时/计数器 1	定时/计数器 1 工作模式选择位 C/T=0 定时模式（对机器周期计数） C/T=1 计数模式（对 T1 引脚脉冲计数）	定时/计数器 1 工作方式选择位 00:方式 0 01:方式 1 1X:方式 2		门控位 GATE=0 仅需 TR0=1 则启动定时/计数器 0; GATE=1 TR0=1 且 $\overline{INT0}$ =1（引脚）则启动定时/计数器 0	定时/计数器 0 工作模式选择位 C/T=0 定时模式（对机器周期计数） C/T=1 计数模式（对 T0 引脚脉冲计数）	定时/计数器 0 工作方式选择位 00:方式 0 01:方式 1 10:方式 2 11:方式 3	

（续表）

字节地址	中文名	英文名	位名称/位地址/位含义							
8DH	定时/计数器 1 计数装置高 8 位	TH1								
8BH	定时/计数器 1 计数装置低 8 位	TL1								
8CH	定时/计数器 0 计数装置高 8 位	TH0								
8AH	定时/计数器 0 计数装置低 8 位	TL0								
98H	串行口控制寄存器	SCON	SM0（SCON.7）	SM1（SCON.6）	SM2（SCON.5）	REN（SCON.4）	TB8（SCON.3）	RB8（SCON.2）	TI（SCON.1）	RI（SCON.0）
			9FH	9EH	9DH	9CH	9BH	9AH	99H	98H
			串行口工作方式选择位 00:方式 0 01:方式 1 10:方式 2 11:方式 3		多机通信控制位 0:点对点通信 1:多机通信	允许接收控制位 0:不允许接收 1:允许接收	方式 2/3 下欲发送的 D8 位数	方式 2/3 下接收到的 D8 位数	发送中断请求标志位 发送完一帧数据 TI=1 CPU 响应中断后需软件清零（CLR TI）	接收中断请求标志位 接收完一帧数据 RI=1 CPU 响应中断后需软件清零（CLR RI）
87H	电源控制寄存器	PCON	SMOD							
			波特率翻倍控制位 SMOD=0 波特率不翻倍 SMOD=1 波特率翻倍							
99H	串行口发送/接收缓冲寄存器	SBUF								

注：

①字节地址以 0/8 结尾的特殊功能寄存器能够位寻址，其余的只能字节寻址

②能够位寻址的特殊功能寄存器其位地址于上表中标明。

附录D　MCS-51单片机指令集

附 D-1　MCS-51 单片机指令集

序号	分类	指令格式	指令功能	机器码	周期数	对标志位的影响			
						CY	AC	OV	P
1	8 位数据传送指令（15 条）	MOV A,#data	将立即数 data 传至累加器 A 中	74 data	1	×	×	×	√
2		MOV A,direct	将直接地址 direct 中的数传至累加器 A 中	E5 direct	1	×	×	×	√
3		MOV A,Rn	将当前工作寄存器组 Rn 中的数传至累加器 A 中	E8～EF	1	×	×	×	√
4		MOV A,@Ri	将当前工作寄存器组 Ri 中的数当作地址中的数传至累加器 A 中	E6～E7	1	×	×	×	√
5		MOV direct,#data	将立即数 data 传至直接地址 direct 中	75 direct data	2	×	×	×	×
6		MOV direct,A	将累加器 A 中的数传至直接地址 direct 中	F5 direct	1	×	×	×	×
7		MOV direct,Rn	将当前工作寄存器组 Rn 中的数传至直接地址 direct 中	88～8F direct	2	×	×	×	×
8		MOV direct,@Ri	将当前工作寄存器组 Ri 中的数当作地址中的数传至直接地址 direct 中	86～87 direct	2	×	×	×	×
9		MOV direct1,direct2	将直接地址 direct2 中的数传至直接地址 direct1 中	85 direct1 direct2	2	×	×	×	×
10		MOV Rn,#data	将立即数 data 传至当前工作寄存器组 Rn 中	78～7F data	1	×	×	×	×

（续表）

序号	分类	指令格式	指令功能	机器码	周期数	对标志位的影响			
						CY	AC	OV	P
11	8 位数据传送指令（15 条）	MOV Rn,direct	将直接地址 direct 中的数传至当前工作寄存器组 Rn 中	A8～AF direct	2	×	×	×	×
12		MOV Rn,A	将累加器 A 中的数传至当前工作寄存器组 Rn 中	F8～FF	1	×	×	×	×
13	8 位数据传送指令（15 条）	MOV @Ri,#data	将立即数 data 传至当前工作寄存器组 Ri 中的数当作地址中	76～77 data	1	×	×	×	×
14		MOV @Ri,direct	将直接地址 direct 中的数传至当前工作寄存器组 Ri 中的数当作地址中	A6～A7 direct	2	×	×	×	×
15		MOV @Ri,A	将累加器 A 中的数传至当前工作寄存器组 Ri 中的数当作地址中	F6～F7	1	×	×	×	×
16	一位数据传送指令（2 条）	MOV C,bit	将位空间 bit 中的数传至进/借位标志位 CY 中	A2 bit	1	√	×	×	×
17		MOV bit,C	将进/借位标志位 CY 中的数传至位空间 bit 中	92 bit	2	×	×	×	×
18	16 位数据传送指令（1 条）	MOV DPTR,#data16	将立即数 data16 传至 DPTR 中	90 data16	2	×	×	×	×
19	外部 RAM 与 A 之间互传（4 条）	MOVX A,@DPTR	将外部 RAM 以 DPTR 中的数当作地址中的数传至累加器 A 中	E0	2	×	×	×	√
20		MOVX A,@Ri	将外部 RAM 以 P2 中的数当作高 8 位地址以 Ri 中的数当作低 8 位地址中的数传至累加器 A 中	E2～E3	2	×	×	×	√
21		MOVX @DPTR,A	将累加器 A 中的数传至外部 RAM 以 DPTR 中的数当作地址中	F0	2	×	×	×	×

（续表）

序号	分类	指令格式	指令功能	机器码	周期数	对标志位的影响			
						CY	AC	OV	P
22	外部 RAM 与 A 之间互传（4 条）	MOVX @Ri,A	将累加器 A 中的数传至外部 RAM 以 P2 中的数当作高 8 位地址以 Ri 中的数当作低 8 位地址中	F2～F3	2	×	×	×	×
23	ROM 传至 A 中（2 条）	MOVC A,@A+DPTR	将 ROM 以累加器 A 中的数与数据指针 DPTR 中的数之和当作地址中的数传至累加器 A 中	93	2	×	×	×	√
24	ROM 传至 A 中（2 条）	MOVC A,@A+PC	将 ROM 以累加器 A 中的数与程序指针 PC 中的数之和当作地址中的数传至累加器 A 中	83	2	×	×	×	√
25	不带 CY 的加法指令（4 条）	ADD A,#data	将累加器 A 中的数与立即数 data 相加，并将和存入累加器 A 中	24 data	1	√	√	√	√
26		ADD A,direct	将累加器 A 中的数与直接地址 direct 中的数相加，并将和存入累加器 A 中	25 direct	1	√	√	√	√
27		ADD A,Rn	将累加器 A 中的数与当前工作寄存器组 Rn 中的数相加，并将和存入累加器 A 中	28～2F	1	√	√	√	√
28		ADD A,@Ri	将累加器 A 中的数与当前工作寄存器组 Ri 中的数当作地址中的数相加，并将和存入累加器 A 中	26～27	1	√	√	√	√
29	带 CY 的加法指令（4 条）	ADDC A,#data	将累加器 A 中的数、立即数 data、CY 中的数相加，并将和存入累加器 A 中	34 data	1	√	√	√	√
30		ADDC A,direct	将累加器 A 中的数、直接地址 direct 中的数、CY 中的数相加，并将和存入累加器 A 中	35 direct	1	√	√	√	√

（续表）

序号	分类	指令格式	指令功能	机器码	周期数	对标志位的影响			
						CY	AC	OV	P
31	带 CY 的加法指令（4 条）	ADDC A,Rn	将累加器 A 中的数、当前工作寄存器组 Rn 中的数、CY 中的数相加，并将和存入累加器 A 中	38～3F	1	√	√	√	√
32		ADDC A, @Ri	将累加器 A 中的数、当前工作寄存器组 Ri 中的数当作地址中的数、CY 中的数相加，并将和存入累加器 A 中	36～37	1	√	√	√	√
33	自加 1 指令（5 条）	INC direct	直接地址 direct 中的数自加 1	05 direct	1	×	×	×	×
34		INC Rn	前工作寄存器组 Rn 中的数自加 1	08～0F	1	×	×	×	×
35		INC @Ri	当前工作寄存器组 Ri 中的数当作地址中的数自加 1	16～17	1	×	×	×	×
36		INC A	累加器 A 中的数自加 1	04	1	×	×	×	√
37		INC DPTR	数据指针 DPTR 中的数自加 1	A3	2	×	×	×	×
38	带 CY 的减法指令（4 条）	SUBB A,#data	将累加器 A 中的数减立即数 data、CY 中的数，并将差存入累加器 A 中	94 data	1	√	√	√	√
39		SUBB A,direct	将累加器 A 中的数减直接地址 direct 中的数、CY 中的数，并将差存入累加器 A 中	95 direct	1	√	√	√	√
40		SUBB A,Rn	将累加器 A 中的数减当前工作寄存器组 Rn 中的数、CY 中的数，并将差存入累加器 A 中	98～9F	1	√	√	√	√
41		SUBB A, @Ri	将累加器 A 中的数减当前工作寄存器组 Ri 中的数当作地址中的数、CY 中的数，并将差存入累加器 A 中	96～97	1	√	√	√	√

（续表）

序号	分类	指令格式	指令功能	机器码	周期数	对标志位的影响			
						CY	AC	OV	P
42	自减 1 指令（4 条）	DEC direct	直接地址 direct 中的数自减 1	15 direct	1	×	×	×	×
43		DEC Rn	当前工作寄存器组 Rn 中的数自减 1	18～1F	1	×	×	×	×
44		DEC @Ri	当前工作寄存器组 Ri 中的数当作地址中的数自减 1	16～17	1	×	×	×	×
45		DEC A	累加器 A 中的数自减 1	14	1	×	×	×	√
46	十进制调整指令（1 条）	DA A	将十六进制加法结果调整为 BCD 码加法结果	D4	1	√	×	×	√
47	乘法指令（1 条）	MUL AB	将累加器 A 中的数乘寄存器 B 中的数，积的低 8 位存入累加器 A 中，积的高 8 位存入寄存器 B 中	A4	4	0	×	√	√
48	除法指令（1 条）	DIV AB	将累加器 A 中的数除寄存器 B 中的数，商存入累加器 A 中，余数存入寄存器 B 中	84	4	0	×	√	√
49	逻辑“与”指令（6 条）	ANL A,#data	将累加器 A 中的数与立即数 data 按位与运算，结果存入累加器 A 中	54 data	1	×	×	×	√
50		ANL A,direct	将累加器 A 中的数与直接地址 direct 中的数按位与运算，结果存入累加器 A 中	55 direct	1	×	×	×	√
51		ANL A,Rn	将累加器 A 中的数与当前工作寄存器组 Rn 中的数按位与运算，结果存入累加器 A 中	58～5F	1	×	×	×	√
52		ANL A, @Ri	将累加器 A 中的数与当前工作寄存器组 Ri 中的数当作地址中的数按位与运算，结果存入累加器 A 中	56～57	1	×	×	×	√

（续表）

序号	分类	指令格式	指令功能	机器码	周期数	对标志位的影响			
						CY	AC	OV	P
53	逻辑“与”指令（6 条）	ANL direct,#data	将直接地址 direct 中的数与立即数 data 按位与运算，结果存入直接地址 direct 中	53 direct data	2	×	×	×	×
54		ANL direct,A	将直接地址 direct 中的数与累加器 A 中的数按位与运算，结果存入直接地址 direct 中	52 direct	1	×	×	×	×
55	位逻辑“与”指令（2 条）	ANL C,bit	将进/借位标志位 CY 中的数与位空间 bit 中的数相与，结果存入 CY 中	82 bit	2	√	×	×	×
56		ANL C,/bit	将进/借位标志位 CY 中的数与位空间 bit 中的数的非（bit 中的数不变）相与，结果存入 CY 中	B0 bit	2	√	×	×	×
57	逻辑“或”指令（6 条）	ORL A,#data	将累加器 A 中的数与立即数 data 按位或运算，结果存入累加器 A 中	44 data	1	×	×	×	√
58		ORL A,direct	将累加器 A 中的数与直接地址 direct 中的数按位或运算，结果存入累加器 A 中	45 direct	1	×	×	×	√
59		ORL A,Rn	将累加器 A 中的数与当前工作寄存器组 Rn 中的数按位或运算，结果存入累加器 A 中	48～4F	1	×	×	×	√
60		ORL A, @Ri	将累加器 A 中的数与当前工作寄存器组 Ri 中的数当作地址中的数按位或运算，结果存入累加器 A 中	46～47	1	×	×	×	√
61		ORL direct,#data	将直接地址 direct 中的数与立即数 data 按位或运算，结果存入直接地址 direct 中	43 direct data	2	×	×	×	×
62		ORL direct,A	将直接地址 direct 中的数与累加器 A 中的数按位或运算，结果存入直接地址 direct 中	42 direct	1	×	×	×	×

（续表）

序号	分类	指令格式	指令功能	机器码	周期数	对标志位的影响			
						CY	AC	OV	P
63	位逻辑“或”指令（2条）	ORL C,bit	将进/借位标志位 CY 中的数与位空间 bit 中的数相或，结果存入 CY 中	72 bit	2	√	×	×	×
64		ORL C,/bit	将进/借位标志位 CY 中的数与位空间 bit 中的数的非（bit 中的数不变）相或，结果存入 CY 中	A0 bit	2	√	×	×	×
65	逻辑“异或”指令（6条）	XRL A,#data	将累加器 A 中的数与立即数 data 按位异或运算，结果存入累加器 A 中	64 data	1	×	×	×	√
66		XRL A,direct	将累加器 A 中的数与直接地址 direct 中的数按位异或运算，结果存入累加器 A 中	65 direct	1	×	×	×	√
67		XRL A,Rn	将累加器 A 中的数与当前工作寄存器组 Rn 中的数按位异或运算，结果存入累加器 A 中	68～6F	1	×	×	×	√
68		XRL A, @Ri	将累加器 A 中的数与当前工作寄存器组 Ri 中的数当作地址中的数按位异或运算，结果存入累加器 A 中	C6～C7	1	×	×	×	√
69		XRL direct,#data	将直接地址 direct 中的数与立即数 data 按位异或运算，结果存入直接地址 direct 中	63 direct data	2	×	×	×	×
70		XRL direct,A	将直接地址 direct 中的数与累加器 A 中的数按位异或运算，结果存入直接地址 direct 中	62 direct	1	×	×	×	×
71	取反指令（1条）	CPL A	将累加器 A 中的数按位取反	F4	1	×	×	×	√

（续表）

序号	分类	指令格式	指令功能	机器码	周期数	对标志位的影响			
						CY	AC	OV	P
72	位取反指令（2 条）	CPL C	将进/借位标志位 CY 中的数取反	B3	1	√	×	×	×
73		CPL bit	将位空间 bit 中的数取反	B2 bit	1	×	×	×	×
74	清零指令（1 条）	CLR A	将累加器 A 中的数清零	E4	1	×	×	×	0
75	位清零指令（2 条）	CLR C	将进/借位标志位 CY 中的数清零	C3	1	0	×	×	×
76		CLR bit	将位空间 bit 中的数清零	C2 bit	1	×	×	×	×
77	位置 1 指令（2 条）	SETB C	将进/借位标志位 CY 中的数置 1	D3	1	1	×	×	×
78		SETB bit	将位空间 bit 中的数置 1	D2 bit	1	×	×	×	×
79	移位指令（4 条）	RL A	将累加器 A 中的数循环左移 1 位	23	1	×	×	×	×
80		RLC A	将累加器 A 中的数及进/借位标志位 CY 中的数循环左移 1 位	33	1	√	×	×	√
81		RR A	将累加器 A 中的数循环右移 1 位	03	1	×	×	×	×
82		RRC A	将累加器 A 中的数及进/借位标志位 CY 中的数循环右移 1 位	13	1	√	×	×	√
83	堆栈操作指令（2 条）	PUSH direct	先将堆栈指针 SP 中的数自加 1，再将直接地址 direct 中的数存入堆栈指针 SP 中的数当作地址中	C0 direct	2	×	×	×	×
84		POP direct	先将堆栈指针 SP 中的数当作地址中的数存入直接地址 direct 中，再将堆栈指针 SP 中的数自减 1	D0 direct	2	×	×	×	×

（续表）

序号	分类	指令格式	指令功能	机器码	周期数	对标志位的影响			
						CY	AC	OV	P
85	数据交换指令（5 条）	XCH A, direct	将累加器 A 中的数与直接地址 direct 中的数互换	C5 direct	1	×	×	×	√
86		XCH A, Rn	将累加器A中的数与当前工作寄存器组 Rn 中的数互换	C8～CF	1	×	×	×	√
87		XCH A, @Ri	将累加器 A 中的数与当前工作寄存器组 Ri 中的数当作地址中的数互换	C6～C7	1	×	×	×	√
88		XCHD A, @Ri	将累加器 A 中的数的低半字节与当前工作寄存器组 Ri 中的数当作地址中的数的低半字节互换	D6～D7	1	×	×	×	√
89		SWAP A	将累加器 A 中的数的高、低半字节互换	C4	1	×	×	×	×
90	无条件跳转指令（4 条）	SJMP rel	跳转到目的地（偏移量为一字节补码，即范围-128B～+127B）	80 rel	2	×	×	×	×
91		AJMP addr11	跳转到目的地（范围 2KB）	见注②	2	×	×	×	×
92		LJMP addr16	跳转到目的地（范围 64KB）	02 addr16	2	×	×	×	×
93		JMP @A+DPTR	跳转到累加器 A 中的数与数据指针 DPTR 中的数之和当作地址处	73	2	×	×	×	×
94	调用及返回指令（4 条）	ACALL addr11	调用子程序（范围 2KB）	见注③	2	×	×	×	×
95		LCALL addr16	调用子程序（范围 64KB）	12 addr16	2	×	×	×	×
96		RET	返回至调用指令下一条指令处	22	2	×	×	×	×
97		RETI	返回至被中断处	32	2	×	×	×	×

（续表）

序号	分类	指令格式	指令功能	机器码	周期数	对标志位的影响			
						CY	AC	OV	P
98	条件跳转指令（13 条）	JZ rel	累加器 A 中的数为 0，则跳转	60 rel	2	×	×	×	×
99		JNZ rel	累加器 A 中的数不为 0，则跳转	70 rel	2	×	×	×	×
100		JC rel	进/借位标志位 CY 中的数为 1，则跳转	40 rel	2	×	×	×	×
101		JNC rel	进/借位标志位 CY 中的数为 0，则跳转	50 rel	2	×	×	×	×
102		JB bit,rel	位空间 bit 中的数为 1，则跳转	20 bit rel	2	×	×	×	×
103		JNB bit,rel	位空间 bit 中的数为 0，则跳转	30 bit rel	2	×	×	×	×
104		JBC bit,rel	位空间 bit 中的数为 1，则跳转且将位空间 bit 清零	10 bit rel	2	×	×	×	×
105		DJNZ direct,rel	直接地址 direct 中的数自减 1 后不为零则跳转	D5 direct rel	2	×	×	×	×
106		DJNZ Rn,rel	当前工作寄存器组 Rn 中的数自减 1 后不为零则跳转	D8～DF rel	2	×	×	×	×
107	条件跳转指令（13 条）	CJNE A,#data,rel	累加器 A 中的数与立即数 data 不相等则跳转 累加器 A 中的数大于/等于立即数 data，则进/借位标志位 CY=0 累加器 A 中的数小于立即数 data，则进/借位标志位 CY=1	B4 data rel	2	√	×	×	×
108		CJNE A,direct,rel	累加器 A 中的数与直接地址 direct 中的数不相等则跳转 累加器 A 中的数大于/等于直接地址 direct 中的数，则进/借位标志位 CY=0 累加器 A 中的数小于直接地址 direct 中的数，则进/借位标志位 CY=1	B5 direct rel	2	√	×	×	×

（续表）

序号	分类	指令格式	指令功能	机器码	周期数	对标志位的影响			
						CY	AC	OV	P
109	条件跳转指令（13 条）	CJNE Rn,#data,rel	当前工作寄存器组 Rn 中的数与立即数 data 不相等则跳转 当前工作寄存器组 Rn 中的数大于/等于立即数 data，则进/借位标志位 CY=0 当前工作寄存器组 Rn 中的数小于立即数 data，则进/借位标志位 CY=1	B8～BF data rel	2	√	×	×	×
110		CJNE @Ri,#data,rel	当前工作寄存器组 Ri 中的数当作地址中的数与立即数 data 不相等则跳转 当前工作寄存器组 Ri 中的数当作地址中的数大于/等于立即数 data，则进/借位标志位 CY=0 当前工作寄存器组 Ri 中的数当作地址中的数小于立即数 data，则进/借位标志位 CY=1	B6～B7 data rel	2	√	×	×	×
111	空操作指令（1 条）	NOP	花费 CPU 一个机器周期，不改变内部 RAM 中的任意空间中的数	00	1	×	×	×	×

注：

①对标志位的影响中，√代表要影响，×代表不影响，0 代表清零，1 代表置 1；

②AJMP addr11 的机器码为：addr10～addr8 00001 addr7～addr0；

③ACALL addr11 的机器码为：addr10～addr8 10001 addr7～addr0。

附录E　MCS-51单片机相关中英文对照表

附 E-1　MCS-51 单片机相关中英文对照表

序号	类别	英文缩写	英文全称	描述
1	指令操作符	MOV	Move	移动
2		MOVX	Move External	移动外部数据
3		MOVC	Move Code	移动代码
4		ADD	Addition	加法
5		INC	Increment	增量
6		SUBB	SubtrAction	减法
7		DEC	Decrement	减量
8		DA	Data Adjust	数据调整
9		MUL	Multiplication	乘法
10		DIV	Division	除法
11		ANL	And Logical	逻辑与
12		ORL	Or Logical	逻辑或
13		XRL	Exclusive Or Logical	逻辑异或
14		CPL	Complementary	互补的
15		CLR	Clear	清除
16		SETB	Set Bit	置位
17		RL	Rotate Left	左环移
18		RLC	Rotate Left Carry	进位左环移
19		RR	Rotate Right	右环移
20		RRC	Rotate Right Carry	进位右环移
21		PUSH	Push	推、按
22		POP	Popup	弹出
23		XCH	Exchange	交换
24		SWAP	Swap	交换、调换
25		SJMP	Short Jump	短转移

（续表）

序号	类别	英文缩写	英文全称	描述
26	指令操作符	LJMP	Long Jump	长转移
27		AJMP	Absolute Jump	绝对转移
28		LCALL	Long Call	长调用
29		ACALL	Absolute Call	绝对调用
30	指令操作符	RET	Return	返回
31		RETI	Return Interrupt	返回中断
32		JZ	Jump Zero	A 中的数为 0 则跳转
33		JNZ	Jump Not Zero	A 中的数不为 0 则跳转
34		JC	Jump Carry	CY 中的数为 1 则跳转
35		JNC	Jump Not Carry	CY 中的数为 0 则跳转
36		JB	Jump Bit	某位中的数为 1 则跳转
37		JNB	Jump Not Bit	某位中的数为 0 则跳转
38		JBC	Jump Bit Clear	某位中的数为 1 则跳转且将该位清 0
39		DJNZ	Decrement Jump Not Zero	自减 1 不为 0 则转移
40		CJNE	Compare Jump Not Equality	比较不相等转移
41		NOP	No Operation	空操作
42	伪指令	ORG	Originally	起始来源
43		END	End	结束
44		DB	Define Byte	字节定义
45		DW	Define Word	字定义
46		EQU	Equal	等于
47	特殊功能寄存器	ACC	Accumulate	累加器
48		PSW	Programmer Status Word	程序状态字
49		SP	Stack Point	堆栈指针
50		DPTR	Data Point Register	数据指针寄存器
51		IP	Interrupt Priority	中断优先级
52		IE	Interrupt Enable	中断使能
53		TMOD	Timer Mode	定时器工作方式寄存器
54		TCON	Timer Control	定时器控制
55		PCON	Power Control	电源控制
56		SCON	Serial Control	串行口控制
57		SBUF	Serial Buffer	串行数据缓冲

（续表）

序号	类别	英文缩写	英文全称	描述
58	引脚	$\overline{PSEN}$	Program Store Enable	程序存储器使能
59		$\overline{RD}$	Read	读
60		$\overline{WR}$	Write	写
61		$\overline{INT1/0}$	Interrupt 1/0	中断 0
62		T1/0	Timer 1/0	定时器 0
63	引脚	XTAL	External Crystal Oscillator	外部晶体振荡器
64		RST	Reset	复位
65		RXD	Receive Exchange Data	接收串行数据
66		TXD	Transmit Exchange Data	发送串行数据
67		$\overline{EA}$	External Address Enable	外部存储器地址允许
68		ALE	Address Latch Enable	地址信号锁定允许
69	位	CY	Carry	进位（标志）
70		AC	Assistant Carry	辅助进位
71		RS1/RS0	Register Select 1/0	工作寄存器组选择位
72		OV	Overflow	溢出
73		P	Parity	奇偶校验位
74		EA	Enable All Interrupt	允许所有中断
75		ES	Enable Serial	串行使能
76		ET1/0	Enable Timer 1/0	定时器使能
77		EX1/0	Enable Exterior 1/0	外部使能（中断）
78		PS	Priority Serial	串口优先级
79		PT1/0	Priority Timer 1/0	定时器优先级
80		PX1/0	Priority Exterior 1/0	外部中断优先级
81		GATE	Gate	定时/计数器门控位
82		$C/\overline{T}$	Counter/Timer	计数器/定时器工作模式选择
83		M1、M0	Mode 1/0	计数器/定时器工作方式选择
84		TF1/0	Timer1 Overflow Flag 1/0	定时器 1 标志
85		TR1/0	Timer1 Run 1/0	定时器 1 启动控制位
86		IE1/0	Interrupt Edge 1/0	外部中断请求
87		IT1/0	Interrupt Type 1/0	外部中断触发方式
88		SM0、SM1、SM2	Serial Mode	串行通信工作方式与多机通信选择

（续表）

序号	类别	英文缩写	英文全称	描述
89	位	REN	Receive Enable	使能接收
90		TB8	Transmit Bit 8	发送第 8 位
91		RB8	Receive Bit 8	接收第 8 位
92		TI	Transmit Interrupt	串行口发送中断请求标志位
93	位	RI	Receive Interrupt	串行口接收中断请求标志位
94		SMOD	Select Mode	选择波特率模式（加倍/不加倍）
95	其他	P0～P3	Port 0～3	端口
96		PC	Program Counter	程序计数器
97		ADDR	Address	地址
98		ASCII	American Standard Code For Information Interchange	ASCII 码
99		BCD	Binary-Coded Decimal	BCD 码
100		F	Frequency	频率
101		SFR	Special Function Register	特殊功能寄存器
102		Rel	Relatively	相对地
103		Vref	Voltage Reference	参考电压
104		CS	Chip Select	片选
105		IN	In	进入
106		CLK	Clock	时钟
107		OE	Open Enable	允许输出
108		EOC	End Output Convert	转换结束输出
109		Rf	Resistance Feedback	反馈电阻
110		$\overline{XFER}$	Xfer	传输、转移
111		ILE	Input Latch Enable	输入锁存使能
112			Stack	堆栈
113			High	高
114			Low	低
115			Bit	位
116			Baud Rate	波特率
117			Direct	直接的
118			Analog	模拟的
119			Digital	数字的

附录F　开发实训板原理图

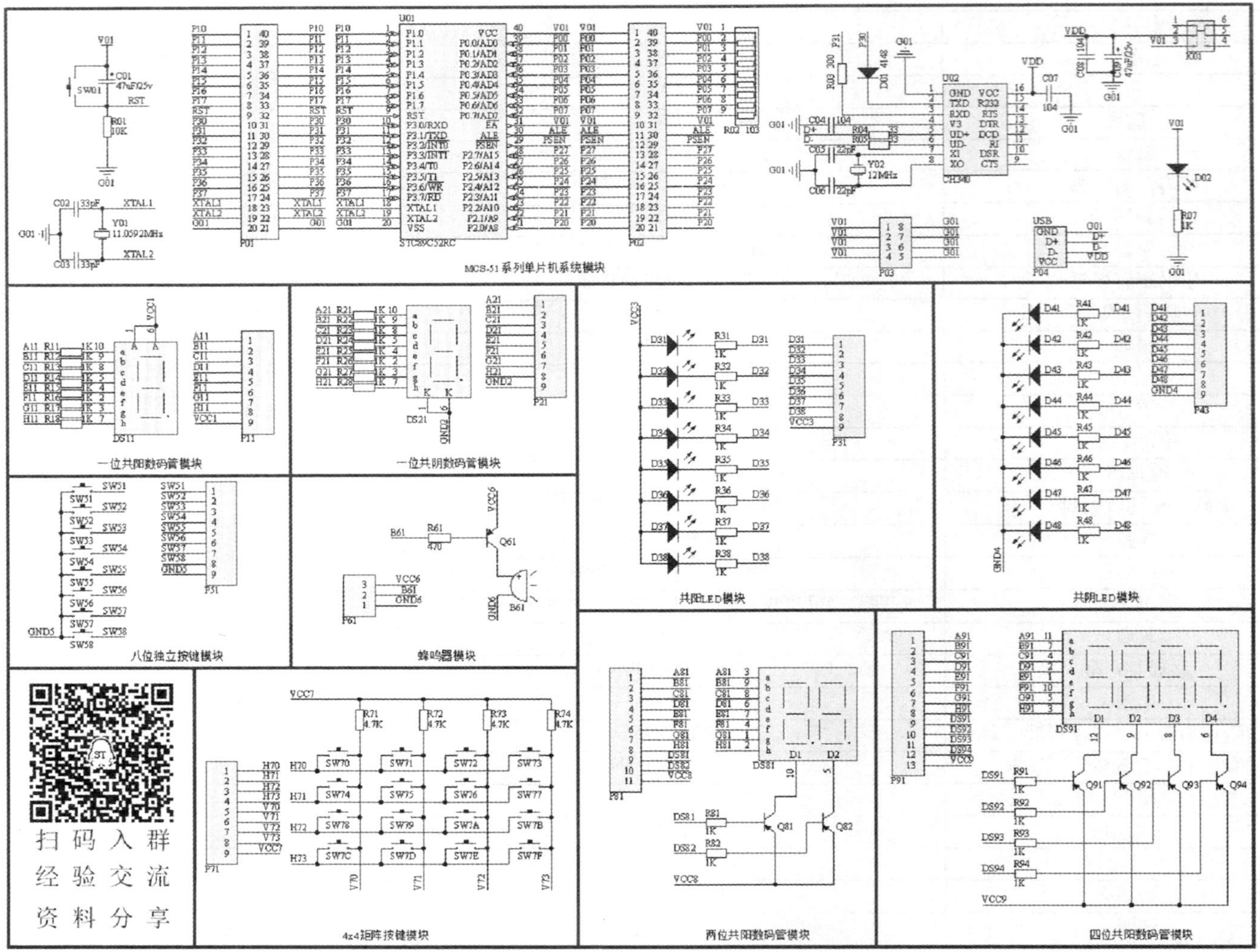

图 F-1　开发实训板原理图

附录G　开发实训板布局图

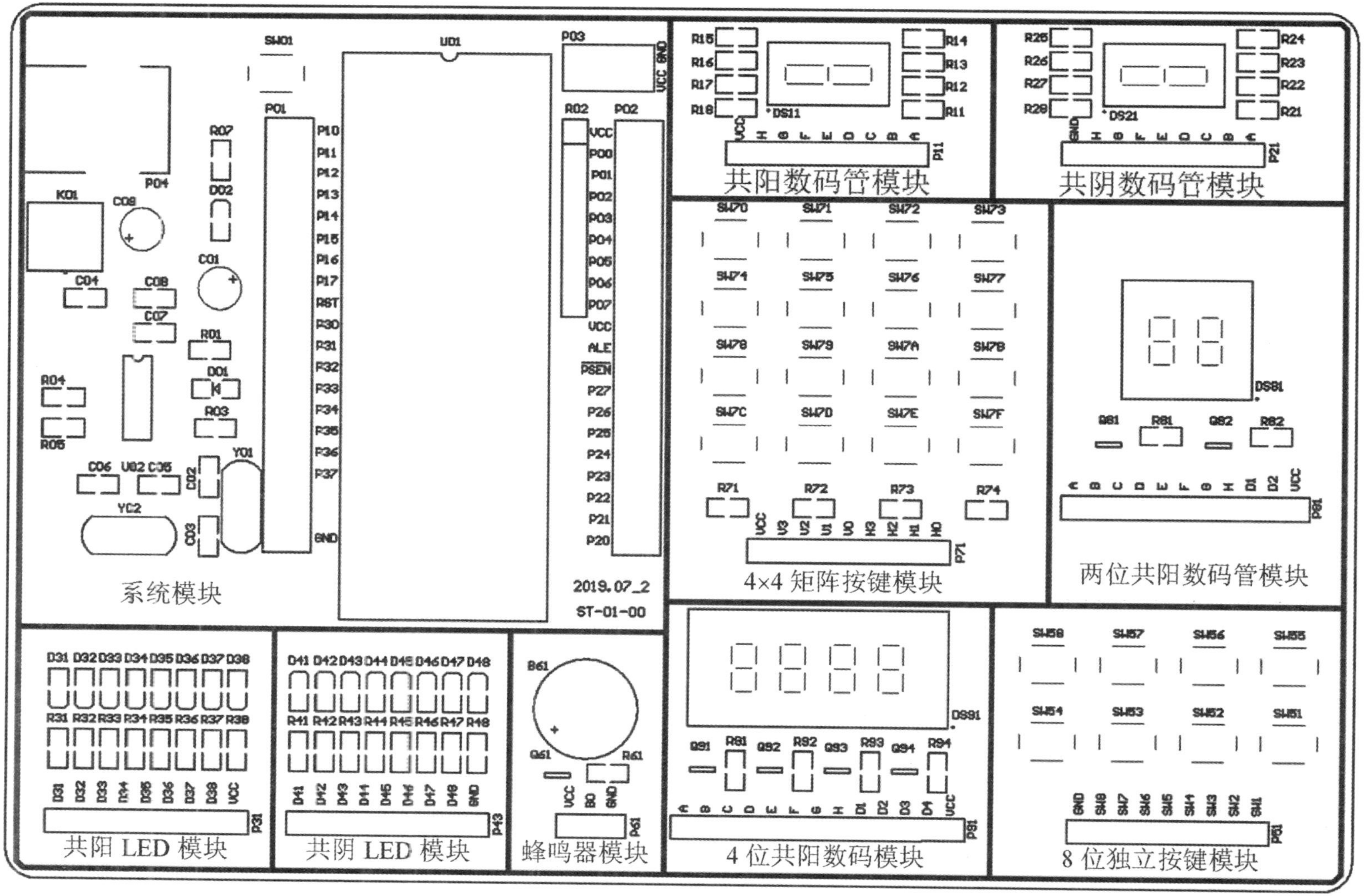

图 G-1　开发实训板布局图